"十四五"职业教育国家规划教材

U0689015

大学计算机
基础案例教程

微课版 | 第2版

University Basic Computer
Case Study Course

张赵管 ◎ 主编

刘海霞 冯秀玲 杨波娟 杜朝 ◎ 副主编

人民邮电出版社
北京

图书在版编目（CIP）数据

大学计算机基础案例教程 : 微课版 / 张赵管主编.
2版. -- 北京 : 人民邮电出版社, 2024. --（工业和信
息化精品系列教材）. -- ISBN 978-7-115-65274-4

Ⅰ. TP3

中国国家版本馆 CIP 数据核字第 2024A69P03 号

内 容 提 要

本书系统讲解计算机基础知识与常用办公软件的操作及应用。本书内容采取项目化设计，共设置
8 个项目，分别是计算机基础知识、网络基础与应用、操作系统、WPS 文字、WPS 演示、WPS 表格、
Photoshop 图像处理、信息素养与社会责任。每个项目（除项目一和项目八）有多个典型的教学案例，
这些教学案例强调知识应用，旨在帮助读者在较短时间内掌握计算机基础理论知识和软件使用方法，
重点培养计算机基本操作能力、版面设计能力、综合应用能力和良好信息素养。

本书适合作为各类职业院校各专业"计算机应用基础"课程的教材，也可作为各类计算机基础知
识培训的教材或计算机初学者的自学参考书。

◆ 主　　编　张赵管

　副 主 编　刘海霞　冯秀玲　杨波娟　杜　朝

　责任编辑　刘　佳

　责任印制　王　郁　焦志炜

◆ 人民邮电出版社出版发行　　北京市丰台区成寿寺路 11 号

　邮编 100164　电子邮件 315@ptpress.com.cn

　网址 https://www.ptpress.com.cn

　固安县铭成印刷有限公司印刷

◆ 开本：787×1092　1/16

　印张：16.5　　　　　　　　　　2024 年 10 月第 2 版

　字数：367 千字　　　　　　　　2025 年 9 月河北第 3 次印刷

定价：59.80 元

读者服务热线：(010)81055256　印装质量热线：(010)81055316
反盗版热线：(010)81055315

前言

本书按照教育部《高等职业教育专科信息技术课程标准（2021 年版）》的要求确定课程体系，学习、借鉴和吸纳国内先进成果和实践经验，参照教育部教育考试院 2023 年发布的全国计算机等级考试计算机基础及 WPS Office 应用科目大纲进行编写，具有鲜明的高等职业教育课程特色。

课程特色

（1）注重立德树人和工匠精神培养。本书秉承课程教育与素质教育同向同行理念，巧妙地把习近平新时代中国特色社会主义思想融入理论知识和操作实践之中，在强化课程的科学性的同时穿插职业素养、工匠精神、民族自信的培养，将知识、技能学习与素质教育完美融合，力求培养高素质技能型应用人才。

（2）选用我国优秀的国产办公软件 WPS Office 作为办公自动化教学软件。该软件功能强大，对计算机配置要求不高，能最大限度地与 MS Office 相兼容，是国家计算机等级考试选用软件和大多企事业单位的标准办公软件，能够实现学用一致。

（3）课程内容丰富，教学案例新颖，"理实一体化"教学。本书遵循高等职业教育人才培养宗旨，以培养学生应用能力为主线，兼顾学生成长发展需求，凸显大学计算机基础的实用性，多数任务均配有综合性较强的教学案例，帮助学生轻松掌握知识；设置知识拓展模块和课后"项目自测"，能较好地培养学生的自主学习意识以及独立思考能力。

（4）强调知识的系统性和案例的实用性。本书注重知识的连贯性和完整性，精选课程内容，教学案例更具实际应用背景，所设计的项目综合案例尽可能多地覆盖项目应知应会的技能点，难易适中，能显著提高学生对计算机知识的综合运用能力和解决实际问题能力。

编者团队

本书主要由运城职业技术大学信息基础教研室负责策划和编写，由张赵管担任主编，刘海霞、冯秀玲、杨波娟、杜朝担任副主编。具体分工如下：项目一、项目二、项目三、项目八由张赵管编写；项目四由刘海霞编写；项目五由杨波娟编写；项目六由冯秀玲编写；项目七由运城农业职业技术学院杜朝编写。全书由张赵管统稿。

限于编者水平，书中难免有疏漏之处，恳请广大读者批评指正（邮箱：1121025524.qq.com），以便我们再版时改进。

编者

2024 年 2 月

目录

项目五

WPS 演示 ……………… 130

项目六

WPS 表格 ……………… 155

项目七

Photoshop 图像处理···· 200

项目八

信息素养与社会责任·······240

项目一
计算机基础知识

电子计算机是 20 世纪最伟大的发明之一。经过半个多世纪的发展，计算机的应用已经遍及人类社会的各个领域。由计算机技术和通信技术相结合而形成的信息技术是现代信息社会非常重要的技术支柱，对人类的生产方式、生活方式及思维方式都产生了极其深远的影响。

本项目讲述计算机的基础知识，主要包括计算机的分类、计算机的发展趋势、微型机的系统集成、计算机的工作原理、微型机的主要性能指标、计算机的进制与信息编码、多媒体技术等，学好这些基础知识将为读者后续学习其他计算机知识打好基础。

任务 1.1　计算机概述

随着生产的发展和社会的进步，人类所使用的计算工具经历了从简单到复杂、从低级到高级的发展过程，先后出现了算盘、计算尺、手摇机械计算机及电动机械计算机等计算工具。1946年，世界上第一台通用电子计算机 ENIAC 在美国诞生。这台计算机用了 17000 多个电子管，占地约 170 平方米，总重量约 30 吨，每小时耗电约 150 千瓦，每秒能进行 5000 次加法运算或400 次乘法运算。虽然它的功能远远不如现代的一台普通计算机，但它的诞生使信息处理技术进入一个崭新的时代，标志着人类文明的一次飞跃。

1.1.1　电子计算机的发展

电子计算机诞生后，经历了 4 个发展阶段，发展过程中计算机的体积越来越小、功能越来越强、价格越来越低、应用越来越广泛。可以说，电子计算机是现代科学技术的核心。

1. 第一代电子计算机（1946—1957）

这个时期的计算机的主要特征是以电子管为主要电子器件，它们体积庞大、运算速度较慢、存储容量不大、可靠性较差，而且价格较高，使用也不方便。这一代计算机没有操作系统，软件主要采用机器语言或简单的汇编语言编写，主要用于科学计算，只在军事领域和一些科研机构中使用。

2. 第二代电子计算机（1958—1964）

这个时期的计算机的主要特征是以晶体管为主要电子器件，其运算速度比第一代电子计算机提高了近百倍，而体积仅为第一代电子计算机的几十分之一。这一时期开始出现操作系统和

BASIC、FORTRAN 等高级语言及相应的解释程序和编译程序。这一代计算机除了用于科学计算外，还用于数据处理和事务处理。

3. 第三代电子计算机（1965—1970）

这个时期的计算机的主要特征是以中、小规模集成电路（Integrated Circuit，IC）为主要电子器件，操作系统进一步完善，功能越来越强，应用范围越来越广。这一时期出现了运用计算机技术与通信技术的信息管理系统，因此计算机不仅用于科学计算，还用于数据处理、企业管理、自动控制等领域。

4. 第四代电子计算机（1971 至今）

这个时期的计算机的主要特征是以大规模集成电路（Large Scale Integrated Circuit，LSI）和超大规模集成电路（Very Large Scale Integrated Circuit，VLSI）为主要电子器件。大规模、超大规模集成电路的出现，使发展微处理器和微型机成为可能。1981 年，美国 IBM 公司推出了个人计算机（Personal Computer，PC）。从此，计算机开始深入人类生活的各个方面。

1.1.2 计算机的分类

计算机及相关技术的迅速发展带动计算机的类型不断分化，形成了应用于不同领域的各种不同种类的计算机，我们可以从不同的角度对计算机进行分类。

1. 按工作原理可分为模拟计算机和数字计算机

模拟计算机问世较早，参与运算的数值由不间断的连续量表示，应用模拟计算机能解各种微分方程和偏微分方程。模拟计算机处理问题的计算精度较低，数据不易存储，通用性不强，并且电路结构复杂，应用范围较窄，目前已很少生产。

数字计算机是当今电子计算机行业中的主流，它使用不连续的数字量（即 0 和 1）来表示自然界中的信息，其基本运算部件是数字逻辑电路。数字计算机具有逻辑判断等功能，处理问题的计算精度高、存储容量大、通用性强。现在所说的计算机通常指的是数字计算机。

2. 按用途可分为通用计算机和专用计算机

通用计算机是面向多个应用领域的计算机，功能多样，适应性强，应用面广，能够满足绝大多数用户的需求，但其运行效率、速度和经济性会因不同的应用对象受到不同程度的影响。

专用计算机是针对某一特定领域而专门设计的计算机，功能单一，针对某类问题能表现出最有效、最快速和最经济的特性。智能仪表、飞机的自动控制、导弹的导航系统等使用的就是专用计算机。

3. 按规模和运算速度可分为巨型机、大型机、中型机、小型机、微型机及单片机

巨型机又称超级计算机，是计算机中功能最强、运算速度最快、存储容量最大的一类计算机，多用于航天、生物、气象、核能等国家高科技领域和国防尖端技术，是国家科技发展水平和综合国力的重要衡量指标，它对国家安全、经济和社会发展具有举足轻重的意义。我国研制成功的银河、曙光、天河、神威等系列计算机都属于巨型机。

单片机的全称是单片微型计算机，又称单片微控制器，相当于把一个计算机系统集成到一个

芯片上。它的最大优点是体积小、重量轻，可放在各种仪器仪表内部，起着有如人类大脑的作用。单片机的应用领域十分广泛，包括智能仪表、通信设备、家用电器等。常在装了单片机的产品的名称前冠以"智能"，如智能家居、智能手机、智能机器人等。

性能介于巨型机和单片机之间的是大型机、中型机、小型机和微型机，它们的性能指标和结构规模依次递减。其中微型机是目前应用领域最广、发展速度最快的一类计算机。我们平时所说的 PC 就是微型机，由于其功能齐全、软件丰富、价格低、功能强大，所以普及率极高，其款式包括台式机、笔记本电脑、平板电脑等。

1.1.3　计算机的应用

计算机早期主要用于数值计算。今天，计算机的应用已经渗透到科学技术的各个领域和社会生活的各个方面，从国民经济到家庭生活，从生产领域到消费娱乐，随处可见计算机的应用。计算机主要应用在以下几个领域。

1. 科学计算

科学计算又称数值计算，主要解决科学研究和工程技术中的数学问题，如卫星轨道的计算、气象预报中的计算等。应用计算机进行数值计算速度快、精度高，可以大大缩短计算周期，节省人力和物力。

2. 信息管理

信息管理又称数据处理，是指对原始数据进行收集、加工、存储、利用、输出等一系列活动，是目前计算机应用最广泛的领域之一。信息管理技术是现代管理的基础，广泛应用于企业管理、决策系统、办公自动化、情报与图书检索等方面。

3. 过程控制

过程控制又称实时控制，是指将计算机作为控制部件对单台设备或整个生产过程进行控制。用计算机进行控制，可以大大提高自动化水平，增强控制的准确性，减轻劳动强度，提高劳动生产率，因此在工业生产的各个行业都有广泛应用。

4. 计算机辅助系统

计算机辅助系统的应用非常广泛，几乎所有过去由人进行的具有设计性质的过程都可以让计算机帮助实现部分或全部工作。采用计算机辅助系统不仅可以大大缩短设计周期，节省人力和物力，还能提高设计质量，达到最佳设计效果。

计算机辅助系统主要包括计算机辅助设计、计算机辅助制造和计算机辅助教学等。

（1）计算机辅助设计（Computer Aided Design，CAD）是利用计算机系统帮助设计人员进行工程或产品设计，以实现最佳设计效果的一种技术。它已广泛应用于机械、建筑、电子和轻工等领域。

（2）计算机辅助制造（Computer Aided Manufacturing，CAM）是利用计算机系统进行计划、管理和控制加工产品的技术。它可以提高产品质量、降低成本、缩短生产周期、提高生产率和改善劳动条件。

（3）计算机辅助教学（Computer Aided Instruction，CAI）是在计算机的辅助下进行各种教学活动的技术。它综合应用多媒体等计算机技术，克服了传统教学方式单一、片面的缺点。它能有效提高教学质量和教学效率，实现教学目标。

5．网络通信

计算机技术与现代通信技术的结合构成了计算机网络。目前遍布全球的互联网，已把不同地域、不同行业、不同组织的人们联系在一起。信息共享、文件传输、电子商务、电子政务等领域迅速发展，使得人类社会信息化程度日益提高，为人类的生产、生活等各个方面都提供了便利。

6．人工智能

人工智能（Artificial Intelligence，AI）是指用计算机来模拟人的智慧，使计算机具有识别语言、文字、图像和进行推理、学习，以及适应环境的能力。人工智能是计算机科学发展以来一直处于前沿的研究领域，其主要研究内容包括自然语言理解、专家系统、机器人以及定理证明等。

1.1.4　计算机的发展趋势

计算机技术是当今世界上发展最快的科学技术之一，计算机产品不断升级换代。当前计算机正朝着巨型化、微型化、网络化和智能化等方向发展，计算机的性能越来越强，应用范围也越来越广，已成为工作、学习和生活中必不可少的工具。

1．巨型化

巨型化是指计算机的运算速度更快、存储容量更大和功能更强。巨型机的发展集中体现了国家计算机科学技术的发展水平，推动了计算机系统结构、硬件和软件的理论和技术、计算数学以及计算机应用等多个学科分支的发展。因此，工业发达的国家都十分重视巨型机的研制。

2．微型化

因大规模、超大规模集成电路的出现，计算机迅速向微型化方向发展。微型化是指计算机的体积更小、功能更强、携带更方便、价格更低。微型化使微型机从过去的台式机迅速向笔记本型、掌上型计算机发展。微型化可以使计算机用于仪表、家电、导弹弹头等，20世纪80年代以来，计算机在微型化方面发展异常迅速。

3．网络化

所谓网络化，是指用现代通信技术和计算机技术把分布在不同地域的计算机连接起来，组成一个可以互相通信的网络。网络化的目的是使网络中的软件、硬件和数据等资源能被网络上的用户共享，从而让用户享受可灵活控制的、智能的、协作式的信息服务，并获得前所未有的使用方便性。

4．智能化

智能化是指使计算机具有模拟人的感觉行为和思维过程的能力，具有学习和逻辑推理的能力，具备听、说、看、想、做的能力。目前，已研制出多种具有人的部分智慧的机器人，如提供家政、博弈、专家系统等功能的机器人。使计算机智能化，也是正在研制的新一代计算机要实现的重要目标。

【知识拓展 1】国之重器——国产超级计算机

超级计算机是一种具有极高计算能力和数据存储容量的计算机。第二次世界大战末期，超级计算机的概念开始形成，但此时的计算能力还相对有限。1975 年，美国克雷公司研制的"克雷一号"超级计算机问世，该计算机成为历史上最有名的超级计算机机型之一。超级计算机在科学、工程、经济、军事等领域都发挥着至关重要的作用。中长期天气预报、模拟风洞实验、三维地震数据处理，以及新武器的开发和航空航天事业的发展都对计算能力提出了新的要求。正因如此，长期以来，把握超级计算机领先技术的西方国家，对包括我国在内的发展中国家实行了严格的管制，严禁出口相关的高端技术和产品。

从 2008 年开始，我国国防科技大学的"天河一号"超级计算机进入了研制阶段。经过两期工程的实施，一期系统于 2009 年 9 月研制成功，二期系统于 2010 年 8 月升级完成。该超级计算机的研制成功，使我国自主研制的超级计算机的计算能力实现了从百万亿次到千万亿次的跨越，我国成为继美国之后世界上第二个能够研制千万亿次超级计算机的国家。

2013 年 6 月，"天河二号"超级计算机以峰值计算速度每秒 5.49 亿亿次、持续计算速度每秒 3.39 亿亿次双精度浮点运算的优异性能位列全球超级计算机 500 强排行榜榜首，使我国超级计算机登上世界超级计算机之巅。此后，"天河二号"在该排行榜中创下了"六连冠"的辉煌战绩。

2016 年，我国研制出"神威·太湖之光"超级计算机。在该超级计算机中，包括芯片在内的核心部件全部都是我国自主知识产权！"神威·太湖之光"超级计算机以每秒 12.5 亿亿次的峰值计算能力及每秒 9.3 亿亿次的持续计算能力，斩获全球超级计算机 500 强排行榜冠军。我国不仅自主研发出了适合超级计算机的芯片，还自主研发出了适合超级计算机的操作系统，更重要的是，连软件都是纯国产的。

可以说，经过几十年的不懈努力，我国的超级计算机研制取得了丰硕的成果，银河、曙光等一大批国产超级计算机系统的出现，使我国成为继美国、日本之后，第 3 个具备研制高端计算机系统能力的国家。目前，我国自主研发的下一代百亿亿次算力的超级计算机"天河三号"的 E 级原型机已经完成部署，并顺利通过各项指标的验收，其所有的核心技术和关键技术都达到了整体自主可控。

自我国"863 计划"实施以来，国家高度重视并且支持超级计算系统的研发。我国超级计算机的快速发展，势必会对更多行业产生积极影响，加速许多领域的技术进步。

任务 1.2　计算机系统及性能指标

计算机自诞生以来，尽管经历了多次的更新换代，但到目前为止，其整体结构仍属于冯·诺依曼结构，还保持着冯·诺依曼计算机的基本特征。

1.2.1　计算机系统的组成

一个完整的计算机系统是由硬件（Hardware）系统和软件（Software）系统两部分组成的。

硬件是构成计算机看得见、摸得着的物理实体的总称，软件是运行在计算机硬件上的程序、运行程序所需的数据和相关文档的总称。硬件是软件发挥作用的舞台和物质基础，软件是使计算机系统发挥强大功能的灵魂，两者相辅相成、缺一不可。通常把没有安装软件的计算机称为"裸机"。

微课 01　计算机
系统的组成

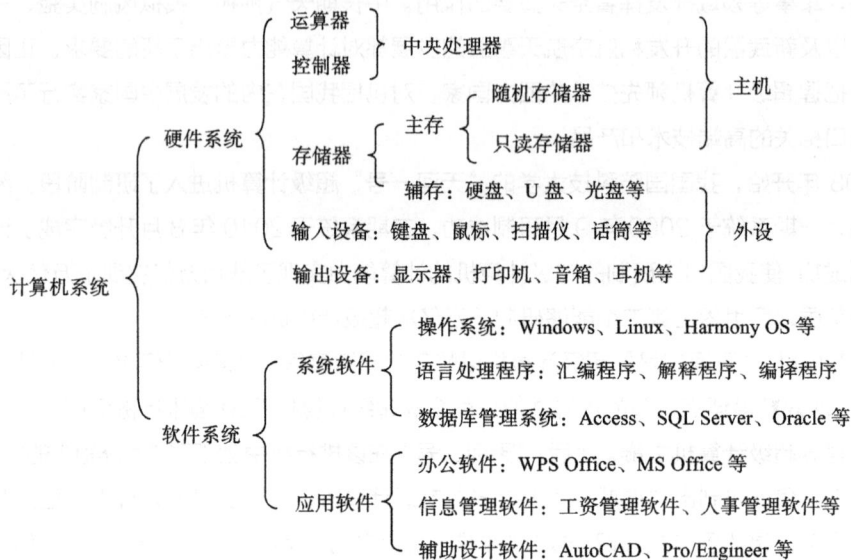

计算机系统的组成如图 1-1 所示。

图 1-1　计算机系统的组成

1. 计算机的硬件系统

按照冯·诺依曼模式，计算机硬件系统由运算器、控制器、存储器、输入设备和输出设备五大部件组成。

（1）运算器

运算器又称算术逻辑部件（Arithmetic Logic Unit，ALU），是计算机对数据进行加工处理的部件，它的主要功能是执行各种算术运算和逻辑运算。运算器在控制器的控制下实现其功能，运算结果由控制器指挥送到内存储器中。

（2）控制器

控制器相当于计算机的指挥中心，用来控制计算机各部件协调地工作，并使整个处理过程有条不紊地进行。它的基本功能是从内存中提取指令和执行指令，并按照先后顺序向计算机中的各个部件发出控制信号，指挥它们完成各种操作。

在早期的计算机中，运算器和控制器是两个独立部件，各自完成自己的功能。现如今，通常把运算器和控制器集成在一块芯片上，合称中央处理器（Central Processing Unit，CPU）。图 1-2 所示为两家著名公司 Intel 和 AMD 生产

图 1-2　CPU

的 CPU 的外观。

CPU 是微型机的核心部件，它的性能指标对整个微型机具有重大影响。因此，人们往往用 CPU 型号作为衡量计算机档次的标准。

（3）存储器

存储器是计算机系统中的记忆设备，用来存放程序和数据。计算机中的全部信息（包括计算机程序、输入的原始数据、中间运行结果和最终运行结果）都保存在存储器中。

对存储器来说，存储容量越大越好，工作速度越快越好，但两者与价格是相互矛盾的。为了协调这种矛盾，通常将存储器分为 3 个层次：主存储器（又称主存或内存）、辅助存储器（又称辅存或外存）和高速缓存。

① 主存。

主存采用半导体材料制成，容量小，运行速度快，用于存放当前正在运行的程序和数据，CPU 可以直接访问它。主存按其可实现的功能分为随机存储器（Random Access Memory，RAM）和只读存储器（Read-Only Memory，ROM）两种类型。

RAM 是一种既能读出也能写入的存储器，适合存放经常变化的用户程序和数据。RAM 有两个特点：一是其中的数据可以反复使用，只有写入新数据时其中的内容才会被修改；二是断电后原来存储的数据会立即丢失，因此计算机每次启动时都要对 RAM 进行重新装配。微型机中配置的内存条就是 RAM，通常所说的计算机内存容量就是指内存条的容量。图 1-3 所示为常见内存条的外观。

ROM 是一种只能读出而不能写入的存储器，用来存放固定不变且经常使用的程序和数据，如监控程序、基本输入输出系统（Basic Input/Output System，BIOS）等。ROM 里存放的数据一般由制造厂商写入并经固化处理，用户无法修改且断电后数据不会丢失。

② 辅存。

由于价格和技术方面的原因，主存的存储容量受到限制。为了满足存储大量数据的需求，就需要采用价格低且容量较大的辅存作为主存的后援。辅存不能和 CPU 直接交换数据，必须通过主存来实现和 CPU 之间的数据交换。目前，常用的辅存有硬盘、U 盘等。

硬盘是非常重要的外存储器，用来存放需要长期保存的程序和数据。硬盘又分为机械硬盘和固态硬盘两种。机械硬盘具有存储容量大、每兆字节成本低等优点，而固态硬盘具有体积小、存取速度快、无噪声、抗震性能好等优点。图 1-4 所示为固态硬盘。

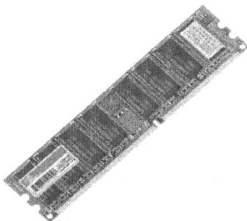

图 1-3　内存条

图 1-4　固态硬盘

③ 高速缓存。

在以前运行速度较低的低档微型机中，只有主存与辅存两级存储器。随着超大规模集成电路技术的发展，内存储器的存取速度已经有了很大提高，但相比之下，CPU工作速度提高得更快，二者之间存在大约一个数量级的差距。为了解决CPU与主存之间的速度匹配问题，现代微型机增加了一种特殊的存储器——高速缓存（Cache）。

Cache是一种位于CPU与内存之间的存储器，它的存取速度比普通内存快得多，但容量有限。Cache主要用于存放当前内存中使用最多的程序块和数据块，并以接近CPU工作速度的方式向CPU提供数据，从而使得CPU对内存的访问变为对高速缓存的访问，极大地提高了CPU的访问速度和整个系统的性能。

现代计算机系统普遍采用"高速缓存—主存—辅存"三级存储体系结构。

（4）输入设备

输入设备是用来向计算机输入原始数据和程序的设备，是重要的人机接口。它的主要功能是将输入的程序和数据转换成计算机能识别的二进制数并存放到内存中。常用的输入设备有键盘、鼠标、扫描仪、话筒等。图1-5和图1-6所示为常见的键盘和鼠标的外观。

图1-5　键盘

图1-6　鼠标

（5）输出设备

输出设备是用于将存放在内存中的数据进行输出的设备。它的主要功能是将计算机处理后的结果转换为人们能接受的形式并通过显示、打印等方式进行输出。常用的输出设备主要有显示器、打印机、音箱、耳机等。图1-7和图1-8所示为目前常用的液晶显示器和激光打印机的外观。

图1-7　液晶显示器

图1-8　激光打印机

人们通常将输入（Input）设备和输出（Output）设备合称为输入输出设备，简称I/O设备，将CPU、内存及相关电路合称为主机，将输入输出设备和外存合称为外设。

2. 计算机的软件系统

硬件是构成计算机的物质基础，软件是计算机的灵魂。计算机的硬件系统上只有安装了软件，才能发挥其应有的功能。安装不同的软件，计算机就可以完成不同的工作。配备了软件的计算机才能称为完整的计算机系统。

针对某一需要而为计算机编制的指令序列被称为程序，程序连同有关的说明文档共同构成软件。

计算机软件系统可分为系统软件和应用软件两大类。系统软件处于硬件和应用软件之间，支持机器运行，是应用软件的运行平台；而应用软件则是为解决某一领域实际问题而开发的专用程序。图 1-9 所示为计算机系统层次结构示意。

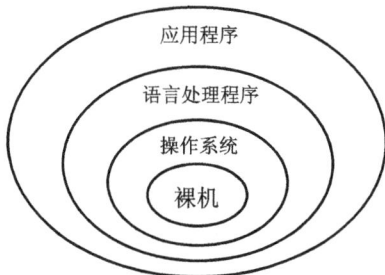

图 1-9　计算机系统层次结构示意

（1）系统软件

系统软件集管理、监控、维护和运行功能于一体，使计算机可以正常、高效地工作，提供操作计算机最基础的功能。它包括操作系统、语言处理程序、数据库管理系统等。

① 操作系统。

操作系统（Operating System，OS）是控制和管理计算机硬件和软件资源、合理组织计算机工作流程以及方便用户使用计算机的程序的集合，是系统软件中最重要和最核心的部分。使用操作系统的目的有两个：一是管理计算机系统的所有资源；二是为方便用户使用计算机而在计算机与用户之间提供接口。目前常用的操作系统有 Windows、Linux、统信 UOS、Harmony OS 等。

② 语言处理程序。

程序设计语言一般分为 3 类：机器语言、汇编语言和高级语言。机器语言使用计算机的二进制指令系统进行编程，是唯一能直接被计算机识别并执行的语言，用汇编语言和高级语言编写的源程序都必须转换成计算机能识别的二进制代码（即目标程序）才能运行，这一转换是由翻译程序来完成的。翻译程序统称为语言处理程序，包括汇编程序、编译程序和解释程序。

汇编程序将用汇编语言编写的源程序翻译成由机器指令组成的目标程序。高级语言编写的程序要翻译成目标程序又有解释程序和编译程序之分。解释程序是逐条解释并执行，而编译程序则是先将源程序编译成目标程序，再将目标程序链接为可执行程序。

③ 数据库管理系统。

数据库是存放数据的仓库，其特点是按一定的数据模型组织、描述和存储数据，具有较小的冗余度和较高的数据独立性。数据库管理系统是安装在操作系统上的一种对数据进行统一管理的系统软件，主要用于建立、使用和维护数据库。常用的数据库管理系统有 Access、SQL Server 和 Oracle 等。

（2）应用软件

应用软件是用于满足用户不同领域、不同问题的应用需求的软件，它可以拓宽计算机系统的应用领域，放大硬件的功能。应用软件主要包括办公软件（如金山公司的 WPS Office 和微软公司的 MS Office）、信息管理软件（如工资管理软件、仓库管理软件）、辅助设计软件（如工程制图设计软件 AutoCAD、三维造型设计软件 Pro/Engineer）、多媒体制作软件（如 Adobe Premiere Pro、Camtasia Studio）等。

1.2.2　微型机的系统集成

微型机硬件系统的五大部件并不是孤立存在的，它们在处理信息的过程中需要相互连接和传输数据。微型机的主板是连接微型机硬件系统的五大部件的中枢。如果把 CPU 看成微型机的大脑，那么主板就是微型机的躯干。

主板是主机箱中最大的电路板，又称为母板（Motherboard），其外观如图 1-10 所示。主板上集成了 CPU 插座、内存插槽、BIOS 芯片、控制芯片组、系统总线、各种接口及扩展插槽等。微型机正是通过主板的各种接口及扩展插槽将 CPU、内存、显卡、声卡、网卡、键盘、鼠标、硬盘、U 盘等部件连接成一个整体并协调工作的。主板的性能直接影响着整个微型机系统的性能。

图 1-10　微型机主板

1. CPU 插座

CPU 插座，又称为 CPU 接口。CPU 的接口有引脚式、卡式、触点式、针脚式等多种类型。不同类型的 CPU 具有不同的 CPU 插座，因此选择 CPU 时，就必须选择带有与之对应插座类型的主板。

2. 系统总线

现代计算机普遍采用总线结构。总线（Bus）是系统各部件之间传递信息的公共通道，各部件由总线连接并通过它传递数据和控制信号。按照传输信号的性质划分，总线一般分为地址总线、数据总线和控制总线 3 种类型。

3. 扩展插槽

扩展插槽是主板上用于固定扩展卡并将其连接到系统总线的插槽。扩展插槽用于添加或增强计算机的功能，如可以在扩展插槽上添加网卡、声卡、显卡等。目前，主板上提供的扩展插槽主要有内存插槽、AGP 插槽、显卡插槽、声卡插槽和网卡插槽等。

4. I/O 接口

I/O 接口是主板上用于连接各种外部设备的接口。通过这些 I/O 接口，可以把键盘、鼠标、打印机、扫描仪、移动硬盘、U 盘等外部设备连接到微型机上。

1.2.3　计算机的工作原理

现代计算机普遍采用冯·诺依曼计算机工作原理，所以现代计算机也被称为冯·诺依曼计算机。

1. 冯·诺依曼计算机工作原理

1946 年 ENIAC 诞生后，美籍匈牙利人冯·诺依曼简化了计算机的结构，提出了制造电子计算机和程序设计的新思想，奠定了现代计算机的基础。冯·诺依曼计算机工作原理可以概括为以下 3 个基本点。

（1）计算机内部应采用二进制数来表示指令和数据。

（2）计算机硬件系统由控制器、运算器、存储器、输入设备和输出设备五

微课 02　计算机的
工作原理

大部件组成，并规定了这 5 个部分的基本功能。

（3）采用存储程序方式。将编好的程序和数据存储在主存储器中，计算机在运行时就能自动地、连续地从存储器中依次取出指令并执行。

该工作原理的核心是"程序存储"和"程序控制"，就是通常所说的"顺序存储程序"概念，按照这一原理设计的计算机被称为冯·诺依曼计算机。

冯·诺依曼的这些理论的提出，解决了计算机的运算自动化问题和速度配合问题，对后来计算机的发展起到了决定性的作用。

2. 指令及其执行过程

指令是计算机能够识别和执行的一些基本操作，通常包含操作码和操作数两部分。操作码规定计算机要执行的基本操作类型，如加法操作；操作数则告诉计算机哪些数据参与操作。计算机系统中所有指令的集合称为计算机的指令系统，它规定了该计算机所能完成的全部基本操作，如数据传送、算术运算和逻辑运算等。

一条指令的执行过程可以分为 4 个步骤。

（1）取出指令：把要执行的指令从内存取到 CPU 中。

（2）分析指令：把指令送到指令译码器中进行分析。

（3）执行指令：根据指令译码器的译码结果向各个部件发出相应的控制信号，完成指令规定的操作。

（4）形成下一条指令的地址：为执行下一条指令做好准备。

3. 程序的执行过程

程序是由若干条指令构成的指令序列。计算机运行程序时，实际上是顺序执行程序中所包含的指令，即不断重复"取出指令、分析指令、执行指令"这个过程。

计算机接收到指令后，由控制器指挥，将程序和数据输入存储器中，控制器按照程序中的指令序列，把要执行的指令从内存读取到 CPU 中，在 CPU 中分析指令功能，进而发出各种控制信号，指挥计算机中的各部件执行该指令。这种取出指令、分析指令、执行指令的操作不断地重复执行，直到构成程序的所有指令全部执行，就完成了程序的运行，实现了相应的功能。

冯·诺依曼计算机工作原理从本质上讲是采取串行顺序处理数据的工作机制，即使有关的数据都已准备好，也必须逐条执行指令序列。提高计算机性能的方向之一是并行处理。近年来，人们不断谋求突破冯·诺依曼体制的束缚，以提高计算机的运算速度和性能。

1.2.4 微型机的主要性能指标

微型机系统是一种复杂的系统，其功能的强弱或性能的好坏，不是由某个单项指标决定的，而是由它的字长、主频、存储容量、兼容性等多方面的因素综合决定的。对普通用户来说，可以用以下几个主要指标来评价计算机的性能。

1. 字长

字长是指计算机 CPU 能够同时处理的二进制数据的位数。从存储数据角度而言，字长越长，计算机的运算精度就越高；从存储指令角度而言，字长越长，计算机的处理能力就越强，计算机处理数据的速度也越快。目前普遍使用的微处理器的字长为 64 位。

2. 主频

微型机一般采用主频（也叫时钟频率）来描述运算速度。通常所说的计算机主频，是指每秒所能执行的指令条数，一般用"百万条指令/秒"来表示。字长相同的情况下，主频越高，运算速度就越快。

3. 存储容量

存储容量指存储器可以容纳的二进制信息量。存储容量分内存容量和外存容量，此处提到的存储容量主要指内存容量。内存容量的大小反映了计算机即时存储信息能力的强弱。内存容量越大，处理数据的范围就越广，运算速度越快，处理能力越强。

4. 兼容性

兼容性是指硬件之间、软件之间或软硬件组合系统之间的相互协调的程度。对硬件来说，几种不同的计算机部件，如 CPU、主板、显卡等，如果在工作时能够相互配合、稳定工作，就说它们之间的兼容性比较好。对软件来说，某个软件能在若干个操作系统中稳定运行，就说明这个软件对各系统有良好的兼容性。

【知识拓展 2】量子计算机

量子计算是一种不同于经典计算的革命性计算技术。量子计算机的工作原理和经典计算机最大的差异，就是经典计算机中存储和传输数据的基本单元"比特"被替换成"量子比特"。量子计算机利用了量子叠加原理：一个量子比特能"同时"处于 0 和 1 两种逻辑状态的线性叠加态；两个量子比特可以同时处于 00、01、10、11 这 4 种状态；多个量子比特对应的状态可以达到指数增长。量子算法的核心，是利用好这些量子叠加态来加快计算问题的求解速度。

量子计算机在原理上具有超快的并行计算能力，可望通过特定算法在一些具有重大社会和经济价值的问题方面（如密码破译、大数据优化、材料设计、药物分析等）相比经典计算机实现指数级的加速。

近年来，量子计算的研究已经有不少重大突破，促进了量子计算复杂性的发展。同时，利用量子算法的经验也对经典算法带来冲击。目前已经有不少新的经典算法是通过研究量子算法得到灵感的，这体现出了量子算法研究的总体价值。

我国量子计算机的研究起步较晚，但仍然实现了弯道超车。中国科学院院士潘建伟带领团队研制的"九章"和"祖冲之号"量子计算机，确立了我国在光量子和超导两个量子计算领域的领先优势。目前世界上只有我国和美国两个国家实现了"量子霸权"（量子霸权是指量子计算具有远远优越于传统计算或者信息处理的能力，也称量子计算优势）。

2019 年 8 月，由潘建伟等人领衔，在国际上首次提出一种新型理论方案，为光学量子计算机超越经典计算机奠定了重要的科学基础。2020 年 12 月，该团队成功地研制出了 76 个光子的量子计算原型机，并将其命名为"九章"。在此基础上，科学家们进一步构建了"九章二号"和"九章三号"量子计算原型机,它们的光子数量分别增加到 113 个和 255 个。"九章三号"处理高斯玻色取样的速度比目前全球最快的超级计算机快 1 亿亿倍,处理某些问题的能力远超传统计算机。

"九章"量子计算机问世半年后,2021 年 5 月,我国宣布研制出当时国际上量子比特数目最多的 62 位可编程超导量子计算原型机"祖冲之号",这款量子计算机为推动我国在超导量子系统中实现量子优势奠定了关键技术基础,被认为是后续实现商用量子计算必不可少的一步。之后不到半年,"祖冲之二号"便研制成功,它可以操纵 66 个量子比特,其计算速度比目前世界上计算速度最快的超算快了 1000 万倍,实现了超导量子比特计算方法的量子计算优越性。

光量子比特和超导量子比特量子计算方法是目前国际公认的量子计算物理系统,有望实现可扩展性和实用性。潘建伟表示:下一步,我们要解决量子计算机实用化道路上的一些问题,首先需要 4 到 5 年的时间实现量子纠错。这一步解决后,基本就可以投入实际使用了。

专家认为,量子计算机在天气预报、药物分析、云技术开发、大数据优化等领域可以大大提高计算速度,使用专用量子计算机或量子模拟器即可实现。对于一些传统计算机无法完成的计算问题,量子计算机强大的计算能力甚至可以直接开启一场新的技术革命。

任务 1.3 计算机的进制与信息编码

计算机科学的研究对象主要包括信息的采集、存储、处理和传输,而这些都与信息的量化和表示密切相关。本节从进位计数制开始,对数据的表示、转换、处理和存储方法进行讲述,从而帮助读者清楚认识计算机对信息的处理方法。

1.3.1 进位计数制

1946 年诞生的 ENIAC 是一台十进制的计算机。美籍匈牙利数学家冯·诺依曼在研制新计算机 EDVAC 时,根据电子元件双稳工作的特点,建议在电子计算机中采用二进制。二进制的采用极大地简化了计算机的逻辑线路,从而改变了计算机的发展方向,为计算机的设计树立了一座里程碑。冯·诺依曼撰写的著名的《EDVAC 报告书的第一份草案》中提出的体系结构一直延续至今,即冯·诺伊曼结构。

1. 进位计数制的概念

计数制是指计数的方法,日常生活中最常用的计数制是十进制(逢十进一)。其实,在人类历史发展的过程中,根据生产、生活的需要,人们还创立了其他计数制,如 1 小时有 60 分钟,为六十进制;1 个星期有 7 天,为七进制;一双鞋有 2 只,为二进制等。

对计算机而言,采用二进制处理数据具有运算简单、易于物理实现、可靠性高、通用性强等优点。所以,现代计算机普遍采用二进制,所有的指令和数据都是以二进制数来表示和存储的。

尽管二进制有许多优点,但存在书写起来太长、阅读与记忆不方便等不足。由于八进制或十六进制与二进制之间的转换非常简单、方便,因此,人们在书写和记忆时常采用八进制或十六进制,即可以用八进制数和十六进制数作为对二进制数的缩写。

进位计数制中有数码、基数和位权 3 个要素。

（1）数码：计数制中使用的数字符号被称为数码或数符。例如，十进制有 0、1、2、3、4、5、6、7、8、9 共 10 个数码，二进制有 0 和 1 两个数码。

（2）基数：一种进位计数制中允许使用的数码的个数被称为基数。例如，十进制的基数为 10、二进制的基数为 2。

（3）位权：单位数码在该数位上所表示的数量被称为位权。位权以指数形式表示，指数的底是进位计数制的基数。对于十进制，各位数的位权是以 10 为底的幂；对于二进制，各位数的位权是以 2 为底的幂。任何一个数都可以用位权展开式表示，位权展开式又被称为乘权求和。例如，$(327.5)_{10}=3\times10^2+2\times10^1+7\times10^0+5\times10^{-1}$。

2．常用的进位计数制

计算机中常用的进位计数制有二进制、八进制、十进制和十六进制。表 1-1 给出了计算机中常用的 4 种进位计数制的表示方法。

表 1-1　计算机中常用的 4 种进位计数制的表示方法

进制	基数	数码	权值	表示形式
二进制	2	0、1	2^n	B
八进制	8	0、1、2、3、4、5、6、7	8^n	O
十进制	10	0、1、2、3、4、5、6、7、8、9	10^n	D
十六进制	16	0、1、2、3、4、5、6、7、8、9、A、B、C、D、E、F	16^n	H

从上表可以看出，十六进制的数码除了十进制中的 0~9 共 10 个数字外，还使用了 6 个英文字母 A、B、C、D、E、F，它们分别相当于十进制中的 10、11、12、13、14、15。

为了避免不同进位计数制的数在使用时产生混淆，在给出一个数时，应指明它的计数制，通常用字母 B、O、D、H 或下标 2、8、10、16 分别表示二进制、八进制、十进制和十六进制数。

例如，1010B、2615O、1759D、3AE8H 也可表示成 $(1010)_2$、$(2615)_8$、$(1759)_{10}$、$(3AE8)_{16}$。

3．4 种进制数之间的对应关系

为方便认知和记忆，表 1-2 列出了二进制、八进制、十进制和十六进制这 4 种进制数之间的对应关系。

表 1-2　4 种进制数之间的对应关系

十进制数	二进制数	八进制数	十六进制数	十进制数	二进制数	八进制数	十六进制数
0	0	0	0	4	100	4	4
1	1	1	1	5	101	5	5
2	10	2	2	6	110	6	6
3	11	3	3	7	111	7	7

十进制数	二进制数	八进制数	十六进制数	十进制数	二进制数	八进制数	十六进制数
8	1000	10	8	12	1100	14	C
9	1001	11	9	13	1101	15	D
10	1010	12	A	14	1110	16	E
11	1011	13	B	15	1111	17	F

从上表可以看出，采用不同计数制表示同一个数时，基数越大，则使用的位数越少。比如十进制数 15，用十六进制数表示只需要 1 位，但用二进制数表示则需要 4 位，这就是书写时采用八进制或十六进制的原因。

1.3.2 进制之间的转换

下面介绍十进制数、二进制数、八进制数及十六进制数之间的转换方法。

1. R 进制数转换为十进制数

这里的 R 进制表示二进制、八进制和十六进制。

R 进制数转换为十进制数的方法很简单，将 R 进制数按位权展开求和即可得到相应的十进制数。

微课03 进制之间
的转换

例 1：将 $(101011.01)_2$、$(325.6)_8$、$(6D.A)_{16}$ 分别转换为十进制数。

$(101011.01)_2 = 1 \times 2^5 + 0 \times 2^4 + 1 \times 2^3 + 0 \times 2^2 + 1 \times 2^1 + 1 \times 2^0 + 0 \times 2^{-1} + 1 \times 2^{-2}$

$\qquad = 32 + 8 + 2 + 1 + 0.25$

$\qquad = 43.25$

$(325.6)_8 = 3 \times 8^2 + 2 \times 8^1 + 5 \times 8^0 + 6 \times 8^{-1}$

$\qquad = 192 + 16 + 5 + 0.75$

$\qquad = 213.75$

$(6D.A)_{16} = 6 \times 16^1 + 13 \times 16^0 + 10 \times 16^{-1}$

$\qquad = 96 + 13 + 0.625$

$\qquad = 109.625$

2. 十进制数转换为 R 进制数

十进制数转换为 R 进制数分为整数和小数两个部分。

整数部分采用"除 R 取余"法，即用十进制数连续地除以 R，记下每次所得的余数，直至商为 0。将所得余数按从下到上的顺序依次排列起来即转换结果。

小数部分采用"乘 R 取整"法，即用十进制小数乘以 R，得到一个积，将积的整数部分取出来，将积的小数部分再乘以 R，重复以上过程，直至积的小数部分为 0 或满足转换精度要求为止。将每次取得的整数按从上到下的顺序依次排列起来即转换结果。

例 2：将十进制数 $(125)_{10}$ 分别转换为二进制数、八进制数和十六进制数。

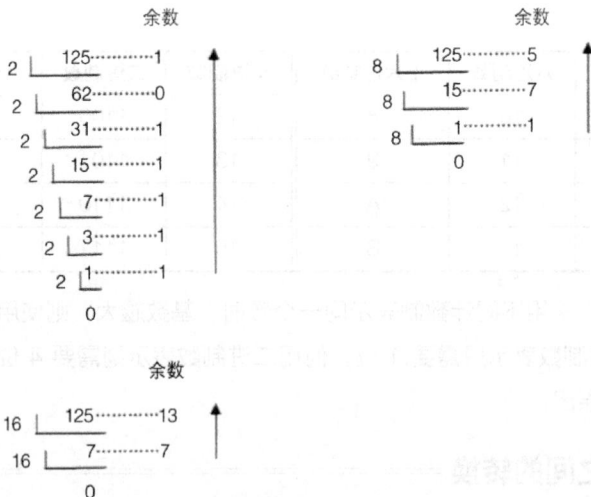

这里，余数 13 用十六进制的 D 来表示。所以，$(125)_{10}=(1111101)_2=(175)_8=(7D)_{16}$。

例 3：将十进制小数 $(0.8125)_{10}$ 转换成二进制小数。

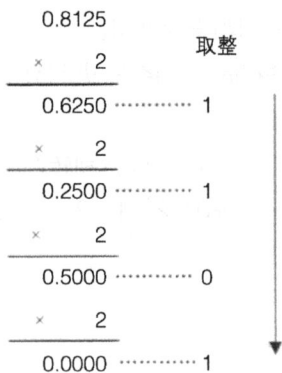

所以，$(0.8125)_{10}=(0.1101)_2$。

在本例中，小数部分正好能够精确转换，没有误差。但要注意的是，并非所有的十进制小数都能完全精确地转换成对应的二进制小数，$(0.1)_{10}$ 就是一个例子。当乘积的小数部分无法乘到全为 0 时，可根据题目要求取近似值，保留适当的小数位数。

十进制小数转换成八进制小数或十六进制小数的方法与十进制小数转换成二进制小数方法相同，仅需把乘数换成 8 或 16 即可。

既有整数部分又有小数部分的十进制数转换成 R 进制数的规则是：将该十进制数的整数部分和小数部分分别进行转换，然后将两个转换结果拼接起来。

例 4：将 $(125.8125)_{10}$ 转换成二进制数。

因为：$(125)_{10}=(1111101)_2$

$(0.8125)_{10}=(0.1101)_2$

所以：$(125.8125)_{10}=(1111101.1101)_2$

3．二进制数与八进制数、十六进制数之间的转换

由于二进制数与八进制数、十六进制数存在特殊关系（$8^1=2^3$，$16^1=2^4$，即 1 位八进制数相当于 3 位二进制数，1 位十六进制数相当于 4 位二进制数），所以二进制数转换成八进制数、十六进制数，或者进行反向的转换，都非常简单。

（1）二进制数与八进制数的相互转换

转换分成整数和小数两个部分。

把二进制数的整数部分转换成八进制数的方法是：以小数点为基准，从右向左，将每 3 位数字分为一组（最后一组若不足 3 位，可不补 0），把每组数字转换成对应的八进制数。

例 5：将二进制数 10101111001 转换成八进制数。

分组：   <u>10</u>   <u>101</u>   <u>111</u>   <u>001</u>   （整数分组，不足 3 位时可不补 0）

对应值： 2   5   7   1   （每组对应一个八进制数）

结果：$(10101111001)_2 = (2571)_8$

把二进制小数转换成八进制小数的方法与整数转换方法类似，只是应注意两点：一是分组方向是小数点开始从左向右，二是分组时末尾若不足 3 位，必须在右边加 0 补足 3 位。

例 6：将二进制数 11100101.1101 转换成八进制数。

分组：   <u>11</u>   <u>100</u>   <u>101</u>.<u>110</u>   <u>100</u> （小数分组，不足 3 位时右边必须补 0）

对应值：   3   4   5   6   4

结果：$(11100101.1101)_2 = (345.64)_8$。

八进制数转换成二进制数的方法与上述转换过程相反。转换时，将每 1 位八进制数展开为对应的 3 位二进制数字串，然后把这些数字串依次拼接起来即得到转换结果。

例 7：将八进制数 27.34 转换成二进制数。

  2   7 . 3   4

<u>010</u> <u>111</u> .<u>011</u> <u>100</u>

将转换结果中的前导 0 及小数部分尾部的 0 去掉，所以，$(27.34)_8 = (10111.0111)_2$。

（2）二进制数与十六进制数的相互转换

二进制数与十六进制数的相互转换方法和上述二进制数与八进制数间的转换类似，只是在转换时，用 4 位二进制数与 1 位十六进制数互换，具体过程不再赘述，下面给出两个转换实例。

例 8：$(\underline{100}\ \underline{1111}.\underline{1010})_2 = (4F.A)_{16}$

      $(E64.5C)_{16} = (\underline{1110}\ \underline{0110}\ \underline{0100}.\underline{0101}\ \underline{1100})_2$

> **注意** 每 1 位八进制数可用 3 位二进制数表示，每 1 位十六进制数可用 4 位二进制数表示，建议熟记表 1-2 中所列的基本对应关系。

1.3.3　二进制数的运算

二进制数的运算分为算术运算和逻辑运算两种类型。

1. 二进制数的算术运算

二进制数的算术运算包括加、减、乘、除四则运算。二进制数与十进制数

微课 04　二进制数的运算

算术运算的规则相似，只是十进制为逢十进一、借一当十，而二进制为逢二进一、借一当二。二进制数的运算规则如表1-3所示。

表1-3 二进制数的运算规则

加　法	减　法	乘　法	除　法
$0+0=0$	$0-0=0$	$0 \times 0=0$	$0 \div 0=0$
$0+1=1$	$1-0=1$	$0 \times 1=0$	$0 \div 1=0$
$1+0=1$	$1-1=0$	$1 \times 0=0$	$1 \div 0$ 无意义
$1+1=10$	$0-1=1$	$1 \times 1=1$	$1 \div 1=1$

例9：已知 $A=(1110.10)_2$，$B=(1011.01)_2$，求A+B和A-B的值。

$$
\begin{array}{r}
1110.10 \\
+\ 1011.01 \\
\hline
11001.11
\end{array}
\qquad
\begin{array}{r}
1110.10 \\
-\ 1011.01 \\
\hline
0011.01
\end{array}
$$

所以，A+B = $(11001.11)_2$，A-B = $(11.01)_2$。

2. 二进制数的逻辑运算

计算机中的逻辑关系是一种二值逻辑，逻辑运算的结果只能是"真"或"假"。通常用 1 表示真，用 0 表示假。逻辑运算的每一位表示一个逻辑值，逻辑运算是按对应位进行的，每位之间相互独立，不存在进位和借位关系。

二进制数的基本逻辑运算包括逻辑或、逻辑与、逻辑非3种，由这3种基本逻辑运算可以组合出更多其他复杂的逻辑运算。

（1）逻辑或

逻辑或又称逻辑加，可用"＋"或"∨"来表示。逻辑或的运算规则如下。

$$0+0=0 \quad 或 \quad 0 \vee 0=0$$
$$0+1=1 \quad 或 \quad 0 \vee 1=1$$
$$1+0=1 \quad 或 \quad 1 \vee 0=1$$
$$1+1=1 \quad 或 \quad 1 \vee 1=1$$

可见，两个相或的逻辑变量中，只要有一个变量为1，运算结果就为1；仅当两个变量均为0时，运算结果才为0。

（2）逻辑与

逻辑与又称逻辑乘，可用"×""∧"或"·"来表示。逻辑与的运算规则如下。

$$0 \times 0=0 \quad 或 \quad 0 \wedge 0=0 \quad 或 \quad 0 \cdot 0=0$$
$$0 \times 1=0 \quad 或 \quad 0 \wedge 1=0 \quad 或 \quad 0 \cdot 1=0$$
$$1 \times 0=0 \quad 或 \quad 1 \wedge 0=0 \quad 或 \quad 1 \cdot 0=0$$
$$1 \times 1=1 \quad 或 \quad 1 \wedge 1=1 \quad 或 \quad 1 \cdot 1=1$$

可见，两个相与的逻辑变量中，只要有一个变量为0，运算结果就为0；仅当两个变量均为1时，运算结果才为1。

例 10：已知 A=$(100110)_2$，B=$(110011)_2$，求 A∨B 和 A∧B 的值。

$$
\begin{array}{r}
100110 \\
\vee\ 110011 \\
\hline
110111
\end{array}
\qquad
\begin{array}{r}
100110 \\
\wedge\ 110011 \\
\hline
100010
\end{array}
$$

所以，A∨B = $(110111)_2$，A∧B = $(100010)_2$。

（3）逻辑非

逻辑非又称逻辑否定，实际上就是将原逻辑变量按位取反，该运算在逻辑变量上加一横线来表示。逻辑非的运算规则如下。

$$\overline{1} = 0，\overline{0} = 1$$

可见，逻辑变量为 0 时，逻辑非的运算结果为 1；逻辑变量为 1 时，逻辑非的运算结果为 0。

例 11：已知 A=$(10110)_2$，求 $\overline{A}$ 的值。

对 10110 逐位取反，可得 $\overline{A}$ = $(01001)_2$。

1.3.4　计算机内数据的存储单位

计算机中的数据包括数字、文字、符号、声音、图形、图像以及动画等，所有类型的数据在计算机中都是以二进制数的形式表示和存储的，常用的存储单位有以下几种。

（1）位（bit）：一个二进制位被称为一个比特，是度量数据的最小单位，只有"0"和"1"两个值。

（2）字节（Byte）：在计算机内部，通常将 8 位二进制数编为一组，称为一个字节。它是数据存储的基本单位。一个 ASCII 字符用一个字节表示，一个汉字通常用两个字节表示。

（3）字（Word）：计算机能够同时处理的二进制数。一个字是由若干个字节（通常是单字节的 2^n 倍）组成的，是计算机进行数据处理的单位。

（4）字长：一个字中的二进制数的位数称为字长。在计算机诞生初期，受各种因素限制，计算机的字长只有 8 位。随着电子技术的发展，计算机的并行处理能力越来越强，相继出现了 16位、32 位、64 位字长的计算机。字长是评价计算机计算精度和运算速度的主要技术指标。字长越长，计算机处理数据的速度就越快。

有关存储的常用单位及其换算关系如下。

字节　　　1B=8bit

千字节　　1KB=2^{10}B=1024B

兆字节　　1MB=2^{10}KB=1024KB

吉字节　　1GB=2^{10}MB=1024MB

太字节　　1TB=2^{10}GB=1024GB

拍字节　　1PB=2^{10}TB=1024TB

艾字节　　1EB=2^{10}PB=1024PB

1.3.5 数据在计算机中的编码

由于计算机只能识别和处理二进制代码，所以在计算机内部，所有数据都必须被转换为二进制代码。编码的过程就是在计算机中将各种数据转换为二进制代码的过程。这里我们主要介绍西文字符和汉字的编码方法。

1. 西文字符编码

计算机中的西文字符主要使用 ASCII 表示。ASCII 是美国信息交换标准码（American Standard Code for Information Interchange）的简称，是国际上使用最广泛的一种字符编码。ASCII 有 7 位 ASCII（即基本 ASCII）和 8 位 ASCII（即扩展 ASCII）两种，国际通用的是 7 位 ASCII。

基本 ASCII 的编码规则是：每个字符用 7 位二进制数（$b_6b_5b_4b_3b_2b_1b_0$）来表示，可表示 $2^7 = 128$ 个字符，其中包括 95 个普通字符和 33 个控制字符。在计算机中，每个 ASCII 字符可存放在一个字节中，最高位（b_7）为校验位，用"0"填充，后 7 位为编码值，如表 1-4 所示。

表 1-4　基本 ASCII 表

$b_3b_2b_1b_0$	$b_6b_5b_4$							
	000	001	010	011	100	101	110	111
0000	NUL	DLE	空格	0	@	P	`	p
0001	SOH	DC1	!	1	A	Q	a	q
0010	STX	DC2	"	2	B	R	b	r
0011	ETX	DC3	#	3	C	S	c	s
0100	EOT	DC4	$	4	D	T	d	t
0101	ENQ	NAK	%	5	E	U	e	u
0110	ACK	SYN	&	6	F	V	f	v
0111	BEL	ETB	'	7	G	W	g	w
1000	BS	CAN	(	8	H	X	h	x
1001	HT	EM	)	9	I	Y	i	y
1010	LF	SUB	*	:	J	Z	j	z
1011	VT	ESC	+	;	K	[	k	{
1100	FF	FS	,	<	L	\	l	|
1101	CR	GS	–	=	M	]	m	}
1110	SO	RS	.	>	N	^	n	~
1111	SI	US	/	?	O	_	o	DEL

从上表中容易得出以下结论。

（1）对字符的 ASCII 值来说，空格<数字<大写字母<小写字母。

（2）3 组常用字符——阿拉伯数字、大写英文字母及小写英文字母，在 ASCII 表中，其值分别是连续递增的。也就是说，知道了每组字符中的某一个字符的 ASCII 值，则该组中的其他字符的 ASCII 值都是可以计算出来的。例如，若已知字符"A"的 ASCII 值为 65，则可计算出字符

"E"的 ASCII 值为 69。

此外，ASCII 表中的可打印字符在 PC 标准键上都可以找到。当通过键盘输入字符时，每个字符实际是按 ASCII 转换为相应的二进制数字串，屏幕上显示相应字符，同时将该字符的 ASCII 送入计算机的存储器中。

前面介绍的是 7 位 ASCII，即基本 ASCII。为了增加字符的使用数量，把原来的 7 位码扩展成 8 位码，可以表示 2^8=256 个字符，即扩展 ASCII。扩展 ASCII 的最高位不是 0 而是 1。

2. 汉字编码

ASCII 只对英文字母、数字和标点符号进行了编码。为了使计算机能够处理、显示、打印、交换汉字，同样也需要对汉字进行编码。

由于汉字数量巨大，用一个字节远不能表示全部汉字，所以汉字通常用两个字节来表示。汉字编码比英文字符编码要复杂得多。

汉字信息的编码体系主要有国标码、机内码、区位码、输入码和字形码。

（1）国标码

1980 年，国家标准总局颁布了用于信息处理的汉字国家标准 GB/T 2312—1980《信息交换用汉字编码字符集　基本集》，简称"国标码"。该标准收录了 6763 个常用汉字及 682 个符号，采用两个字节来编码。根据使用频度，将汉字分为两级：一级汉字 3755 个，为常用汉字，按汉语拼音字母的顺序排列；二级汉字 3008 个，为次常用汉字，由于不易记其发音，故按部首和笔画排列。任何汉字编码都必须包括国标码规定的这两级汉字。

世界上使用汉字的地区除了我国以外，还有日本与韩国等。1995 年，我国发布了新的国标码 GBK（汉字国标扩展编码）。它是对 GB/T 2312—1980 的扩展，支持全部中、日、韩统一汉字字库，故称 CJK 统一汉字。该编码标准兼容 GB/T 2312—1980，共收录 20902 个简、繁体汉字及各种符号。

（2）机内码

机内码是计算机内部进行文字（字符、汉字）信息处理时使用的编码，简称内码。文字信息输入计算机后，要转换为机内码才能进行各种处理，如存储、加工、传输、显示和打印等。对每一个文字，其机内码是唯一的。

计算机既要处理汉字，也要处理英文。为了实现中、英文兼容，通常利用字节的最高位来区分某个码值是代表汉字还是 ASCII 字符。具体做法是，最高位为"1"视为汉字，为"0"则视为 ASCII 字符。所以，汉字机内码可在国标码的基础上，把两个字节的最高位一律由"0"改为"1"而构成。由此可见，对 ASCII 字符来说，机内码与国标码的码值是相同的，而同一汉字的国标码与机内码的码值并不相同。如果用十六进制来表示，就是在汉字国标码的两个字节上分别加一个 $(80)_H$（即二进制数 10000000）。所以，汉字的国标码与其机内码之间存在如下关系：机内码 = 国标码+$(8080)_H$。

（3）区位码

为了方便查询和使用，将 7445 个常用汉字和符号，按国标码顺序排列在一张 94 行、94 列的二维表格中。表格中每一行叫作一个区，每一列叫作一个位。通过行（区）、列（位）坐标就可以唯一确定每一个汉字和符号的位置。其中，1~9 区是各种符号，10~15 区是空区，16~55 区为一级汉字，56~87 区为二级汉字。这样区号和位号各用两位十进制数就组成汉字区位码。例如"学"字的区号为 49，位号为 07，则它的区位码为 4907。汉字区号、位号分别加上 $(A0)_H$，就是其机内码的高字节和低字节，即汉字的区位码与其机内码之间存在如下关系：机内码＝区位码+$(A0A0)_H$。

（4）输入码

输入码是汉字信息由键盘输入计算机时使用的编码，简称外码。汉字输入法非常多，广泛使用的是五笔字型输入法和拼音输入法。

输入英文时，想输入什么字符便按什么键，输入码与机内码总是一致的。汉字输入则不同，例如现在要用拼音输入法输入"王"字，在键盘上依次按"W""A""N""G"键，这里的"wang"便是"王"字的输入码。

需要指出，无论采用哪一种汉字输入法，当用户向计算机输入汉字时，存入计算机中的总是汉字的机内码，与所采用的输入法无关。

（5）字形码

字形码是指汉字字形存储在字库中的数字化代码，用于计算机显示和输出汉字的"形"，即字形码决定了汉字显示和输出的外形。字形码是汉字的点阵表示，被称为"字模"。同一汉字可以有多种字模，也就是字体或字库。

通常汉字显示使用 16×16 点阵，汉字输出可选用 24×24、32×32、48×48 等点阵。点数越多，输出的字体越美观，但汉字占用的存储空间也越大。下面计算存储一个 24×24 点阵的汉字需要多少个字节。在 24×24 的网格中描绘一个汉字，整个网格分为 24 行、24 列，每个小格用 1 位二进制编码表示，每一行需要 24 个二进制位，占 3 个字节，24 行共占 24×3=72 个字节，如图 1-11 所示。

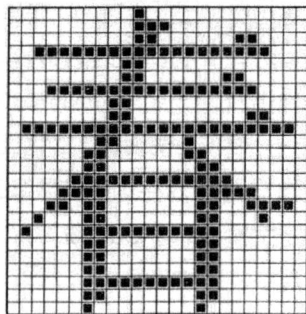

图 1-11　24×24 点阵字形

【知识拓展 3】可穿戴计算技术

可穿戴计算技术是一种可将计算机"穿戴"在人体上，并进行各种应用的计算机前沿技术，是智能环境的一个主要研究课题。

可穿戴计算技术，目前国际上尚无明确和完备的定义。国际上公认的可穿戴计算技术的先驱者，加拿大的斯蒂夫·曼恩（Steve Mann）教授认为可穿戴计算机系统具有这样的特征：属于用户的个人空间，由穿戴者控制，同时具有操作和互动的持续性。可穿戴计算技术的目的是为人们提供一个更加智能的环境，这个环境营造了一个数字世界，有趣的是这个数字世界依赖不停运转的各种"可穿戴计算设备"使人们的生活变得更加舒适和便利，如眼镜、手套、手表、服饰及鞋子等。"可穿戴计算设备"是应用可穿戴计算技术进行智能化设计，然后开发出来的可穿戴设备的总称。同时，可穿戴计算机和人类之间的互动是持续性的，更重要的是，为了使用户正在进行的任务不中断，可穿戴计算机还能够进行多任务操作。如果一台计算机是"可穿戴的"，那它将伴随在我们的日常生活中随时提供帮助，它就像穿衣服或其他形式的穿戴一样，尽可能地不引人注意。

对于可穿戴计算技术的研究属于目前世界上最前沿的科技研究，主要以概念性产品为主。如配有可穿戴传感器的新生儿智能监测外套，谷歌公司推出的"会说话的鞋"等。

在几十年的发展和持续研究下，可穿戴计算技术已经被证明非常具有实际操作性。这项技术可以包容感觉每个人，许多使用该技术的应用已经成为一些人生活的一部分，例如寻路、健康状况监测、帮助记忆和现实调整，可以说，可穿戴计算技术表现出了其非常重大的意义和对整个社会的影响。

可穿戴计算技术在人们需要信息辅助的任何领域，都有着重要的应用价值和广阔的应用前景。从商业目的到科学目的，数以百计的相关研究正在进行中，例如，许多特定的用于帮助残疾人和扶助老年人的可穿戴计算应用程序在稳步发展中。这项技术已经为人们带来许多便利，随着相关技术的进一步成熟，成本的下降，可穿戴计算系统将出现旺盛的市场需求。也许在不久的将来，失明人士只要戴上一副特制的眼镜就可以重见光明；患有阿尔茨海默病（老年期痴呆的一种类型）的人们能够记得和认出亲人的名字和面孔。

在"可穿戴计算设备"可预见的未来中，孩子背着书包出门，父母通过孩子随身佩戴的可穿戴设备看见了他所处的环境，随时与他面对面通话；商店里，面对琳琅满目的商品，不知所措的丈夫经由妻子的"远程"参考后买回了满意的商品；年迈的父母无法纵情山水，通过在旅游胜地的儿女的眼睛"看旅游"……"可穿戴计算设备"在许多特殊任务领域已经得到充分利用，但人们更希望它早日进入日常生活。

"可穿戴计算设备"已经做到了衣服内部，使用计算机就如同穿衣服。有的"可穿戴计算设备"被做到手表、背包、戒指、发卡等人们随身佩戴的小饰品中，佩戴这些小饰品可以帮助打台球的人准确地测定角度与力度，告诉不会跳舞的人该怎么走舞步。

目前，使"可穿戴计算设备"完全进入日常生活的技术还不成熟，如"可穿戴计算设备"要求体积小、重量轻、柔性好、使用时间长；软件方面，"可穿戴计算设备"必须开发自己的嵌入式操作系统。总之，当人们几乎感觉不到它的特殊存在时，"可穿戴计算设备"就可以和人们一起处理日常事务了。

总之，可穿戴计算技术作为智能环境的重要组成部分，正以前所未有的速度改变着我们的生活。随着技术的不断进步和应用场景的持续拓展，我们有理由相信，未来的可穿戴设备将更加智能、更加人性化，成为我们日常生活中不可或缺的伙伴。

任务 1.4　多媒体技术

媒体是承载、传递信息的载体，如文本、声音、图形、图像等，它们都以各自的形式进行信息传播。多媒体就是由多种媒体复合而成的信息的载体，可以同时进行图、文、声、像等信息的传播。

多媒体技术是指通过计算机对文本、图形、图像、声音、动画、视频等多种媒体信息进行综合处理和管理，将多媒体各个要素进行有机组合，使用户可以通过多种感官与计算机进行实时信息交互的技术。

多媒体技术的出现，标志着信息技术一次新的革命性的飞跃。它极大地改变了人类获取、处理、使用信息的方式，同时也深刻影响了人类的学习、工作和生活的方式，成为信息社会的通用工具。

1.4.1　多媒体技术的特征

与传统的计算机技术相比，多媒体技术具有以下几个基本特征。

1．交互性

交互性是多媒体技术的关键特征，没有交互性的系统就不是多媒体系统。多媒体信息需要在人机的交互过程中进行传播，人对信息可以主动地选择和控制，可以非线性地访问数据信息。而传统媒体只能单向地、被动地传播信息。

2．集成性

多媒体技术集成了许多单一的技术，如图像处理、声音处理、视频处理、文本处理、动画处理等技术。把它们集成在一起，可以为用户提供丰富多样的信息呈现方式。集成包括信息的统一获取、存储、组成和合成等方面。

3．多样性

多媒体技术的多样性体现在其包含的各种媒体元素上，同时也体现在其输入、传播、再现和展示手段的多样化上。多样性扩大了计算机所能处理的信息空间，计算机不再局限于处理数值和文本，能够得心应手地处理更多类型的信息。

4．实时性

多媒体系统除了像普通计算机一样能够处理离散媒体（如文本、图像）外，它的一个基本特征就是能够综合处理带有时间关系的媒体，如音频、视频和动画，甚至是实况信息。这意味着多媒体系统在处理信息时有着严格的时序要求和很高的速度要求。

1.4.2　多媒体信息的数字化

在传统媒体中，文字、声音、图形、图像、动画和视频等媒体几乎都是以模拟信号的方式进行存储和传播的。在多媒体系统中，这些信息必须以数字的形式进行存储、处理和传播，所以计算机在处理这些信号前，需要把其转换为数字信号。

微课 05　多媒体
信息的数字化

1．文本的数字化

最初，计算机采用一个字节来表示大小写英文字母、数字和一些符号，即采用 ASCII 来表示。但一个字节最多表示 256 个符号，如果要表示中文，则需要两个字节，所以，我国制定了 GB/T 2312—1980 等编码方法，用来给汉字编码。

类似地，其他语言也都存在这个问题。为了统一所有文字的编码，Unicode 应运而生。Unicode 把所有语言统一到一套编码里。Unicode 用两个字节表示一个字符，原有的英文编码从单字节变成双字节，只需要把高字节全部填为 0 即可。

2. 声音信息的数字化

音频是连续变化的模拟信号，而计算机只能处理数字信号，要使计算机能处理音频信号，必须把模拟音频信号转换成用 0 和 1 表示的数字信号，这就是音频的数字化。将模拟信号通过音频设备（如声卡）数字化，需经过采样、量化和编码等过程，然后通过输出设备输出。声音信号采样过程如图 1-12 所示。

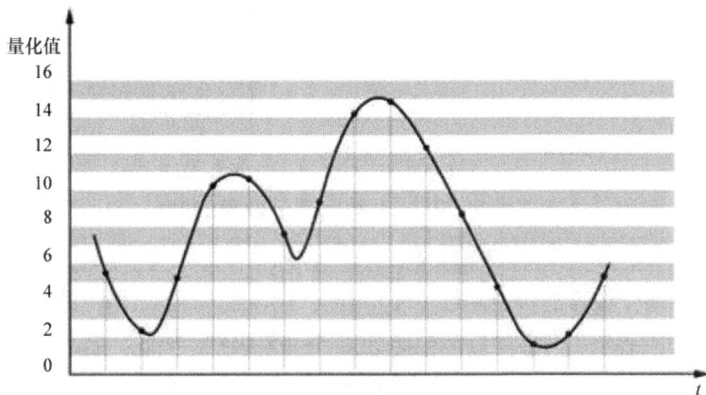

图 1-12　声音信号采样过程

采样是指每隔一段时间对连续的模拟信号进行测量，采样频率越高，则声音的还原性越好；量化是指将采样后得到的脉冲信号按量级比较，并做"取整"处理，将脉冲信号变成相应的数字信号；编码是用相应的二进制代码表示量化后采样样本的量级。如果有 N 个量级，就有 $\log_2 N$ 位二进制码。在语音数字化脉冲调制系统中，量级通常分为 128 个，即用 7 位二进制代码来表示。为简化说明，这里采用 16 个量级，所以用 4 位二进制代码表示，对 15 处进行采用，量化和编码结果如图 1-13 所示。

5	2	5	10	10	7	9	14	……
0101	0010	0101	1010	1010	0111	1001	1110	……

图 1-13　量化和编码结果

3. 图形和图像信息的数字化

图形即矢量图，是由计算机绘图软件绘制的图形；图像即位图，是由数码相机或扫描仪等输入设备捕捉的实际场景的画面。

矢量图是根据几何特性绘制的图形，是用一组指令集合来描述图形的内容，这些指令用来描述构成该图形的所有点、线、面、体等图元的位置、维数和形状。矢量图所占的存储空间较小，可以很容易地进行放大、缩小和旋转等操作，并且不会失真，但是矢量图不易表现色彩丰富的图像。图 1-14 所示为利用 AutoCAD 绘制的矢量图。

计算机内部存储图像时采用的是矩阵形式。对于黑白图像，一个像素只需要用一个二进制位来记录，用0表示黑色，1表示白色，如图1-15所示。

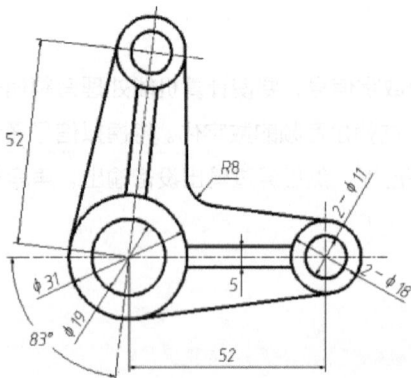

图1-14　矢量图

图1-15　黑白图像编码示意

对于灰度图像，则用一个字节（即 8 位）数据表示像素的颜色，从 00000000（纯黑）到 11111111（纯白）表示256色精确度图像。

对于彩色图像，每个像素的颜色用红（R）、绿（G）、蓝（B）三原色的强度表示，若每个颜色的强度用一个字节来表示，则每种颜色包括256个强度级别。因此，描述每个像素需要3个字节，该像素的颜色是3种颜色的复合结果。采样时的像素越多，数字化后的色彩越丰富，图像效果越好。

4．动画和视频的数字化

动画是活动的画面，实质是一幅幅静态图像的连续播放，动画的连续播放既是指时间上的连续，也是指图像内容上的连续。当以大于每秒25帧的速度播放静态图像时，就会在人眼中形成连续的画面。

视频数字化是将模拟视频信号经模数转换和色彩空间变换，成为计算机可处理的数字信号。数字信号的获取方法除了用视频采集卡把输入的模拟视频转换为数字视频外，还利用数码摄像机的摄像头直接获取视频数字信号，并保存在数码摄像机的存储卡上，然后通过接口传输到计算机中。

1.4.3　多媒体计算机系统的组成

多媒体计算机系统不是单一的技术，而是多种信息技术的集成，是把多种技术综合应用到一个计算机系统中，从而实现信息输入、信息处理、信息输出等多种功能。

一个完整的多媒体计算机系统由多媒体硬件系统和多媒体软件系统两部分组成。

1．多媒体硬件系统

多媒体硬件系统除了常规的硬件（如主机、显示器、键盘、网卡）之外，还有音频信息处理硬件、视频信息处理硬件等部分，如声卡、音箱（或耳机）等，对显卡的要求也更高。另外，可以根据需要安装视频捕获卡、语音卡等插件，还可以安装数码相机、数字摄像机、扫描仪与触摸屏等采集与播放的专用外部设备。

2. 多媒体软件系统

按功能划分，多媒体软件系统可分为 3 个层次，即多媒体核心软件、多媒体工具软件和多媒体应用软件。

多媒体核心软件主要包括多媒体操作系统和音频/媒体设备驱动程序；多媒体工具软件包括多媒体数据处理软件、多媒体软件工作平台、多媒体软件开发工具、多媒体数据库系统等；多媒体应用软件涉及各个领域，通常由应用领域的专家和多媒体开发人员共同协作、配合开发完成，例如多媒体课件、多媒体模拟系统、多媒体图书等。

1.4.4 常见媒体文件格式

媒体形式多种多样，文件格式种类繁多，下面介绍一些常见的媒体文件格式。

1. 常见音频文件格式

表 1-5 所示为一些常见的音频文件格式。

表 1-5 常见的音频文件格式

文件格式	文件扩展名	说　明
WAV	.wav	也称波形音频文件，利用该格式记录的音频文件和原声基本一致，质量非常高，但文件数据量大。几乎所有的音频编辑软件都支持 WAV 格式
MP3	.mp3	是一种有损压缩格式。MP3 格式是目前比较流行的音频文件格式，因其压缩率高，在网上应用广泛
MIDI	.mid	目前比较成熟的音频文件格式，记录的并不是一段录制好的声音，而是声音的信息，现已成为一种产业标准
Audio	.au	一种经过压缩的数字音频文件格式，是互联网上常用的音频文件格式

2. 常见图像和视频文件格式

表 1-6 所示为一些常见的图像和视频文件格式。

表 1-6 常见的图像和视频文件格式

文件格式	文件扩展名	说　明
BMP	.bmp	一种与设备无关的 Windows 环境中的标准图像文件格式，用于存储未经压缩的图像文件，文件数据量较大
JPEG	.jpg/.jpeg	由于其压缩率极高，因此是目前网络上最流行的图像文件格式之一，也是一种有损压缩格式
PNG	.png	一种网络图像文件格式。采用无损压缩算法，压缩率高，文件体积小
AVI	.avi	一种音频视频交错格式，可以将音频和视频交织在一起同步播放，主要用来保存电影、电视等影像信息
MPG	.mpg	一种运动图像压缩算法的国际标准，采用有损压缩的方法减少运动图像中的冗余信息，被几乎所有的计算机平台支持

续表

文件格式	文件扩展名	说　明
RealVideo	.rm/.rmvb	一种流式视频文件格式，主要用于在低速率的广域网上实时传输活动视频影像
SWF	.swf	一种矢量动画格式，动画缩放时不会失真，并能形成有声动画，常用于网页上，成为一种"准"流式媒体文件格式

1.4.5　多媒体技术的应用

多媒体技术是当今信息技术领域发展最快、最活跃的技术之一。多媒体技术广泛应用于教育培训、传媒广告、虚拟现实、电子出版、视频服务、文化娱乐、生产管理、医疗卫生、公共信息咨询等领域，多媒体技术正深刻改变着我们生活的方方面面。

1. 教育培训

以多媒体计算机为核心的现代教育技术使教学手段变得丰富多彩。多媒体课件图文并茂，绘声绘色；多媒体教学系统能够激发学生学习兴趣，帮助学生理解学习内容，使教学内容更清晰、更有条理。图1-16所示为一间标准的多媒体教室。

2. 传媒广告

多媒体系统能够将文字、图像、音乐、视频等多种数字资源整合为一体，并以图文并茂、生动活泼的动态形式表现出来，给人以很强的视觉冲击力。多媒体技术能够利用多种交互手段，使原本枯燥无味的讲述变成能够互动的双向信息交流，在传媒广告效果上有特殊的优势。

图1-16　多媒体教室

3. 虚拟现实

虚拟现实是一项与多媒体技术密切相关的技术，它通过综合应用计算机图像处理、传感技术、显示系统等技术和设备，以模拟仿真的方式，给用户提供一个真实反映操作对象变化与相互作用的三维图像环境，从而构成虚拟世界，并通过特殊设备（如头盔和数据手套）提供给用户一个与该虚拟世界相互作用的三维交互式用户界面。

4. 电子出版

电子出版物以数字代码方式将图像、文字、声音等信息编辑加工后存储在磁、光、电介质上，供计算机或具有类似功能的设备读取使用，用于表达思想、普及知识和传播文化，具有交互性、趣味性、大容量、易检索等特性。

5. 视频服务

视频服务作为目前最先进的通信服务技术之一，只有在互联网的帮助下，才能实现高效、高清的远程服务，在不断提高沟通效率、降低企业服务成本、提高管理效率等方面具有独特的优势。

6. 文化娱乐

多媒体技术在文化娱乐方面应用广泛，它集成了图、文、声、像等多种元素，为电影、音乐、游戏等提供了更加生动逼真的体验，使人们能沉浸在视听盛宴中，享受全方位的感官刺激。多媒体技术不仅丰富了文化娱乐形式，也让人们的休闲生活更加多姿多彩。

1.4.6 多媒体技术的发展趋势

总的来说，多媒体技术正向两个方向发展：一是网络化，与宽带网络通信等技术相互结合，使多媒体技术进入科研设计、企业管理、办公自动化、远程教育、远程医疗等领域；二是多媒体终端的智能化和嵌入化，提高计算机系统本身的多媒体性能，开发智能化家电。

1. 多媒体技术的网络化发展趋势

世界正迈向数字化、网络化的"信息时代"。信息技术正深入人类社会的方方面面，其中网络技术和多媒体技术是促进信息社会全面实现的关键技术。交互的、动态的多媒体技术能够在网络环境创建出更加生动逼真的二维、三维场景。人们还可以借助摄像机等设备，把办公室和娱乐工具集合在终端多媒体计算机上，从而可在世界任意角落与千里之外的同行在实时视频会议上进行市场讨论、产品设计等活动。

2. 多媒体终端的智能化和嵌入化发展趋势

随着多媒体计算机的硬件体系结构，视频、音频接口软件等不断改进，多媒体计算机的性能指标得到了进一步提高，多媒体终端设备智能化程度更强，如增加文字的识别和输入、图形的识别和理解、计算机视觉等。同时，通过将多媒体技术嵌入各类设备，如智能手机、车载系统、智能家居等，实现了功能的丰富与整合。这种趋势不仅提升了设备的实用性，也拓宽了多媒体技术的应用场景，使人们的日常生活更加便捷和智能化。

【知识拓展 4】人工智能

人工智能是指由人制造出来的机器所表现出来的智能，通常由计算机程序来实现。人工智能是 21 世纪三大尖端技术（基因工程、纳米科学、人工智能）之一。

人工智能是计算机科学的一个分支，它企图了解智能的实质，并生产出一种新的能以与人类智慧相似的方式做出反应的智能机器。人工智能技术总体来说可分为两层，即基础支撑层和技术层。基础支撑层的算法创新发生在 20 世纪 80 年代末，大数据技术研究和计算机算力提升对人工智能的发展起到了极大的推动作用，而建立在这之上的技术层，便是计算机视觉、语音识别和自然语言理解，这些技术的演进使得机器能够看懂、听懂人类的世界，用人类的语言和人类交流，研究人类智能活动的规律。

根据人工智能的发展水平，可以将其分为两种类型，即弱人工智能和强人工智能。每种类型都有其独特的特点和应用领域。

弱人工智能是人工智能的初级阶段，其作用还处于工具层面。弱人工智能是指无法用人类的思维推理、处理问题的智能机器，它们不具有像人类一样的思考方式，只是在机械、重复地执行命令，看上去像是"智能"的，但并不拥有独立自主的学习意识。弱人工智能只能在特定领域内完成特定任务的人工智能，例如图像识别、语音识别、自然语言处理等。弱人工智能的目标是借鉴人类的智能行为，研制出更好的工具，以减轻人类的智力劳动。

强人工智能可以综合情感和推理等人脑的高阶智能，它能够执行"通用任务"，而不是只能解决特定领域中的问题。它可以像人类一样进行学习、思考、推理、创造和计划，是在各方面都能和人类比肩的人工智能。强人工智能具有心智和意识，能根据自己的意识开展活动，拥有类比生物进化的自身重编程和改进功能。强人工智能能够像人类一样在各个领域内完成各种人工智能的任务，具有自我意识和自我学习的能力。

人工智能正在引领产业变革，成为推动社会飞跃发展的新动力。在传统产业中，人工智能在制造、农业、金融、交通、医疗、公共管理等领域得到了广泛应用，并且可以不断引入新的业态和商业模式；在新兴业态中，人工智能可以带动工业机器人、无人驾驶汽车、虚拟现实、无人机等行业的企业飞跃发展。从具体应用方向来看，如今十分火热的人脸识别、智能家居、智能安保、智能医疗等人工智能概念是有望得到快速爆发的重点领域。

世界主要制造大国都看到新一代信息技术对制造业的颠覆性影响，不约而同地将智能制造作为制造业转型升级的重点，纷纷出台发展人工智能的国家战略和产业政策，产业界也在加快在智能制造领域的布局。

从《国务院关于积极推进"互联网+"行动的指导意见》中将人工智能推上国家战略层面，到"科技创新 2030 重点项目"中将智能制造和机器人列为重大工程之一，人工智能在我国掀起了新一轮技术创新的浪潮。人工智能正在成为产业革命的新风口，人类历史上的"人工智能+"时代已经到来。

【项目自测】

一、选择题

1. 1946 年，世界上第一台通用电子计算机（　　　）在美国诞生。

   A. ENIAC   B. EDVAC   C. EDSAC   D. TRADIC

2. 微型机的主机包括（　　　）。

   A. 运算器和控制器   B. CPU 和 GPU

   C. CPU 和内存储器   D. GPU 和内存储器

3. 对于下列计算机存储器，按存取速度从快到慢排列，顺序正确的是（　　　）。

   A. 内存、硬盘、U 盘、Cache   B. Cache、内存、硬盘、U 盘

   C. Cache、硬盘、内存、U 盘   D. 内存、Cache、硬盘、U 盘

4. 能直接与 CPU 交换信息的存储器是（　　　）。

   A. 内存   B. 硬盘   C. U 盘   D. 光盘

5. 计算机能直接识别和执行的语言是（　　　）。

   A. 机器语言   B. 汇编语言   C. 高级语言   D. 数据库语言

6. 下面几个不同进制的整数中，最大的是（　　　）。

   A. $(1001001)_2$ B. $(77)_8$ C. $(70)_{10}$ D. $(5A)_{16}$

7. 已知 3 个字符 a、X 和 5，按它们的 ASCII 值升序排列，结果是（　　　）。

A. 5、a、X   B. a、5、X   C. X、a、5   D. 5、X、a
8. 已知英文字母 m 的 ASCII 值为 6DH，那么 ASCII 值为 70H 的英文字母是（   ）。
   A. P   B. Q   C. p   D. q
9. 汉字在计算机内部的存储、处理和传输都使用汉字的（   ）。
   A. 国标码   B. 机内码   C. 区位码   D. 字形码
10.存储一个 48×48 点阵的汉字字形码需要的字节数是（   ）。
   A. 144   B. 256   C. 288   D. 512

二、任选一种汉字输入法，利用写字板软件输入下列短文。

匆匆

燕子去了，有再来的时候；杨柳枯了，有再青的时候；桃花谢了，有再开的时候。但是，聪明的，你告诉我，我们的日子为什么一去不复返呢？——是有人偷了他们罢：那是谁？又藏在何处呢？是他们自己逃走了罢：现在又到了哪里呢？

我不知道他们给了我多少日子，但我的手确乎是渐渐空虚了。在默默里算着，八千多日子已经从我手中溜去，像针尖上一滴水滴在大海里，我的日子滴在时间的流里，没有声音，也没有影子。我不禁头涔涔而泪潸潸了。

去的尽管去了，来的尽管来着；去来的中间，又怎样地匆匆呢？早上我起来的时候，小屋里射进两三方斜斜的太阳。太阳他有脚啊，轻轻悄悄地挪移了；我也茫茫然跟着旋转。于是——洗手的时候，日子从水盆里过去；吃饭的时候，日子从饭碗里过去；默默时，便从凝然的双眼前过去。我觉察他去的匆匆了，伸出手遮挽时，他又从遮挽着的手边过去，天黑时，我躺在床上，他便伶伶俐俐地从我身上跨过，从我脚边飞去了。等我睁开眼和太阳再见，这算又溜走了一日。我掩着面叹息。但是新来的日子的影儿又开始在叹息里闪过了。

在逃去如飞的日子里，在千门万户的世界里的我能做些什么呢？只有徘徊罢了，只有匆匆罢了。在八千多日的匆匆里，除徘徊外，又剩些什么呢？过去的日子如轻烟，被微风吹散了，如薄雾，被初阳蒸融了。我留着些什么痕迹呢？我何曾留着像游丝样的痕迹呢？我赤裸裸来到这世界，转眼间也将赤裸裸地回去罢？但不能平的，为什么偏要白白走这一遭啊？

你聪明的，告诉我，我们的日子为什么一去不复返呢？

项目二
网络基础与应用

随着计算机技术和通信技术的飞速发展，计算机网络的应用越来越深入、广泛。网上办公、网上教育、网上交流、网上购物、网上就医、网上投诉、网络营销、网络游戏……新的功能和应用不断涌现，为人们的工作、学习和生活带来了便利。

但网络是一把双刃剑，它在带给人们众多好处的同时，也存在众多隐患。我们要注意网络安全，防止网络受到病毒感染或黑客攻击而发生信息泄露或财产损失。同时也要正确处理好上网和学习、工作之间的关系。如果沉迷网络游戏、网络交友，必将影响自己的学习和工作；如果在网上做一些违法乱纪的事情，也必将受到道德谴责和法律制裁。

任务 2.1 计算机网络基础

20 世纪 60 年代，随着计算机应用的发展，出现了多台计算机互联的需求，用户希望通过联网的方式来实现计算机之间的相互通信和资源共享，加上计算机技术和通信技术的日渐成熟，计算机网络诞生了。

所谓计算机网络，是指将地理位置不同且具有独立功能的多台计算机及其外部设备通过通信线路和通信设备连接起来，在网络操作系统、网络管理软件及网络通信协议的管理和协调下，实现资源共享和信息传递的计算机系统。

2.1.1 计算机网络的功能

计算机网络自诞生以来，得到了广泛的应用，极大地方便了人们的学习、工作和生活。计算机网络的功能主要包括以下几个方面。

（1）资源共享。资源共享包括硬件资源、软件资源及数据资源的共享。用户可共享网络上的软件和数据资源，避免重复投资及重复劳动。局域网上的用户还可以共享昂贵的硬件资源，如打印机、扫描仪等设备。

（2）数据通信。数据和文件的传输是网络的重要功能，现代局域网不仅能传送文件、数据信息，还可以传送声音、图像等信息。比如通过电子邮件、腾讯 QQ 或微信，可以很方便地实现异地交流。

（3）分布处理。利用计算机网络系统，通过一定的算法，将较大型的综合性任务分解为多个小任务，每台计算机承担一部分任务，能够快速解决复杂问题。

（4）提高计算机系统的可靠性。局域网中的计算机可以互为后备，避免了单机系统在无后备时出现故障而导致系统瘫痪，大大提高了系统的可靠性，这在工业过程控制、实时数据处理等应用中尤为重要。

2.1.2　计算机网络的分类

了解网络的分类有助于我们更好地理解计算机网络。计算机网络的分类方法很多，主要按网络覆盖范围和按网络拓扑结构进行分类。

1. 按网络覆盖范围分类

按覆盖范围的大小，可以把计算机网络分为局域网、城域网和广域网。

（1）局域网

局域网（Local Area Network，LAN）的覆盖范围较小，通信距离一般不超过10km。校园网、企业网均属于局域网。局域网具有组网容易、使用灵活、传输速率高、误码率低等特点，能满足人们建立小型网络的需求。局域网发展迅速，应用广泛，是目前计算机网络中最活跃的分支之一。

（2）城域网

城域网（Metropolitan Area Network，MAN）是在一座城市范围内所建立的计算机通信网。城域网通常作为城市骨干网，连接政府机构、公司企业、学校、医院等单位的局域网。近几年，城域网已成为现代城市的信息服务基础设施，并有趋势将传统的电信服务、有线电视服务和互联网融为一体。

（3）广域网

广域网（Wide Area Network，WAN）又称远程网，是一种用来实现不同地区的局域网和城域网的互联，可提供不同地区、城市和国家之间的计算机通信的远程计算机网。Internet（互联网）是全球最大的广域网，涉及公共电信设施、专线、微波、卫星等多种技术。

2. 按网络拓扑结构分类

网络拓扑结构是计算机网络中节点和通信链路的几何排列或图形表示，它描述了网络中计算机、路由器、交换机等设备如何相互连接及数据如何在这些设备之间传输的物理或逻辑布局。网络拓扑结构对整个网络的设计、功能、可靠性和成本等方面具有重要影响。

微课06　网络拓扑结构

按照拓扑结构的不同，可以将网络分为总线型网络、环形网络、星形网络3种基本类型。在这3种基本的拓扑结构基础上，还可以组合出树形网络、网状网络等其他拓扑结构的网络，如图2-1所示。

（1）总线型网络

总线型网络中，所有的计算机都连接在一条公共传输的主干线上，网上的所有计算机共享总线。这种结构具有结构简单、易于安装和扩充、费用低、站点或某个端用户失效不影响其他站点

或端用户通信的优点。缺点是一次仅能有一个端用户发送数据，其他端用户必须等待直至获得发送权；媒体访问获取机制较复杂；维护难，分支节点故障查找难。

（2）环形网络

在环形网络中，计算机连接成一个封闭的环，信息在环内单向流动，沿途到达每个节点时信号都被放大并继续向下传送，直到到达目标节点或发送节点时从环上被移去。环形结构传输速率高、传输距离远，但不便于扩充，一台计算机出现故障会引起整个网络崩溃。为解决这一问题，有些环形网络采用双环结构。

（3）星形网络

在星形网络中，多台计算机连接在一个中心节点

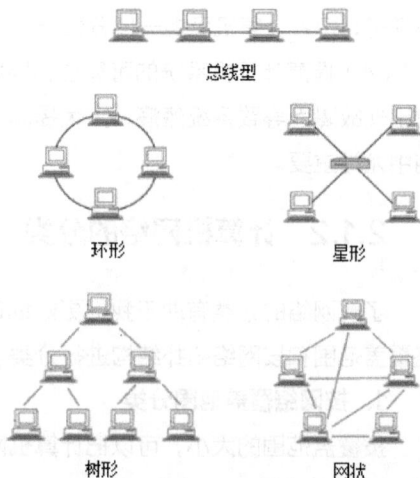

图 2-1　网络拓扑结构

上，计算机之间通过中心节点通信。中心节点采用交换机，可以实现多点同时发送和接收信息。星形拓扑结构简单、容易管理和扩展、容易检查和隔离故障，但由于星形结构采用集中控制的方式，所以连线费用高，对中心节点要求高。星形结构广泛用于机房、办公区、家庭等场景的小型局域网。

（4）树形网络

树形网络像一棵倒置的树，顶端为根，从根向下发散。树形结构是星形结构的扩展，具有星形结构连接简单、易于扩充、易于进行故障隔离的特点，缺点是对根节点的依赖性很大，根节点发生故障将导致全网瘫痪。校园网、企业网大多采用树形结构。

（5）网状网络

网状网络是指将各个网络节点用通信线路连接时，每个节点至少与其他两个节点相连。网状拓扑结构的优点是节点间路径多，局部故障不会影响整个网络的正常工作，缺点是关系复杂，组网和网络控制机制复杂。

2.1.3　计算机网络系统的组成

一个完整的计算机网络系统由网络硬件和网络软件两部分组成。网络硬件是计算机网络系统的物理实现，网络软件是网络系统中的技术支持，两者相互作用，共同实现计算机网络系统的功能。

计算机网络系统的组成如图 2-2 所示。

1. 网络硬件组成

网络硬件系统由计算机（服务器、工作站）、传输介质（有线介质、无线介质）、网络连接设备（网卡、中继器、交换机、路由器、无线 AP）等构成。

（1）计算机

与计算机网络连接的计算机可以是巨型机、大型机、小型机、微型机或其他具有 CPU 的智能设备。网络中的计算机分为服务器和工作站两大类。

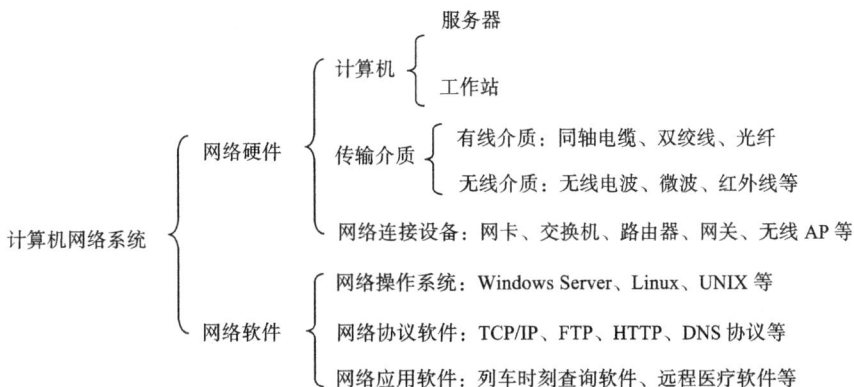

图 2-2　计算机网络系统的组成

① 服务器。

服务器是用来管理网络并为网络用户提供服务的计算机，是整个网络系统的核心，对网络的运行起着决定性的作用。与网络中的工作站相比，服务器通常具有更快的速率、更大的存储容量和更高的可靠性。根据服务器在网络中所承担任务和提供功能的不同，可将服务器分为文件服务器、邮件服务器、打印服务器等类型。

② 工作站。

工作站是指连接到计算机网络中并通过应用程序来执行任务的个人计算机，它是网络数据的主要发生场所和使用场所之一，用户主要通过工作站来使用网络资源并完成自己的任务。在网络中，工作站是一个客户机，即网络服务的一个用户，它的功能是向服务器发出服务请求，并从网络上接收传送给用户的数据。

（2）传输介质

传输介质是通信网络中发送方和接收方之间的物理通路。网络通信传输介质分为有线介质和无线介质两种。有线介质有同轴电缆、双绞线和光纤 3 种，无线介质有无线电波、微波和红外线等多种类型。

① 有线传输介质。

图 2-3 所示为几种常见的有线传输介质。

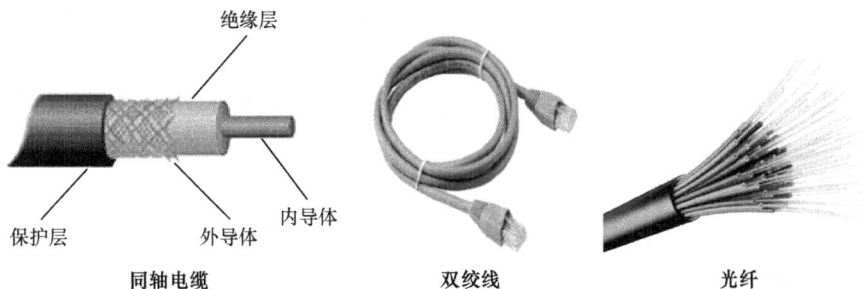

图 2-3　有线传输介质

● 同轴电缆。

同轴电缆由同轴的内外两个导体组成，内导体是一根金属线，外导体是一根圆柱状的套管，一般是细金属线编制成的网状结构，内外导体之间有绝缘层。在局域网发展初期，广泛使用同轴电缆作为传输介质。而在现代网络中，同轴电缆已逐渐被非屏蔽双绞线和光纤取代。目前，同轴电缆主要是有线电视网中的标准输入电缆。

- 双绞线。

双绞线由4对8芯的导线组成，每一对导线由对扭在一起的、相互绝缘的两条铜线组成。把两条导线按一定密度对扭可以减少相互间的电磁干扰。双绞线分为屏蔽双绞线（Shielded Twisted Pair，STP）和非屏蔽双绞线（Unshielded Twisted Pair，UTP）两种。非屏蔽双绞线具有重量轻、易安装、性价比较高等特点，是综合布线工程中室内布线时最常用的传输介质。

- 光纤。

光纤又称光导纤维，是一种用玻璃或塑料制成的纤维。光纤不受电磁干扰，传输稳定，频带宽、损耗低、重量轻，传输距离远。根据使用的光源和传输模式，光纤可分为多模光纤和单模光纤两种。随着成本的不断降低，在不远的将来，光纤将连接到桌面，给我们带来全新的高速网络体验。

② 无线传输介质。

无线传输介质用于在没有物理连接的条件下，通过电磁波或红外线等技术进行信息的传输。无线传输可以突破有线网络的限制，实现任意两点之间的通信，且无线传输无须铺设电缆或光缆，易于扩展和升级，可为广大用户提供移动通信。

无线传输介质主要包括无线电波、微波和红外线。

- 无线电波。

无线电波是在自由空间中传播的射频频段的电磁波。它利用导体中电流强弱的改变产生无线电波，并通过调制将信息加载于自身上。当无线电波到达收信端时，通过解调将信息从电流变化中提取出来，实现信息传输。

微波：微波是指频率为300MHz～300GHz的电磁波，属于无线电波中的一个有限频带。它的波长在1m（不含1m）到1mm之间，通常也称为"超高频电磁波"。微波具有传输距离远、传输容量大、抗干扰能力强等优点。

- 红外线。

红外线是太阳光线中众多不可见光线中的一种。它在太阳光谱上位于红光的外侧，波长为0.75μm～1000μm。红外线具有保密性强和抗干扰性强等特点，但其必须在直视距离内传输，且易受天气影响。

另外，蓝牙通信、Wi-Fi技术、星闪技术也使用无线传输介质进行信息传输，可用于近距离（比如笔记本电脑之间或手机之间）的信息传输。

无线传输介质以其灵活性、便捷性、可扩展性和抗干扰性等特点，在现代通信领域发挥着重要作用。随着技术的不断发展，无线传输介质将拥有更广阔的应用前景。

（3）网络连接设备

网络连接设备是指把网络中的通信线路连接起来的各种设备的总称，这些设备包括网络适配器、中继器、交换机、路由器、无线AP等。

① 网络适配器。

网络适配器又称网络接口卡，简称网卡，安装在计算机的扩展插槽上，用于计算机和通信电缆的连接，使计算机之间可以进行高速数据传输。网卡的后面都有连接网线的接口，不同的传输介质使用不同的接口形式。目前最常用的是使用 RJ-45 接口的网卡。网卡还可分为有线网卡（见图 2-4）和无线网卡（见图 2-5）。

图 2-4　有线网卡

图 2-5　无线网卡

② 中继器。

中继器又称转发器，如图 2-6 所示。电磁信号在网络传输介质上传播时，由于衰减和噪声，有效数据信号变得越来越弱。为保证数据的完整性，它只能在一定的距离内传递。中继器的主要作用是对衰减的信号进行放大、整形，并沿着原来的方向继续传播。中继器在实际使用中主要用于延伸同一类型网络的长度。

③ 交换机。

交换机是使计算机之间能够相互高速通信的独享带宽的网络设备，如图 2-7 所示。局域网交换机是交换式局域网的核心。交换机支持多个端口之间的并发连接，从而增大网络带宽，提高局域网的性能和服务质量。按交换机所应用的网络规模大小，可将交换机分为企业级交换机、部门级交换机、工作组级交换机和桌面级交换机。

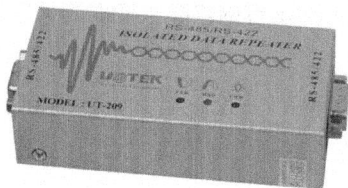

图 2-6　中继器

图 2-7　交换机

④ 路由器。

路由器是实现局域网和广域网互联的关键设备，如图 2-8 所示，不仅具备将不同类型网络无缝连接，从而实现不同类型网络间互联互通的能力，还能在多个网络间智能选择最佳传输路径，确保数据高效流通。同时，路由器通过协议转换、精细的流量控制及全面的网络管理功能，有效缓解网络拥塞，保障网络运行的稳定与高效。

⑤ 无线 AP。

无线 AP 也称无线路由器或无线桥接器，如图 2-9 所示，是使用无线设备（手机、笔记本电脑等）的用户进入有线网络的接入点，任何一台装有无线网卡的主机通过无线 AP 都可以连接有线局域网络。无线 AP 就是一个无线交换机，可以提供无线信号发射的功能。不同的无线 AP 型号具有不同的功率，可以实现不同程度、不同范围的网络覆盖。

图 2-8 路由器

图 2-9 无线 AP

2. 网络软件组成

网络软件主要包括网络操作系统、网络协议软件和网络应用软件等。

（1）网络操作系统

网络操作系统是使网络上各计算机方便而有效地共享网络资源、为网络用户提供各种服务软件和协议的集合，是网络用户与计算机网络之间的接口，用于管理网络通信和共享网络资源、协调网络环境中多个网络节点中的任务。网络操作系统通常包括两个组成部分：客户端操作系统和服务器端操作系统。

目前流行的网络操作系统主要有 Windows Server 操作系统、UNIX 操作系统及 Linux 操作系统。

Windows Server 操作系统是微软公司开发的一种界面友好、操作简便的网络操作系统，它在整个局域网配置中非常常见，但由于它对服务器的硬件要求较高，且稳定性能不是很好，所以一般只用在中低档服务器中，高档服务器通常采用 UNIX、Linux 等网络操作系统。

（2）网络协议软件

网络协议就是网络中通信双方都必须遵守的通信规则的集合。例如，什么时候开始通信，采用什么样的数据格式，数据如何编码，按什么顺序交换数据，如何处理差错，如何协调发送和接收数据的速度，如何为数据选择传输路由等。

Internet 的核心协议是传输控制协议/互联网协议（Transmission Control Protocol/Internet Protocol，TCP/IP），它是实现全球性网络互联的基础。TCP/IP 参考模型采用分层化的体系结构，将计算机网络划分为 4 个层次，从高到低依次为应用层、传输层、网络层、网络接口层，如图 2-10 所示，每一层都有自己相应的协议。

① 应用层：该层负责处理特定的应用程序数据，为应用软件提供网络接口，包括文件传送协议（File Transfer Protocol，FTP）、超文本传送协议（Hypertext Transfer Protocol，HTTP）、域名系统（Domain Name System，DNS）等协议。

应用层
传输层
网络层
网络接口层

图 2-10 TCP/IP 参考模型

② 传输层：该层为两台计算机间的进程提供端到端的通信，其主要协议有 TCP 和用户数据报协议（User Datagram Protocol，UDP）。

③ 网络层：该层确定数据包从源端到目的端如何选择路由，网络层的主要协议有 IP、互联

网控制报文协议（Internet Control Message Protocol，ICMP）、地址解析协议（Address Resolution Protocol，ARP）等协议。

④ 网络接口层：该层规定了数据包从一个设备的网络层传输到另一个设备的网络层的方法。TCP/IP 标准没有定义具体的网络接口协议，目的是适应各种类型的网络。

（3）网络应用软件

计算机网络通过网络应用软件为用户提供网络服务，即信息资源的传输和共享。网络应用软件可分为两类：一类是由网络软件公司开发的通用应用软件工具，另一类是专门服务于具体用户业务的应用软件。

2.1.4　计算机网络的性能指标

可以从不同的方面来衡量计算机网络的性能。下面介绍几个常用的性能指标。

1. 速率

计算机通信时需要将信息转换成二进制数。网络技术中的速率指的是每秒传输的位数，也称比特率。该速率的单位是 bit/s，当速率较高时，也可以使用 kbit/s、Mbit/s、Gbit/s 或 Tbit/s 来表示。

2. 带宽

带宽本意指某个信号具有的频带宽度，在计算机网络中，带宽指网络的通信线路传送数据的能力，即"最高速率"。带宽的单位为 bit/s。一条通信链路，带宽越宽，最高速率也越高。当带宽较大时，也可以使用 kbit/s、Mbit/s、Gbit/s 或 Tbit/s 来表示。

3. 时延

时延指一个报文或分组从网络的一端传送到另一端所需要的时间，总时延=发送时延+传播时延+排队时延。发送时延是发送数据所需要的时间，传播时延是电磁波在信道中传播所需要的时间，排队时延是数据在交换节点等候发送时在缓存的队列中排队所经历的时间。

4. 吞吐量

吞吐量是指在单位时间内通过某个网络或接口的数据量，包含全部上传和下载的流量。吞吐量受制于带宽或网络的额定速率。如果说带宽给出了网络所能传输的比特数，那么吞吐量就是它真正有效的数据传输率。一般以数据包每秒（Packet Per Second，PPS）、每秒事物处理数（Transactions Per Second，TPS）等为吞吐量的单位。

5. 利用率

利用率分为信道利用率和网络利用率两种。信道利用率指出某信道有百分之多少的时间是被利用的。网络利用率则是全网的信道利用率的加权平均值。信道利用率并非越高越好。这是因为，根据排队的理论，当某信道的利用率增大时，该信道引起的时延也将迅速增加。类似于公路利用率增大时，拥堵现象将加重一样。

【知识拓展 1】大数据与云计算

大数据与云计算密不可分。大数据无法用单台计算机进行处理，必须采用分布式计算架构。

它的特色在于对海量数据的挖掘，但它必须依托云计算的分布式处理、分布式数据库、云存储及虚拟化技术。

1. 大数据

大数据是由数量巨大、结构复杂、类型众多的数据构成的数据集合，是基于云计算的数据处理与应用模式，通过数据的整合共享，交叉复用，形成的智力资源和知识服务能力。我们每个人都是大数据的生产者，同时也是大数据的使用者。

大数据具有以下特点。

第一，数据体量巨大。从 TB 级别跃升到 PB 级别（1PB=1024TB）。

第二，数据类型繁多。包括文本、图像、音频、视频、地理位置信息等。

第三，价值密度低。以视频为例，一小时的监控视频中，有用信息可能仅有几秒。

第四，处理速度快。数据处理遵循"1 秒定律"，可从各种类型的数据中快速获得高价值的信息。

第五，潜在价值高。大数据应用的最终目的是通过挖掘和分析，发现其中的趋势或规律，进而指导实际工作。如果数据对实际工作没有指导意义，则不能称为大数据。

大数据技术是指从各种各样类型的大数据中快速获得有价值的信息的能力。大数据的价值就在于数据分析，利用大数据分析技术，从海量数据中总结经验、发现规律、预测趋势，为做出决策提供支撑。一些国家、社会组织、企业集团开始将大数据上升为重要战略。学术界及企业界纷纷开始将大数据研究由学术领域向应用领域扩展，大数据技术开始向商业、科技、医疗、政府、教育、经济、交通、物流及社会的各个领域渗透。

2. 云计算

云是网络、互联网的一种比喻说法。云计算是商业化的超大规模分布式计算技术，即用户可以通过已有的网络系统，将所需处理的庞大任务自动拆分为无数个较小的子任务，再交由多台服务器组成的网络系统，经搜寻、计算、分析之后将处理结果回传给用户。

随着传统互联网向移动互联网发展，大数据给互联网带来的是空前的信息爆炸，它不仅改变了互联网的数据应用模式，还深深地影响着我们的生活。将大量原始数据汇集在一起，通过各种技术手段分析数据中潜在的规律，可帮助我们更好地对过去进行总结，以及预测事物的发展趋势，有助于人们做出正确的选择。目前，大数据主要来自企业，也主要应用于企业。大数据在企业中的应用能在许多方面提高企业生产效率和竞争力。通过对大数据的分析，企业可以更准确地预测消费者的行为并找到清晰的业务模式，分化自己的商品价格，准确预测人员配置，降低人工成本，进行库存优化、物流优化以及供应商协调等。

"大数据时代"已经来临，它将在众多领域掀起变革的巨浪。我们相信，在国家的统筹规划与支持下，通过各地方政府因地制宜制定大数据产业发展策略，通过国内外 IT 龙头企业以及众多创新企业的积极参与，我国大数据产业未来的发展前景将十分广阔。

任务 2.2　Internet 概述

1969 年美国国防部高级研究计划局开发的 ARPANet 是现代计算机网络的雏形，它奠定了 Internet 存在和发展的基础，此后计算机网络技术得到了迅猛发展。Internet 连接了全球不计其数的网络与计算机，是最开放的信息系统，为人们提供了巨大的且不断增长的信息资源和服务工具宝库。各种信息不仅给人们的生产效率、工作效率和生活质量的提高带来了动力，也给人们带来了创业发展的新机遇。

2.2.1　Internet 的主要功能

Internet 是世界上最大的信息资源库，同时也是最方便、快捷、廉价的通信方式，人们足不出户就能获取各种信息、进行交流和接受各种服务。Internet 提供的服务主要包括信息浏览、信息检索、电子邮件、远程登录和文件传输等。

1. 信息浏览——WWW

WWW 服务是目前应用最广的一种基本互联网应用，较流行的 WWW 服务程序有 IE 浏览器和 360 安全浏览器等。利用 WWW 服务，不仅能查看文字，还可以欣赏图片、音乐、视频等。WWW 服务使用的是超文本标记语言（Hypertext Markup Language，HTML），可以很方便地从一个网页转换到另一个网页。

2. 信息检索——搜索引擎

信息检索是指从信息资源的集合中查找所需信息的过程。Internet 包罗的信息非常丰富，涉及人们生活、工作和学习的方方面面。用户可在 Internet 中找到所需的文献和资料，也可在 Internet 中获得休闲、娱乐和生活技能等方面的最新资讯。

3. 电子邮件——E-mail

电子邮件，又称 E-mail，是指用电子手段传送信件、单据、资料等信息的通信方法。通过网络的电子邮件系统，用户可以非常快速地与世界上任何一个角落的网络用户进行联系，这些电子邮件可以包含文字、图像、声音、视频等各种信息。

4. 远程登录——Telnet

用户通过 Telnet 命令可使自己的计算机暂时成为远程计算机的终端，这样用户就可以直接调用远程计算机的资源和服务。利用远程登录，用户可以实时使用远程计算机上对外开放的全部资源，可以查询数据库、检索资料，或利用远程计算机完成只有巨型机才能完成的工作。

5. 文件传输——FTP

文件传输是指通过网络将文件从一台计算机传送到另一台计算机上。Internet 上文件传输服务是基于 FTP 的，因此，文件传输服务通常被称为 FTP 服务。

文件传输有上传和下载两种方式。上传（Upload）是用户将本地计算机上的文件传输到文件服务器上，下载（Download）是用户将文件服务器上的文件传输到本地计算机上。

6．即时通信——IM

即时通信是指能够即时发送和接收互联网消息的业务。自 1998 年问世以来，特别是经过近几年的迅速发展，即时通信不再仅是一个聊天工具，其功能日益丰富，逐渐发展成集交流、娱乐、搜索、电子商务、协作办公和企业客户服务等于一体的综合化信息平台。

7．电子商务——E-Bussiness

电子商务就是利用互联网开展的商务活动。在开放的互联网环境下，买卖双方可以不见面而进行各种商贸活动，实现消费者的网上购物、商户之间的网上交易和在线电子支付以及各种商业活动、交易活动、金融活动和相关的综合服务活动。

8．电子政务——E-Government

电子政务是指运用计算机、网络和通信等现代信息技术手段，实现政府组织结构和工作流程的优化重组，突破时间、空间和部门分隔的限制，建成一个精简、高效、廉洁、公平的政府运作模式，以便全方位地向社会提供优质、高效、规范、透明的管理与服务。

2.2.2　Internet 接入方式

接入 Internet 的方式多种多样，一般都是通过因特网服务提供方（Internet Service Provider，ISP）接入 Internet。早期的接入方式主要有拨号接入、ISDN（俗称"一线通"）接入等，现今常用的接入方式有 ADSL 接入、局域网接入、DDN 专线接入、光纤接入和无线接入等多种方式。对个人用户来说，光纤接入是目前理想的高速宽带接入方式。无线接入也是当前流行的一种接入方式，给移动网络用户提供了极大便利。

1．ADSL 宽带接入

ADSL 是 Asymmetric Digital Subscriber Line 的缩写，即非对称数字用户线，在一对双绞线上提供上行 640kbit/s、下行 8Mbit/s 的宽带，是目前常用的上网方式之一，家庭用户大多选择 ADSL 接入方式。

采用 ADSL 接入 Internet，需向电信部门申请 ADSL 业务，得到一个合法的 ADSL 用户账号和密码。根据已有的账号和密码，用户在自己的计算机上按照连接向导创建一个宽带连接。之后，用户只需要在桌面上双击宽带连接的快捷图标，并输入正确的用户名和密码就可以连接到 Internet。

2．通过局域网接入

用路由器将本地计算机局域网作为一个子网连接到 Internet 上，使得局域网的所有计算机都能够访问 Internet。这种连接的本地传输速率可在 1000Mbit/s 以上，但访问 Internet 的速率要受到局域网出口（路由器）的速率和同时访问 Internet 的用户数的影响。

采用局域网接入非常简单，用户只要有一台计算机、一块网卡和一根双绞线，然后向局域网管理员申请一个 IP 地址就可以了。校园和企业一般选择局域网接入方式。

3．DDN 专线接入

这种方式适合对带宽要求比较高的场合，如大型企业、金融、保险等行业，它的特点是速率比较高，有固定的 IP 地址、可靠的运行线路、永久的连接，但是，由于整个链路被企业独占，所以费用也很高。

采用这种接入方式时，需要在用户及 ISP 两端各加装支持 TCP/IP 的路由器，并需向电信部门申请相应的数字专线，然后由申请用户独自使用。

4. 光纤接入

光纤接入是指从区域电信机房的局端设备到用户终端设备之间完全以光纤作为传输媒介。光纤通信具有频带宽、容量大、损耗低、单位带宽成本低、不受电磁干扰、可承载高质量视频、绿色环保等特点，能够确保通信畅通无阻。

根据光纤深入用户的程度，可分为 FTTZ（Fiber To The Zone，光纤到小区）、FTTB（Fiber To The Building，光纤到大楼）、FTTH（Fiber To The Home，光纤到户）等。

5. 无线接入

构建无线局域网不需要布线，这带来了极大的便捷，省时省力。此外，在网络环境发生变化、需要更改计算机的布局时，也易于维护、更改。

几乎所有的无线网络都在某一个点上连接到有线网络中，以便访问 Internet 上的服务。要接入 Internet，无线 AP 还需要与 ADSL 或有线局域网连接，无线 AP 就像一个简单的有线交换机一样将计算机和 ADSL 或有线局域网连接起来，从而达到接入 Internet 的目的。

2.2.3 IP 地址与子网技术

计算机接入 Internet 后，只是完成了硬件配置。要想计算机能正常接入网络，还需要通过"TCP/IP 属性"对话框对 IP 地址、子网掩码及 DNS 进行设置。

1. IPv4 地址

连接在 Internet 上的每一台计算机都以独立的身份出现。就像每个电话用户都有一个全世界范围内唯一的电话号码一样，Internet 上的每台计算机也有一个唯一的编号作为其在 Internet 上的标识，用来解决计算机相互通信的寻址问题，这个编号称为 IP 地址。

微课 07 IP 地址与子网技术

计算机网络诞生早期采用 IPv4 地址。IPv4 地址采用 32 个二进制数（4个字节）表示。为了便于管理和配置，将每个 IPv4 地址分为 4 段（一个字节为一段），每一段用一个十进制数来表示，段与段之间用圆点隔开，即用"点分十进制数"表示法来表示 IPv4 地址，且每组数字的取值范围是 0~255，如 192.168.203.87。

Internet 由很多独立的网络互联而成，每个独立的网络就是一个子网，每个子网都包含若干台计算机。根据这个模式，Internet 的设计人员用两级层次模式构造 IPv4 地址，类似电话号码。电话号码的前面一部分是区号，后面一部分是某部电话的号码。IPv4 地址也被分为两个部分，即网络地址和主机地址，如图 2-11 所示。前面部分为网络地址，用于标明主机所在的网络；后面部分为主机地址，用于标识出在该网络内部的某一台主机。

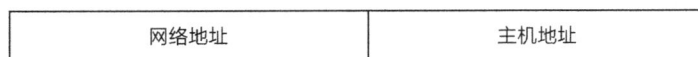

网络地址	主机地址

图 2-11 IPv4 地址的组成

43

Internet 中有许多大大小小的网络，每个网络中主机的数目不同，所需要的 IP 地址数目也不同。为了充分利用 IP 资源，适应不同规模网络的需要，除了一些保留的 IP 地址外，把其余 IP 地址分为 5 类。

（1）A 类地址：IP 地址第 1 段为 1～126，第 1 段为网络地址，后 3 段为网络中的主机地址。每个 A 类网络最多可容纳 16777214 台主机。A 类地址适合大型网络使用。

（2）B 类地址：IP 地址第 1 段为 128～191，前两段为网络地址，后两段为网络中的主机地址。每个 B 类网络最多可容纳 65534 台主机。B 类地址适合中等网络使用。

（3）C 类地址：IP 地址第 1 段为 192～223，前 3 段为网络地址，第 4 段为网络中的主机地址。每个 C 类网络最多可容纳 254 台主机。C 类地址适合小型网络使用。如果一个 C 类地址数目太少，而一个 B 类地址数目又太多，则网络可以使用多个 C 类地址。

（4）D 类地址为多点广播地址，不区分网络地址和主机地址，用来一次寻址一组计算机，它标识共享同一协议的一组计算机。

（5）E 类地址也不区分网络地址和主机地址，为备用地址，仅作为 Internet 的实验和开发之用。

2. 子网技术

出于网络规模、网络安全、网络管理等方面的需要，有时可能会要求将一个网络划分为多个子网。

（1）子网

为了充分利用网络资源和合理规划网络结构，一个网络通常会被划分为若干个子网。例如某大学申请到一个 B 类 IP 地址，一个 B 类地址有 65534 个主机地址可供分配，而如果该大学只有 20000 台主机，那么将会有一大半的 IP 地址被浪费，因为其他单位是无法使用这些主机地址的。另外还有网络结构设计的问题，一所大学包含若干个学院和行政部门，如果都连接在一个网络上，当网络出现故障时便不太容易隔离和管理。一般希望每个单位的网络能进一步划分成若干个子网，每个子网之间既相互独立又相互连通。为了满足上述要求，在 IP 地址中增加了"子网"字段。子网地址采取借用主机地址的若干位来实现，使 IP 地址的使用更加灵活，为获得 IP 地址的单位进行二次分配提供了方便。这种利用网络技术在网络内部划分出来的若干网络称为子网。

子网划分是通过借用 IP 地址的若干个主机位来充当子网地址从而将原网络划分为若干子网来实现的。将网络划分为多个子网后，增加了网络的层次，形成一个三级结构，即网络地址、子网地址和主机地址，图 2-12 所示为 IPv4 地址的三级结构。

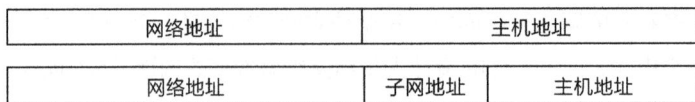

网络地址	主机地址

网络地址	子网地址	主机地址

图 2-12　IPv4 地址的三级结构

（2）子网掩码

子网掩码是划分子网的工具，可以和一个 IP 地址配合，把一个网络划分成多个子网。子网掩码的表示形式和 IP 地址类似，也是采用"点分十进制数"表示的 32 位二进制数。子网掩码不能单独存在，必须结合 IP 地址一起使用。

如果一个网络没有划分子网，则默认情况下，A 类网络的子网掩码是 255.0.0.0，B 类网络的子网掩码是 255.255.0.0，C 类网络的子网掩码是 255.255.255.0。

3. 下一代网际协议 IPv6

20 世纪 80 年代初，IPv4 足以处理当时有限的 213 台 Internet 主机。由于互联网的蓬勃发展，到 20 世纪 80 年代末，主机数量已经有 2000 多台，并且还在迅猛增长。这种迅猛增长带来的最大问题就是地址资源严重不足，极大地制约了互联网的进一步发展。

为此，互联网工程任务组（The Internet Engineering Task Force，IETF）开始着手下一代互联网协议的制定工作。IETF 于 1991 年提出请求说明，1994 年 9 月提出正式草案，1995 年年底确定了 IPng 的协议规范，称为"IPv6"，1995 年 12 月开始进入 Internet 标准化进程。

IPv6 的使用首先彻底解决了网络地址资源数量不足的问题，而且提高了网络的安全性、支持更多的服务类型、提高了网络的吞吐量，允许网络协议继续演变。

IPv6 地址采用 128 位二进制数来表示。128 位地址采用 16 位一段，分为 8 组，每段被转换成 4 位十六进制数，并用 "："分隔，即 IPv6 地址采用"冒号十六进制数"表示法。例如AC6E:00A3:0000:A0CD:0000:010F:00F8:3A69。

用 128 位二进制数表示的 IPv6 地址往往会含有较多的 0，甚至某一段全部为 0，这时可将每段中开头的 0 删除以便于记忆和书写，例如，可将上述地址简化为 AC6E:A3:0:A0CD:0:10F:F8:3A69。

2.2.4　域名系统

尽管 IP 地址能够唯一地标识网络上的计算机，但它是一个用圆点分隔的 4 组十进制数字，枯燥且无规律，用户很难记忆。因此需要使用一种容易记忆的名字代替 IP 地址，这个名字就是域名。例如，www.baidu.com 是百度网站的域名。访问一个网站时，可以输入这个网站的 IP 地址，也可以输入它的域名。

如果一个公司或个人希望在网络上建立自己的主页，就必须取得一个域名。域名是计算机拥有者起的名字，但它必须得到域名管理机构的批准。

1. 域名结构

域名系统（Domain Name System，DNS）提供一种分布式的层次结构，一个域名由多个子域名组成，包括顶级域名、二级域名、三级域名等，域名按级别从高到低由右向左排列，各级域名之间用圆点"."连接。为了保证域名系统的通用性，Internet 制定了一组正式通用的代码作为顶级域名。顶级域名分为两类，即组织分层的顶级域名和地理分层的顶级域名。

（1）组织分层

组织分层是将 Internet 网络上的站点按其所属机构的性质分为几个大类，形成第一级域名，即顶级域名。表 2-1 所示为常见的组织分层顶级域名。

在顶级域名的基础上，一般会将公司、组织或机构名字作为二级域名。第三级域名通常是该站点内某台主机或子域的名字，至于是否还需要第四级，甚至第五级域名，则视具体情况而定。例如，www.sina.com，包括三级域名，表示新浪公司的 WWW 服务器。

表 2-1　常见的组织分层顶级域名

机构域名	含义	机构域名	含义	机构域名	含义
com	商业机构	edu	教育机构	mil	军事机构
net	网络机构	gov	政府机构	org	非营利组织

（2）地理分层

按照站点所在国家或地区的英文名字的两个缩写字母来分配第一级域名的方法称为地理分层。在此基础上，再按上述组织分层方式命名。例如，www.pku.edu.cn 就是北京大学网站的域名，cn 是中国的缩写。表 2-2 所示为一些国家和地区的地理分层的顶级域名。

表 2-2　一些国家和地区的地理分层的顶级域名

地理域名	含义	地理域名	含义	地理域名	含义
cn	中国	jp	日本	ru	俄罗斯
us	美国	kr	韩国	ca	加拿大

在实际使用过程中，当用户指定某个域名时，该域名总是被自动翻译成相应的 IP 地址。从技术角度看，域名只是地址的一种表示方式，它告诉人们某台计算机在哪个国家（或地区）、哪个网络上。

2．域名解析

域名和 IP 地址都表示主机的地址。Internet 使用域名解析系统进行域名与 IP 地址之间的转换。域名解析主要由 DNS 服务器完成，有正向解析和反向解析两种解析方式。

正向解析是指将域名转换为对应的 IP 地址的过程，应用于在浏览器地址栏中输入网站域名时的情形。它使得人们可以通过容易记忆的域名来访问网站，而无须记住复杂的数字串 IP 地址。

反向解析指将 IP 地址转换为对应域名，常用于验证或其他特定查询。网络传输依赖 IP 地址路由，需通过正向解析将域名转为 IP。Internet 的反向解析服务，虽不能直接完成域名到 IP 的访问翻译，但在验证 IP 归属域名时发挥重要作用。

DNS 将整个 Internet 的域名分成许多可以独立管理的子域，每个子域由它自己的域名服务器管理。这就意味着域名服务器维护其管辖子域的所有主机域名与 IP 地址的映射信息，并且负责向整个 Internet 用户提供包含在该子域中的域名解析服务。基于这种思想，Internet DNS 有许多分布在全世界不同地理区域、由不同管理机构负责的域名服务器。

在 IPv4 时代，全球只有 13 台根域名服务器，其中唯一的主根域名服务器在美国，其他 12 台辅助根域名服务器中 9 台放置在美国，英国、瑞典和日本各放置 1 台。而所有根域名服务器均由美国政府授权的互联网域名与号码分配机构 ICANN 统一管理，负责全球互联网根域名服务器、域名体系和 IP 地址等的管理。

根域名服务器是国际互联网最重要的战略基础设施，是互联网通信的"中枢"。由于种种原因，IPv4 互联网根域名服务器数量一直被限定为 13 台。随着互联网越来越国际化，13 台根域名服务器已不能满足全球对互联网治理和管理的要求，IPv6 应运而生。

在 IPv6 时代，我国主导了"雪人计划"，已在全球完成 25 台 IPv6 根域名服务器的架设，我国部署了其中的 4 台（1 台主根域名服务器和 3 台辅助根域名服务器），打破了我国过去没有根域名服务器的窘境。在与现有 IPv4 根域名服务器体系架构充分兼容的基础上，"雪人计划"于 2016 年在美国、日本、印度、俄罗斯、德国、法国等全球 16 个国家完成 25 台 IPv6 根域名服务器的架设，事实上形成了 13 台原有根域名服务器加 25 台 IPv6 根域名服务器的新格局。

2021 年 10 月，我国 IPv6 网络基础设施规模全球领先，已申请的 IPv6 地址资源位居全球第一。我国 IPv6"高速公路"已全面建成。

2.2.5　配置 TCP/IP

TCP/IP 可定义计算机与其他计算机的通信方式，是实现计算机联网的必要条件。安装完 TCP/IP 后，一般需要设置 IP 地址。IP 地址的分配有静态分配和动态分配两种方法，无论是哪种方法，IP 地址的唯一性都是通过网络管理机构维护的。

微课 08　配置 TCP/IP

配置 IP 地址及相关参数的方法如下。

（1）右击 Windows 10 桌面下方的 🖥 按钮并选择"打开网络和 Internet 设置"，打开"设置"窗口，如图 2-13 所示。

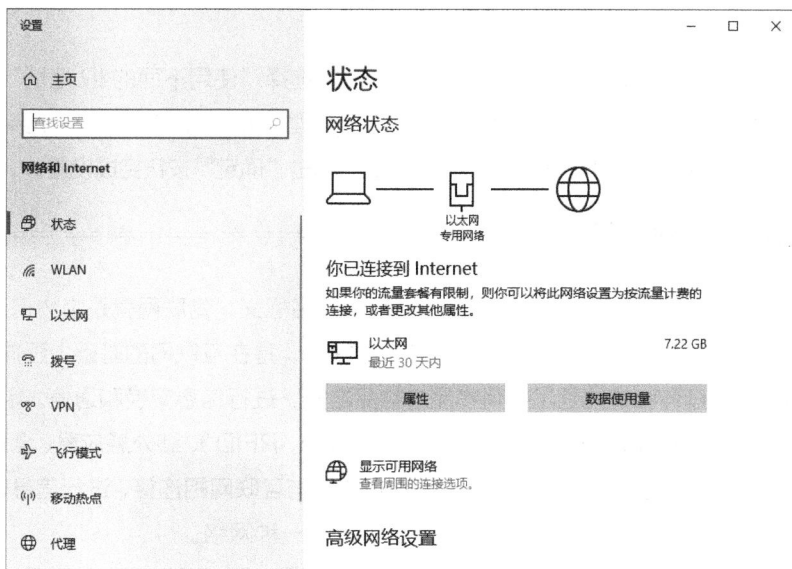

图 2-13　"设置"窗口

（2）在左侧列表中单击"以太网"，在右侧单击"更改适配器选项"。

（3）在打开的"网络连接"窗口中，右击"以太网"图标，在弹出的菜单中选择"属性"命令，打开"以太网 属性"对话框，如图 2-14 所示。

（4）在"网络"选项卡的"此连接使用下列项目"列表中双击"Internet 协议版本 4（TCP/IPv4）"选项，弹出"Internet 协议版本 4（TCP/IPv4）属性"对话框，如图 2-15 所示。

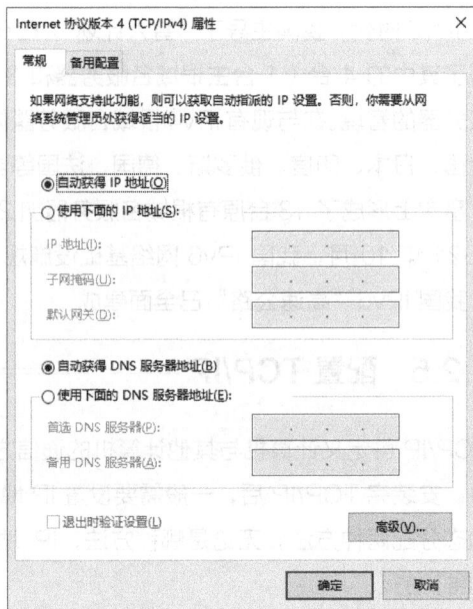

图 2-14　"以太网 属性"对话框　　　图 2-15　"Internet 协议版本 4（TCP/IPv4）属性"对话框

在此对话框中可以进行 IP 地址及相关参数的设置。

- 对于家庭用户，一般选择"自动获得 IP 地址"和"自动获得 DNS 服务器地址"单选项，然后单击"确定"按钮即可。

- 对于局域网（如校园网、企业网等）用户，则需选择"使用下面的 IP 地址"和"使用下面的 DNS 服务器地址"单选项，然后分别输入局域网管理员分配的 IP 地址、子网掩码、默认网关、首选 DNS 服务器和备用 DNS 服务器等内容，然后单击"确定"按钮完成设置。

【知识拓展 2】物联网

物联网的英文名称是 Internet of Things（IoT）。顾名思义，物联网就是物物相连的互联网。这有两层意思：第一，物联网的核心和基础仍然是互联网，是在互联网的基础上延伸和扩展的网络；第二，其用户端延伸和扩展到了任何物品与物品之间，进行信息交换和通信。因此，物联网的定义是通过射频识别（Radio Frequency Identification，RFID）、红外感应器、全球定位系统、激光扫描器等信息传感设备，按约定的协议，把任何物品与互联网相连接，进行信息交换和通信，以实现对物品的智能化识别、定位、跟踪、监控和管理的一种网络。

目前，物联网还没有一个被广泛认同的体系结构，但是，我们可以根据物联网对信息感知、传输、处理的过程将其划分为 3 层结构，即感知层、网络层和应用层。

感知层：主要用于对物理世界中的各类物理量、标识、音频、视频等数据的采集与感知。数据采集主要涉及传感器、RFID、二维码等技术。

网络层：主要用于实现更广泛、更快速的网络互联，从而把感知到的数据信息安全、可靠地进行传送。目前能够用于物联网的通信网络主要有互联网、无线通信网、卫星通信网与有线电视网。

应用层：主要包含应用支撑平台子层和应用服务子层。应用支撑平台子层用于支撑跨行业、跨应用、跨系统之间的信息协同、共享和互通。应用服务子层包括智能交通、智能家居、智能物流、智能医疗、智能电力、数字环保、数字农业、数字林业等领域。

和传统的互联网相比，物联网有其鲜明的特征。

首先，它是各种感知技术的广泛应用。物联网上部署了海量的多种类型传感器，每个传感器都是一个信息源，不同类别的传感器所捕获的信息内容和信息格式不同。传感器获得的数据具有实时性，按一定的频率周期性地采集环境信息，不断更新数据。

其次，它是一种建立在互联网基础上的泛在网络。物联网技术的重要基础和核心仍是互联网，通过各种有线和无线网络与互联网融合，将物体的信息实时、准确地传递出去。在物联网上的传感器定时采集的信息需要通过网络传输，在传输过程中，为了保障数据的正确性和及时性，必须适应各种异构网络和协议。

最后，物联网不仅提供了传感器的连接，其本身也具有智能处理的能力，能够对物体实施智能控制。物联网将传感器和智能处理相结合，利用云计算、模式识别等各种智能技术，扩充其应用领域。从传感器获得的海量信息中分析、加工和处理出有意义的数据，以适应不同用户的不同需求。

物联网作为新一代信息技术的高度集成和综合运用，具有渗透性强、带动作用大、综合效益好的特点，是继计算机、互联网、移动通信网之后信息产业发展的又一推动者。物联网的应用和发展，有利于促进生产生活和社会管理方式向智能化、精细化、网络化方向转变，极大提高社会管理和公共服务水平，催生大量新技术、新产品、新应用、新模式，推动传统产业升级和经济发展方式转变，并将成为未来经济发展的增长点。

我国作为最早布局物联网的国家之一，物联网产业规模多年来保持稳步增长，竞争优势不断增强。目前，物联网已较为成熟地运用于智能家居、智慧交通、智能医疗、智能安防、智能物流、智慧城市等。近几年来，在各地政府的大力推广和扶持下，我国物联网市场规模整体呈快速上升的趋势，2022 年市场规模已达 3 万亿元。按照当前发展趋势，未来几年，我国物联网市场仍将保持高速增长态势。

任务 2.3　信息检索

Internet 已经成为人们获取信息的主要渠道。在当今"互联网时代"，信息资讯大爆炸，要想获取有用信息，掌握信息的筛选能力就尤为重要。信息的筛选就是信息检索。也就是说，信息检索是根据用户的特定需要从 Internet 浩如烟海的信息中快速、准确地查找出所需信息的过程。信息检索不但可以检索文字信息，还可以检索图片、音乐、视频等各种信息。

2.3.1　搜索引擎

搜索引擎是信息检索的重要工具，依托网络爬虫、检索排序、大数据处理、自然语言处理等多种技术，为用户提供快速、高相关性的信息搜索服务。

国内常用的搜索引擎有百度、360、搜狗等，国外常用的搜索引擎有谷歌、必应等。下面以百度为例说明搜索引擎的使用方法。

百度是全球最大的中文搜索引擎，致力于向人们提供简单、可靠的信息获取方式。"百度"一词源于中国宋朝词人辛弃疾的词句"众里寻他千百度"。百度的网址是 http://www.baidu.com，图 2-16 所示为百度搜索引擎的界面。

图 2-16　百度搜索引擎的界面

百度支持按类别搜索，可以是网页、资讯、图片、视频、贴吧、知道、文库、采购、地图等类型的资料，同时提供了搜索工具栏，内含时间范围、文件类型、搜索站点限制等搜索设置选项。百度还提供了"搜索设置""高级搜索""隐私设置"等，方便用户进行针对性搜索，减小搜索范围，达到更快、更准的目的。

各种搜索引擎都提供了一些方法来帮助用户从网上搜索信息资料，这些方法略有不同，但一些常见功能大同小异。查找的准确程度由输入的关键词决定。

（1）模糊查找

输入一个关键词，搜索引擎就能找到包含关键词或与关键词意义相近的内容页面。这是最简单的查找方法，但是查找的结果不是很准确，可能包含许多无用的信息。

（2）精确查找

给要查找的关键词加上半角双引号，可以查询完全符合关键词的网站。例如在搜索文本框中输入""朱自清散文""，就会返回网页中包含完整"朱自清散文"词组的页面。

（3）多关键词查找

如果用户想查找与多个关键词相关的内容，可以一次输入多个关键词，各关键词之间用空格分隔。一般而言，提供的关键词越多，搜索的结果越精确。

2.3.2　中英文献检索

文献一般理解为具有历史价值的文章和图书，或与某一学科有关的重要图书资料。随着现代网络技术的发展，文献检索更多是通过计算机技术来完成的。与手动检索一样，计算机信息检索应作为科技人员的一项基本功，这一能力的训练和培养对科技人员适应未来社会极其重要，一个善于从电子信息系统中获取文献的科研人员，必定比不具备这一能力的人有更多的机会。

1. 利用搜索引擎检索论文

搜索引擎本身提供了学术论文搜索服务，比如百度学术、谷歌学术等，允许用户直接采用关键词进行搜索。单击百度主页中的"更多"选项，在搜索服务列表中选择"百度学术"，界面如图 2-17 所示。

找到合适的论文后，可以将其进行收藏、引用或下载。单击"引用"按钮将显示已设定好的引用格式，供用户复制或导入文献管理软件中，单击"免费下载"按钮将弹出文献来源数据库供用户前往下载论文。

图 2-17　利用"百度学术"查找论文

2. 专业文献检索

学术工作离不开文献检索和阅读，文献是科研的基础，查阅文献的能力是当代大学生应该着重培养的基本能力之一。文献检索是根据学习和工作的需要获取文献的过程。国内常用学术数据库主要有中国知网、万方、维普、超星等，国外常用学术数据库主要有 Elservier、WOS、EI、Nature、Science 等。以图 2-18 所示的中国知网为例，它已经发展为一个集期刊杂志、硕博论文、会议论文、报纸、工具书、年鉴、专利、标准、国学、海外文献资源于一体的、具有国际领先水平的网络出版平台，其中心网站的日更新文献量在 5 万篇以上。

图 2-18　中国知网

CNKI 工程是以实现全社会知识资源传播共享与增值利用为目标的信息化建设项目。利用中国知网可以做许多与学术科研活动有关的事情，比如查看自己研究领域的学术期刊、学位论文、会议等中文和外文相关文献，进行论文的查新、查重，查询某项先进技术的成果转化情况，防止重复申请专利等。

2.3.3 手机信息检索

随着智能手机的普及，人们在生活、工作中越来越依赖智能手机。熟练运用手机检索信息、利用信息解决问题是新时代下人们必须具备的信息素养。

1. 微信

微信是大多数中国人每天必用的软件，提供了非常有效的检索功能。

（1）微信右上角的放大镜

登录微信以后，点击主界面右上角的放大镜图标，即可进入微信的搜索界面。在搜索框中直接输入想要寻找的内容，将会检索本机已有的记录并即时反馈回来。这个搜索不需要联网就能完成。检索的内容包括联系人（包括昵称和微信号）、聊天记录、群聊里的成员、已关注的公众号、使用过的小程序、收藏等。也可通过下方关键字分类查找，包括朋友圈、文章、公众号、小程序、音乐、表情、服务等。

对于"朋友圈"的检索结果，你可以通过发布人或者发布时间对结果进行筛选；对于"文章"，你可以限制搜索范围以及对结果进行排序；"公众号"里提供你经常搜索的公众号；"小程序"里提供你经常使用的小程序，如乘车码、购物小程序等；"音乐"的搜索结果是自动按照近30天朋友圈分享量从高到低排列的。"表情"里可以检索出各种表情，还可以在搜索栏搜索指定的表情。"服务"里的内容向你提供各种服务，如生活缴费、公积金、违章缴纳等。

（2）公众号历史文章检索

对于新关注的公众号，我们自然会想看他以前发表过的文章，这时候就需要在公众号里搜索文章。

首先进入公众号聊天界面，点击右上角，会看到公众号的头像以及发布的内容，此时在页面的右上方会出现搜索图标，可搜索自己感兴趣的内容。

2. 智慧生活

与计算机一样，手机中安装的App越多，手机的功能越强大。只要手机中安装了相应的App，无论是自驾、坐公交车，还是步行，只要遇到出行路线的问题，都可以借助导航软件来解决；想坐在家里就吃上美食的，可以点个外卖；购物时可以在网上进行选购；所有个人所得税申报的纳税人都可以通过手机App，在任何地方完成办税或查询自己可享受的税收优惠。以上种种为人们带来便利的移动端App，都离不开信息的检索和分析。

2.3.4 下载网络资源

在网上浏览到有价值的信息后，经常需要将这些信息下载到本地磁盘，下载网络资源也是我们需要掌握的一项基本技能。网络资源可分为文本、图片、音乐、视频、软件等几大类。

　　要将网页中整篇文档或文档中的部分内容下载到本地硬盘，先使用搜索引擎检索到需要下载的文档内容，执行"复制"命令后，打开记事本或 WPS 等文字编辑软件，执行"只粘贴文本"命令。

　　要将网页中的图片下载到本地磁盘，先使用搜索引擎检索到图片，再右击该图片，在弹出的快捷菜单中选择"图片另存为"命令后，在弹出的"保存"对话框中选择图片的保存位置，并输入图片的名称。

　　若要下载音乐或视频，则需首先安装音乐或视频播放软件。安装好播放软件后，运行该软件，在打开的播放面板中搜索自己想要的音乐或视频文件，便可开始下载。

　　若要下载软件，首先使用搜索引擎找到软件的官方网站，单击软件对应的下载按钮，弹出"新建下载任务"对话框。选择软件的保存位置，单击"下载"按钮开始下载。下载完毕后，单击"运行"按钮，或双击该程序文件，根据安装界面提示，一步一步完成安装。

　　另外，有些下载软件还有下载加速功能，例如迅雷，勾选"开启镜像服务器加速"和"开启迅雷 P2P 加速"功能，可以加速下载。

微课 09　信息资源
检索与下载

【教学案例】信息资源检索与下载

　　利用搜索引擎从互联网上检索并下载各类信息资源，比如文字、图片、音乐、视频、程序等。

操作要求

　　在桌面上建立以"自己所在班级+姓名"为名的文件夹，利用搜索引擎搜索并下载下列资料。

　　（1）搜索有关长城的故事的文章，将网页添加到收藏夹中，并将该网页的内容以文本文档格式（ *.txt ）、以故事名称为名保存到新建的文件夹内。

　　（2）下载 3 张有关九寨沟风景的图片，并分别以"九寨沟 1""九寨沟 2""九寨沟 3"为名保存到新建的文件夹内。

　　（3）下载歌曲《最浪漫的事》，并以"最浪漫的事"为名保存到新建的文件夹内。

　　（4）下载视频《吉祥三宝》，并以"吉祥三宝"为名保存到新建的文件夹内。

　　（5）下载软件 WPS Office 个人版（软件安装包），并以"WPS Office"为名保存到新建的文件夹内。

任务 2.4　计算机网络安全

　　随着计算机网络的广泛应用，人类面临着信息安全的巨大挑战。虚假信息、网络诈骗、网络窃密、黑客攻击、病毒与恶意软件、网络经济犯罪等层出不穷。计算机网络的安全问题错综复杂，有技术因素，也有管理因素；有自然因素，也有人为因素；有外部的安全威胁，还有内部的安全隐患。

2.4.1　计算机网络安全概述

　　网络安全归根到底是网络上的信息安全。它涉及的领域非常广泛，这是因为在目前的公用通信网络中存在着各种各样的安全漏洞和威胁，例如个人隐私或商业信息被他人窃听、篡改等。这就需要了解网络上存在的潜在威胁和应对这些威胁的安全策略。

1．网络安全概念

计算机网络不仅包括组网的硬件、管理网络的软件，还包括共享的资源、快捷的网络服务，所以定义网络安全应考虑涵盖计算机网络所涉及的全部内容。参照 ISO 给出的计算机安全定义，计算机网络安全是指保护计算机网络系统中的硬件、软件和数据资源，不因偶然或恶意的原因遭到破坏、更改、泄露，使网络系统连续、可靠地正常运行，网络服务的实现正常、有序。

2．网络的潜在威胁

造成计算机信息不安全的因素很多，包括人为因素、自然因素和偶发因素。其中，人为因素是指一些不法之徒利用计算机网络存在的漏洞，盗用计算机系统资源，非法获取重要数据、篡改系统数据、破坏硬件设备、编制计算机病毒。人为因素是威胁计算机网络安全的最大因素。

（1）物理安全。物理安全是指保护计算机硬件、网络设备及其物理环境免受自然灾害、人为破坏、电磁干扰及未授权访问等威胁，确保计算机网络的正常运行和数据的完整性。

（2）计算机病毒。计算机病毒将导致计算机系统瘫痪，严重破坏程序和数据，使网络的运行效率大大降低，许多功能无法使用。

（3）网络软件的缺陷和"后门"。网络软件的缺陷是黑客进行攻击的首选目标。另外，软件中人为设置的"后门"一般不为外人所知，但一旦"后门"暴露，其造成的后果将不堪设想。

（4）人为操作失误。如计算机安全配置不当造成的安全漏洞、用户安全意识不强、用户口令过于简单、用户将自己的账号随意转借他人或与别人共享等都会对网络安全带来威胁。

（5）人为的恶意攻击。这是计算机网络所面临的最大威胁，在不影响网络正常工作的情况下，进行截获、窃取、破译以获得重要机密信息，对计算机网络造成极大的危害。

3．网络的安全策略

网络安全是一个相对概念，不存在绝对安全，所以必须未雨绸缪、居安思危。安全威胁是一个动态过程，不可能根除威胁，所以唯有积极防御、有效应对。应对网络安全威胁需要不断提升防范的技术和管理水平，这是网络复杂性对确保网络安全提出的客观要求。

（1）加强安全制度的建立和落实工作。根据本单位的实际情况制定出切实可行又比较全面的安全管理制度。另外，要强化工作人员的安全教育和法制教育，真正认识到计算机网络系统安全的重要性。

（2）物理安全策略。对传输线路及设备进行必要的保护，使计算机系统、网络服务器等硬件实体和通信链路免受自然灾害、人为破坏和搭线攻击。验证用户的身份和使用权限，防止用户越权操作。

（3）访问与控制策略。访问控制是网络安全防范和保护的主要策略，包括入网访问控制、网络的权限控制、属性安全控制和网络服务器安全控制。

（4）防火墙技术。防火墙是一种用以阻止网络中的黑客访问某个机构网络的屏障。在网络边界上通过建立起来的相应网络通信监控系统来隔离内部和外部网络，以阻挡外部网络的侵入。

（5）信息加密技术。信息加密的目的是保护网内的数据、文件、口令和控制信息，保护网上传输的数据。在信息传送（特别是远距离传送）这个环节，密码技术是一种非常关键且切实可靠的安全技术。

2.4.2　计算机病毒的防治

计算机病毒（Computer Virus）是指编制或者在计算机程序中插入的破坏计算机功能或者毁坏数据、影响计算机正常使用，并能进行自我复制的一组计算机指令或者程序代码。这种程序代码轻则影响计算机的运行速度，重则破坏计算机中的用户程序和数据，给用户造成不可估量的损失。

1. 计算机病毒的特点

计算机病毒一般具有以下特点。

（1）传染性。传染性是病毒的基本特征。病毒代码一旦进入计算机中并得以执行，它就会寻找符合其传染条件的程序，确定目标后将自身代码插入其中，达到自我复制的目的。只要有一台计算机感染病毒，如果不及时处理，那么病毒就会迅速扩散。

（2）破坏性。计算机病毒可以破坏系统、占用系统资源、降低计算机运行效率、删除或修改用户数据，甚至会对计算机硬件造成永久破坏。

（3）隐蔽性。由于计算机病毒寄生在其他程序之中，故具有很强的隐蔽性，有的甚至用杀毒软件都很难检查出来。

（4）潜伏性。大部分病毒感染系统后不会立即发作，它可长期隐藏在系统中，只有满足特定条件才会发作。例如，"黑色星期五"病毒就是在星期五且该天是这个月 13 日的条件下才会发作。

2. 计算机病毒的类型

计算机病毒按传染方式可分为以下 5 种类型。

（1）引导型病毒。引导型病毒将其自身隐藏于系统的引导区中，系统启动时，病毒程序首先被运行，感染磁盘的引导区，然后才执行原来的引导记录。

（2）文件型病毒。文件型病毒一般传染磁盘上 COM、EXE 或 SYS 等格式的可执行文件，在用户执行感染病毒的文件后，病毒首先被运行，然后伺机传染其他文件。

（3）混合型病毒。混合型病毒兼有以上两种病毒的特点，既传染引导区又传染可执行文件。这样的病毒通常具有复杂的算法，为了逃避跟踪还会使用加密和变形算法。

（4）宏病毒。宏病毒是一种寄存在文档或模板的宏中的病毒。该病毒不感染程序文件，只感染 DOC 文档文件和 DOT 模板文件。

（5）网络病毒。网络病毒通过电子邮件传播，破坏特定扩展名的文件。黑客是危害计算机系统安全的源头之一，网络用户要谨慎点开来历不明的电子邮件。

3. 计算机病毒的传播途径

计算机病毒主要通过移动存储介质（如 U 盘、移动硬盘及光盘）和计算机网络两大途径进行传播。

（1）通过移动存储介质传播

使用带有病毒的移动存储介质会使计算机感染病毒，并将病毒传染给未被感染的"干净"的移动存储介质。由于移动存储介质可以不加控制地在计算机上使用，这给病毒的传播带来了很大的便利。

（2）通过计算机网络传播

Internet 的普及使病毒的传播更为迅速，反病毒的任务变得更加艰巨。Internet 会带来两种不同的安全威胁。一种威胁来自文件下载，这些被浏览的或是被下载的文件可能存在病毒。另一种威胁来自电子邮件。网络使用的简易性和开放性使得这种威胁越来越严重。

4．计算机病毒的预防

计算机感染病毒后，用反病毒软件检测和清除病毒是被迫进行的处理措施，而且一些病毒会永久性地破坏被感染的程序，如果没有备份将不易恢复，所以对计算机使用者来说，重在防患于未然。

（1）为计算机安装病毒检测软件并及时升级到最新版本。

（2）网上下载的软件一定要先检测后使用。

（3）尽量少用他人的 U 盘，必须用时要先杀毒再使用。

（4）重要文件一定要做好备份。

（5）重要部门要专机专用。

5．计算机病毒的清除

一旦发现计算机感染病毒，要及时清除，以免造成损失。利用反病毒软件清除病毒是目前流行的方法。反病毒软件能提供较好的交互界面，不会破坏系统中的用户数据。但是，反病毒软件只能检测出已知的病毒并将其清除，很难处理新的病毒或病毒变种，所以各种反病毒软件都要随着新病毒的出现不断升级。大多数反病毒软件不仅具有查杀病毒的功能，还具有实时监控功能，当发现浏览的网页有病毒或插入的 U 盘有病毒等情况时，会报警提醒用户进行进一步处理。

2.4.3　网络防火墙

网络防火墙可以是专属的硬件设备，也可以是架设在硬件上的一套软件，或者更常见的是两者的结合体。它是一种位于内部网络与外部网络之间的网络安全屏障，用来限制信息在网络之间的随意流动。防火墙将不同的网络保持相互隔离的状态，对流经它的网络通信进行扫描，这样能够过滤掉网络上的不良信息和黑客的攻击，以免攻击程序在目标计算机上被执行。防火墙还可以关闭不使用的端口，禁止特定端口的流出通信，封锁特洛伊木马。防火墙还能够禁止来自特殊站点（如钓鱼网站）的访问，从而防止来自不明入侵者的所有通信。个人计算机为了得到相应的保护，也可以采用防火墙，称为个人防火墙。

1．防火墙的功能

防火墙从本质上说是一种保护装置，用于保护数据、资源和用户的安全。总的来说，防火墙具有以下几个功能。

（1）为内部网络提供安全保障

防火墙可检测所有经过数据的细节，并根据事先定义好的策略允许或禁止这些数据通过。它可以过滤不安全的服务，极大地提高内部网络的安全性。

（2）对网络存取和访问进行监控审计

防火墙能将所有通过自己的访问都进行记录，并提供网络使用情况的统计数据。当发生可疑情况时，防火墙能立刻进行报警，方便网络安全管理员进行分析和排查。

（3）防止内部信息外泄

利用防火墙对内部网络进行划分，可实现对内部网络重点网段的隔离，从而限制局部重点或敏感网络安全问题对全局网络造成的影响。

（4）强化网络安全策略

通过以防火墙为中心的安全方案配置，能将所有的安全功能配置在防火墙上。与将网络安全分散在各主机上相比，集中的防火墙安全管理更为经济，也更具操作性。

2. 设置防火墙

常用的防火墙软件有 360 网络防火墙、瑞星防火墙、天网防火墙、金山网盾等，用户可以从网络上下载并安装使用。目前，Windows 10 防火墙功能得到了很大增强，所以无论安装哪种第三方防火墙，Windows 10 自带的防火墙都不应该关闭，这对系统信息保护将大有裨益。下面简单介绍 Windows 10 防火墙的配置。

微课 10　设置防火墙

（1）依次单击"开始"→"Windows 系统"→"控制面板"，打开"控制面板"窗口。

（2）单击"Windows Defender 防火墙"，打开"Windows Defender 防火墙"窗口，如图 2-19 所示。

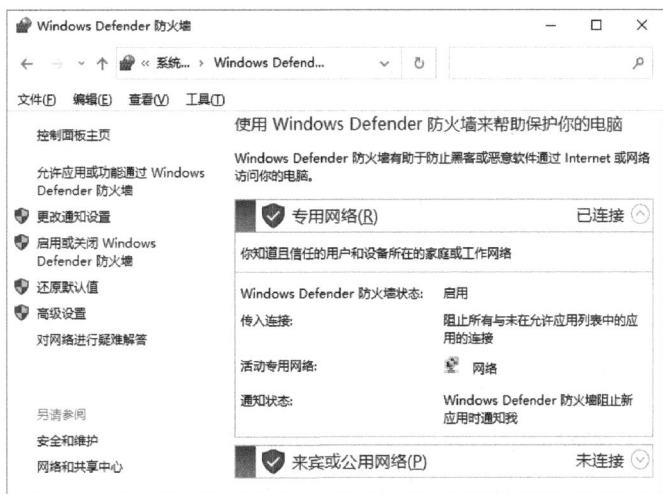

图 2-19　"Windows Defender 防火墙"窗口

（3）在打开的"Windows Defender 防火墙"窗口中，单击左侧的"启用或关闭 Windows Defender 防火墙"超链接，进入"自定义设置"窗口，如图 2-20 所示。

（4）在打开的"自定义设置"窗口中，可以进行专用网络设置与公用网络设置。

3. 防火墙的局限性

防火墙具有很好的网络安全保护作用，对于防止黑客攻击、木马病毒及钓鱼网站具有非常关键的作用，但目前的防火墙还存在一些局限性。

（1）防火墙不能防范不通过防火墙的攻击。例如，如果站点允许对防火墙后面的内部系统进行拨号访问，那么防火墙没有办法阻止入侵者进行拨号入侵。

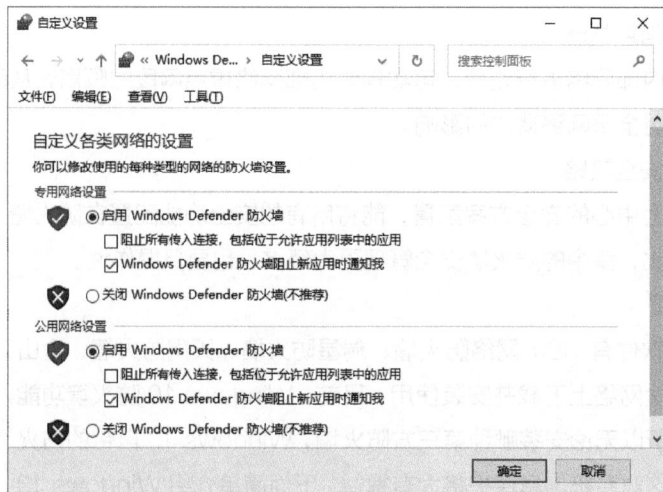

图 2-20　"自定义设置"窗口

（2）防火墙不能防范数据驱动式攻击。当有些表面看起来无害的数据被邮寄或复制到 Internet 主机上并被执行而发起攻击时，就会发生数据驱动式攻击。

（3）防火墙不能防御恶意程序和病毒。防火墙只扫描数据的源、目标地址和端口号，而不扫描数据内容，因此防火墙对隐藏在正常数据中的恶意程序和病毒无能为力。

（4）防火墙不能防止来自 LAN 内部的攻击。它只能提供周边防护，并不能控制内部用户对内部网络滥用授权的访问，而这正是网络安全的最大威胁。

（5）防火墙不能防御全部威胁。由于攻击技术不断提高，而防火墙技术一直以被动的方式进行革新，故防火墙不可能防御所有的威胁，只能降低威胁。

2.4.4　加密技术

加密作为保障数据安全的一种方式，它的历史相当久远，古时候便应用在军事、外交、情报等领域。数据加密的基本过程就是对原来为"明文"的文件或数据按某种算法进行处理，使其成为一段不可读的代码（通常称其为"密文"），只能在输入相应的密钥之后才显示出本来内容，通过这样的途径来达到保护数据不被非法窃取和阅读的目的。该过程的逆过程为解密，即将该编码信息转化为原来数据的过程。

加密技术包括两个元素：算法和密钥。算法是将普通文本转换为不可读的密文的一系列步骤或公式，这个转换过程称为加密。密钥是用来对数据进行编码和解码的一种参数，它是在将明文转换为密文或将密文转换为明文的算法中输入的数据。加密技术分为两类，即对称加密和非对称加密。

1. 对称加密

对称加密即加密和解密使用同一个密钥。对称加密通常使用的是位数较小的密钥，一般小于256 位。因为密钥越大，加密越强，但加密和解密的过程也会越慢。例如，如果只用 1 位做密钥，那黑客用 0 或 1 最多两次解密便可成功；如果密钥有 1MB，黑客可能永远也无法破解，但加密和解密的过程要花费很长的时间。密钥的大小既要照顾到安全性，也要照顾到效率。

对称加密的安全性依赖于密钥，密钥泄露就意味着任何人都能对加密的消息进行解密。对称加密的一大缺点是密钥的分配与管理。也就是说，如何将密钥安全发送给需要解密消息的人是一个重要问题。因为在发送密钥的过程中，密钥有很大的风险会被黑客拦截。

2. 非对称加密

非对称加密算法即加密和解密使用的是两个不同的密钥，即"公钥"和"私钥"，它们两个必须配对使用，否则不能打开文件。私钥只能由一方安全保管，不能外泄，而公钥则可以发送给任何请求它的人。非对称加密使用者对密钥中的一个进行加密，而解密则需要另一个密钥。例如，你可以向银行请求公钥，银行将公钥发送给你，你使用公钥对消息加密，那么只有私钥的持有人（即银行）才能对你的消息进行解密。与对称加密不同的是，银行不需要将私钥通过网络发送出去，因此安全性大大提高。

综上所述，对称加密与非对称加密各有优势，应根据需要选择使用。

（1）对称加密：加密与解密使用的是同样的密钥，所以速度快，但由于需要将密钥在网络传输，所以安全性不高。

（2）非对称加密。非对称加密使用了不同的密钥（即公钥与私钥），所以安全性大大提高，但加密与解密速度较慢。

对称加密和非对称加密都有广泛的应用。例如，对称加密被广泛应用于电子邮件和文件传输协议中，而非对称加密被广泛应用于数字签名和加密通信中。

2.4.5　身份认证技术

身份认证技术是在计算机网络中确认操作者身份的过程中产生的有效解决方法。计算机网络世界中一切信息（包括用户的身份信息）都是用一组特定的数据来表示的，计算机只能识别用户的数字身份，所有对用户的授权也是针对用户数字身份的授权。如何保证以数字身份进行操作的操作者就是这个数字身份合法拥有者，也就是说保证操作者的物理身份与数字身份相对应，身份认证技术就是为了解决这个问题。作为网络防护的第一道关口，身份认证有着举足轻重的作用。

常用的身份认证技术主要有静态密码、短信密码、数字签名等。

1. 静态密码

用户的密码是由用户自己设定的。在登录网络时输入正确的密码，计算机便认为操作者就是合法用户。实际上，由于许多用户为了防止忘记密码，经常采用诸如生日、电话号码等容易被猜测的字符串作为密码，或者把密码抄在纸上放在一个自认为安全的地方，这样很容易造成密码泄露。如果密码是静态的数据，在验证过程中可能会被木马程序或黑客截获。因此，静态密码机制无论是使用还是部署都非常简单，但从安全性上讲，用户名/密码方式是一种不安全的身份认证方式。

2. 短信密码

短信密码以手机短信形式请求包含 6 位随机数的动态密码，身份认证系统以短信形式发送随机的 6 位密码到用户的手机上。用户在登录或者交易认证时输入此动态密码，从而确保系统身份认证的安全性。在网络环境下，窃取系统口令和窃听网络连接获取用户ID和口令是很常见的攻击方法。如果网上传递的口令只能使用一次，攻击者就无法使用窃取的口令来访问系统。短信密码就是为了抑制这种重放攻击而设计的，目前被广泛应用于包括银行系统在内的大量需要加密的网络文件中。

3．数字签名

数字签名是一种电子认证机制，其通过公钥加密技术确保信息传输的完整性和真实性。它使用发送者的私钥对信息摘要进行加密并生成签名，接收者用公钥验证签名，从而确认信息来自可信源且未被篡改。数字签名是实现信息安全的重要手段。

数字签名是非对称密钥加密技术与数字摘要技术的应用。数字签名具有不可抵赖性，可保证信息传输的完整性、发送者的身份认证，防止交易中的抵赖发生。

数字签名技术是用发送者的私钥加密摘要信息，与原文一起传送给接收者。接收者只有用发送者的公钥才能解密被加密的摘要信息，然后用哈希函数对收到的原文产生一个摘要信息，与解密的摘要信息进行对比。如果相同，则说明收到的信息是完整的，在传输过程中没有被修改，否则说明信息被修改过，因此数字签名能够验证信息的完整性。

数字签名有两个作用：一是确定消息确实是由发送方签名并发送出来的，因为别人假冒不了发送方的签名。二是数字签名能确定消息的完整性，因为数字签名的特点是它代表了文件的特征，文件如果发生改变，数字摘要的值也将发生变化。

【知识拓展3】元宇宙

元宇宙（Metaverse）是指人类运用数字技术构建的，由现实世界映射或超越现实世界，可与现实世界交互的虚拟世界，具备新型社会体系的数字生活空间。

"元宇宙"本身并不是一个新技术，而是集成了一大批现有技术，包括5G、云计算、区块链、物联网、人工智能、虚拟现实、数字货币、人机交互等技术的概念具化。

"元宇宙"一词诞生于1992年的科幻小说《雪崩》。小说中提到"Metaverse（元宇宙）"和"Avatar（化身）"两个概念。人们在"元宇宙"里可以拥有自己的虚拟替身，这个虚拟的世界就叫作"元宇宙"。小说描绘了一个庞大的虚拟现实世界，在这里，人们用数字化身来控制，并相互竞争以提高自己的地位。在如今看来，小说描述的还是超前的未来世界。

2020年，人类社会到达虚拟化的临界点，一方面社会虚拟化加速发展，全社会上网时长大幅增长，"宅经济"快速发展；另一方面，线上生活由原先短时期的例外状态成为常态，由现实世界的补充变成了与现实世界平行的世界，人类现实生活开始大规模向虚拟世界迁移，人类成为现实与数字的"两栖物种"。

2021年是元宇宙元年，也是元宇宙开始快速发展的一年，它深刻改变了人们的社交、工作、购物和娱乐的方式。一方面，网络中的生活模式可以在网络空间中独立运行，但另一方面，这种生活模式又与现实社会紧密相连，一定程度上是现实世界的投射。

2022年11月，作为卡塔尔世界杯持权转播商，中国移动创新推出宏大奇妙的世界杯元宇宙比特景观，打造 5G 时代首个世界杯元宇宙，并实现多个首创：首创 5G+低延时转播方案；首创基于 5G+算力网络+云引擎的比特转播，并实现跨手机/平板/VR/AR/大屏等多终端的全新体验；首创元宇宙比特空间"星际广场"；推出全球首个 5G+算力网络元宇宙比特音乐盛典。世界杯期间，登录中国移动咪咕全系产品，领取专属比特数智人身份的首批"元住民"超 180 万，元宇宙互动体验用户超 5700 万。

元宇宙本质上是对现实世界的虚拟化、数字化过程，需要对内容生产、经济系统、用户体验以及实体世界内容等进行大量改造。但元宇宙的发展是循序渐进的，是在共享的基础设施、标准及协议的支撑下，由众多工具、平台不断融合、进化而最终成形。

元宇宙基于扩展现实技术提供沉浸式体验，基于数字孪生技术生成现实世界的镜像，基于区块链技术搭建经济体系，将虚拟世界与现实世界在经济系统、社交系统、身份系统上密切融合，并且允许每个用户进行内容生产和世界编辑。

"元宇宙"不是一个单一的事物，而是一个综合的技术创新运营体系，其中涉及 VR 技术、AR 技术、区块链技术、人工智能、深度学习技术等。这些智能技术本身虽然已经逐步成熟，但在应用方面却有所欠缺，难以打造良好的发展路径和产业生态。而"元宇宙"概念的提出，为这些技术提供了一个应用方向。"元宇宙"这一概念较早就与游戏相联系，但并不代表可以将"元宇宙"与游戏画上等号。可以预计，"元宇宙"相关的技术体系，在电子商务领域也将有着较多的应用。《"十四五"电子商务发展规划》提出，"新一代沉浸式体验消费"是对"元宇宙"概念的一个回应。

2023 年 8 月，工业和信息化部、教育部、文化和旅游部、国务院国资委、国家广播电视总局等五部门联合印发《元宇宙产业创新发展三年行动计划（2023—2025 年）》，为元宇宙产业创新发展指明了方向。

【项目自测】

一、选择题

1. 在计算机网络术语中，LAN 的中文名称是（　　）。

    A．局域网　　　　　　B．城域网　　　　　　C．广域网　　　　　　D．因特网

2. 文件传输使用的协议是（　　）。

    A．Telnet　　　　　　B．HTTP　　　　　　C．FTP　　　　　　D．TCP

3. 计算机网络的主要功能是（　　）。

    A．处理数据　　　　　　　　　　　　B．检索文献

    C．共享资源和传输信息　　　　　　　D．网络聊天和网上购物

4. 下列各项中 IP 地址表示正确的是（　　）。

    A．201.103.44.-192　　　　　　　　B．258.192.168.1.2

    C．192.168.0.256　　　　　　　　　D．192.168.1.254

5. 有一域名为 www.ycptu.edu.cn，根据域名代码的规定，此域名表示（　　）。

    A．政府机构　　　　　　B．教育机构　　　　　　C．商业组织　　　　　　D．军事机构

6. 负责 IP 地址与域名之间转换的是（　　　）。

    A. HTTP   B. FTP   C. TCP   D. DNS

7. IP 地址 198.0.46.201 的默认子网掩码是（　　　）。

    A. 255.0.0.0   B. 255.255.0.0   C. 255.255.255.0   D. 255.255.255.255

8. 一个 C 类子网最多可容纳（　　　）台主机。

    A. 252   B. 254   C. 255   D. 256

9. 实现局域网与广域网互联的设备是（　　　）。

    A. 路由器   B. 集线器   C. 交换机   D. 网桥

10. 下一代 IP 地址即 IPv6 将 IP 地址空间扩展到（　　　）位二进制数来表示。

    A. 32   B. 64   C. 128   D. 256

二、简答题

1. 计算机网络的主要功能有哪些？

2. 按网络拓扑结构分类，计算机网络可以分为哪几类？

3. 说明 IPv4 的地址如何分类。

4. 说明域名系统的主要作用。

5. 说明网络防火墙的主要功能。

项目三
操作系统

在操作系统诞生之前，计算机是一种仅供专业人员使用的高科技工具，因为在当时使用计算机需要具备很多的专业知识和操作技能。操作系统的诞生使计算机操作大大简化，也使计算机走进千家万户成为可能。可以说，操作系统架起了一座人与计算机便捷对话的"桥梁"。

长期以来，我国广泛应用的操作系统都是从国外引进直接使用的产品。从国外引进的操作系统，其源代码不公开，无法对其进行分析，不能排除其中存在着人为"陷阱"的风险，这对我国的经济、政治、国防等造成极大威胁。为了确保国家信息安全，我国一定要发展自己的操作系统。

任务 3.1 操作系统简介

操作系统（Operating System，OS）是直接运行在"裸机"上的最基本的系统软件，是一组用于管理和控制计算机硬件和软件资源、为用户使用计算机提供便利的程序集合，是用户和计算机之间的接口，也是计算机硬件与其他软件之间的纽带和桥梁。用户要想方便、有效地使用计算机，都要通过操作系统。操作系统是计算机最基础也是最核心的系统软件，是每台计算机不可缺少的部分。

3.1.1 操作系统的作用

操作系统的作用是调度、分配和管理计算机所有的硬件和软件资源，使其协调地运行，以满足用户实际操作的需求。操作系统为使用计算机的用户合理组织工作流程，并向其提供功能强大、使用便利的工作环境。其作用主要体现在以下两个方面。

1. 有效管理计算机资源

操作系统能够合理地组织计算机的工作流程，使软件和硬件之间、用户和计算机之间、系统软件和应用软件之间的信息传输和处理流程准确畅通；操作系统能够有效地管理和分配计算机系统的硬件和软件资源，使得有限的系统资源发挥更大的作用。

2. 提供友好的用户界面

操作系统通过内部极其复杂的综合处理，为用户提供友好、便捷的操作界面，用户无须了解计算机硬件或软件的有关细节就能方便地使用计算机，使用户有一个好的工作环境，提高用户的工作效率。

3.1.2　微型机常用的操作系统

以前，国外操作系统（如 Windows、UNIX、Linux、macOS，以及 Android、iOS 等）占据统治地位。近些年来，我国涌现出一批优秀的国产操作系统软件，如红旗 Linux 操作系统、统信 UOS、华为 Harmony OS 等。

1. Windows 操作系统

Windows 操作系统是微软公司研发和制作的一套桌面操作系统。Windows 操作系统开启了"图形化操作时代"，加快了计算机普及的步伐，极大地促进了现代 IT 产业的发展，是目前用户数量最多的计算机操作系统。

目前常用的版本有 Windows 10、Windows 11 等，另外还有 Windows Server 等网络版操作系统。从发展历史来看，Windows 操作系统一直是朝着增加或提高多媒体性、方便性、网络性、安全性和稳定性的方向发展的。

2. UNIX 操作系统

UNIX 操作系统在计算机操作系统的发展史上占有重要的地位。UNIX 操作系统是一种性能先进、功能强大、使用广泛的多用户、多任务的操作系统。该系统于 1970 年诞生于贝尔实验室，是典型的交互式分时操作系统。它具有强大的网络与通信功能，可以安装、运行在微型机、工作站以及大型机上，因稳定、可靠的特点而广泛应用于金融、保险等行业。

UNIX 操作系统在结构上分为核心程序和外围程序两部分，而且两者有机结合成一个整体。核心部分承担系统内部各个模块的功能，即处理机和进程管理、存储管理、设备管理和文件系统，简洁精干，只占用很小的存储空间而常驻内存，以保证系统的高效运行。外围部分包括系统的用户界面、系统实用程序以及应用程序，用户通过外围程序使用计算机。

3. Linux 操作系统

Linux 是一款免费、源代码开放、类似于 UNIX 的操作系统，是一个基于 UNIX 的多用户、多任务、支持多线程和多 CPU 的操作系统，提供了类似 Windows 风格的图形界面，目前主要用作各种服务器操作系统。

尽管 Linux 的设计思想受 UNIX 的影响很大，但这种影响不是技术上的，更多的是理念上的。Linux 不是 UNIX 的衍生版，它是一个全新的操作系统。Linux 和 UNIX 在授权方式上最大的区别在于前者是源代码完全开放的操作系统。

4. macOS

macOS 是苹果公司为 Mac 系列计算机开发的专属操作系统。Mac 系列计算机多用于图形处理领域，往往代表了潮流和时尚，代表了高端、精美的工业设计。它是最早的基于图形用户界面研制成功的操作系统，具有很强的图形处理能力，因为与 Windows 缺乏较好的兼容性而影响了普及。

macOS 是基于 UNIX 操作系统的、全世界第一个采用"面向对象操作系统"的、全面的操作系统。macOS 的架构和设计理念使其具有更高的安全性和稳定性，所以它很少受到计算机病毒的袭击。

5. 统信 UOS

统信 UOS 是统信软件发行的美观易用、安全稳定的国产操作系统，该系统同时支持 4 种 CPU 架构（AMD64、ARM64、MIPS64、SW64）和六大国产 CPU（鲲鹏、龙芯、申威、海光、兆芯、飞腾）及 Intel/AMD CPU 平台，提供高效简洁的人机交互、美观易用的桌面应用、安全稳定的系统服务，能够满足不同用户的办公、生活、娱乐需求，自动适应不同分辨率的高分屏，内置并优化了触屏操作，同时支持 PC 和平板。

微课 11　统信 UOS

统信 UOS 分为桌面版和服务器版。统信服务器操作系统是面向服务器端运行环境的，是一款用于构建信息化基础设施环境的平台级软件，着重解决客户在信息化基础建设过程中，服务器端基础设施的安装部署、运行维护、应用支撑等需求。

统信桌面操作系统分为专业版、家庭版和教育版等多个版本。桌面版更加重视用户的使用体验。统信教育版是帮助基础教育、职业教育、高等教育的学校管理者、教师和学生解决教育、教学、教务需求的操作系统。

统信 UOS 已广泛应用于党政系统、金融、电信等机关单位。以 UOS 生态为主线，过渡性兼容 Windows 生态和 Android 生态，为用户提供了重要 Windows 平台应用迁移功能。

统信桌面操作系统教育版（即统信 UOS V20 E）是统信软件基于 Linux 4.19 内核打造、国内首款国产化教育教学操作系统。统信桌面操作系统教育版提供了丰富的应用生态，用户可以通过应用商店下载数百款应用软件，覆盖日常办公、通信交流、影音娱乐、设计开发等各种场景需求。特有的时尚模式和高效模式两种任务栏风格，适应不同用户使用习惯，为用户带来舒适、流畅、愉悦的使用体验。

建议初学者在虚拟机中安装 UOS。图 3-1 所示为统信桌面操作系统教育版的工作界面。其操作方法与 Windows 相近，可以实现无缝衔接，更符合国人的操作习惯。

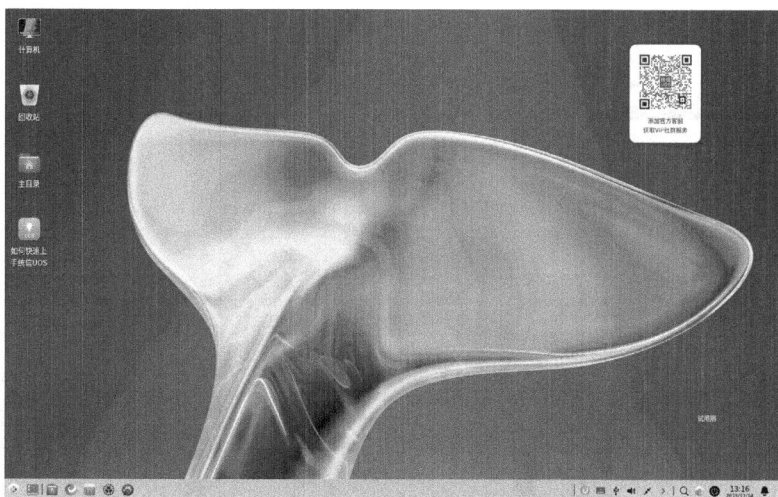

图 3-1　统信桌面操作系统教育版的工作界面

统信 UOS 支持双系统，不影响原有系统使用，切换系统不用担心计算机资料丢失，可以拥有两个系统还保留数据，双系统自由切换，数据备份无缝切换。图 3-2 所示为 Windows 10 下安装统信 UOS 的双系统工作界面。

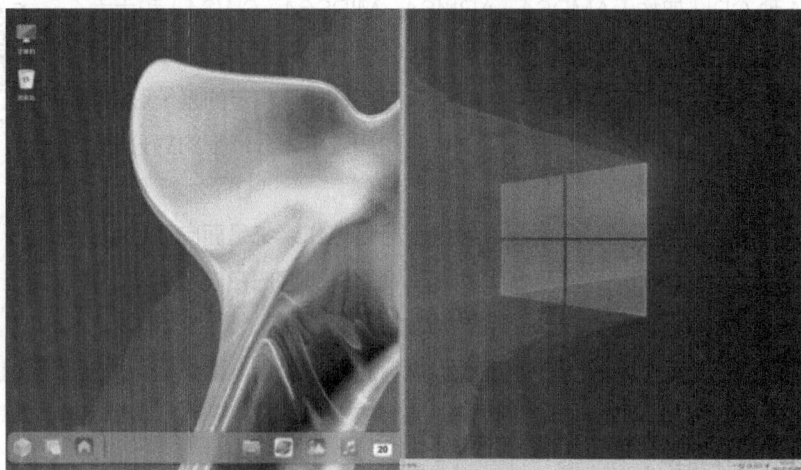

图 3-2　Windows 10 下安装统信 UOS 的双系统工作界面

统信 UOS 具有上网保护功能，全自动屏蔽网页广告，拒绝流氓软件，消除虚假链接，让用户安心工作、学习而不被打扰，也能给孩子带来绿色、安心的上网环境。

生态融合多模多态，一站式融合多平台应用。以统信 UOS 生态为主线，过渡性兼容 Windows 生态和 Android 生态。计算机大屏运行 Android 软件，刷视频、看新闻更轻松，手机用什么，计算机接着用。

只需多台计算机登录同一个 UOS 账号，即可实现远程无线传送；通过 UOS 助手，还可实现手机和计算机的文件远程互传，也可以在计算机中编辑手机中的文件，并实时同步保存，实现跨屏协同。图 3-3 所示为手机与计算机文件互传。

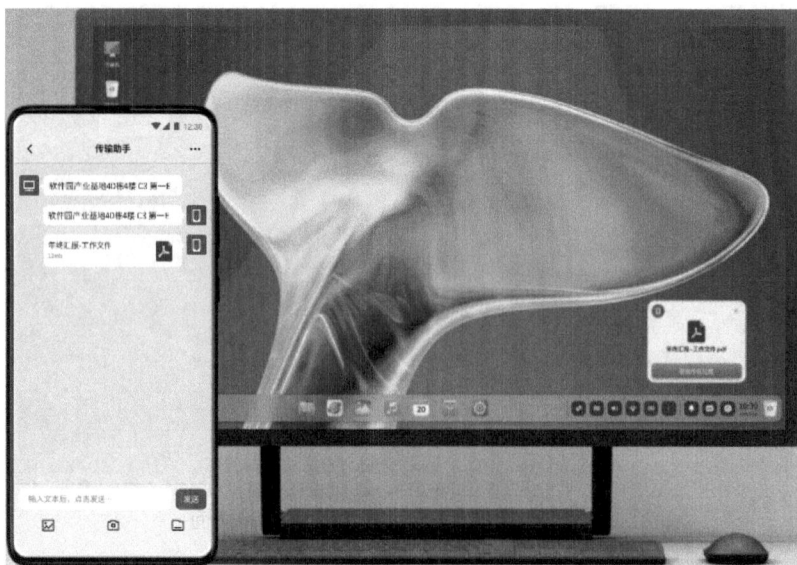

图 3-3　手机与计算机文件互传

统信服务器操作系统（原企业版）基于 Linux 4.19 内核研发，集成了高可用、云平台、虚拟化、大数据、安全审计和 DDE 等标准组件，以及常见开发组件、数据库、中间件、Web 服务、办公服务等工具组件。

操作系统的推广最重要的就是生态，没有生态，再好的系统最终也只能被用户所抛弃。统信软件生态适配数量已突破 50 万。统信 UOS 和一些常用的软件都已完成适配；部分软件无法适配，也有替代方案；还有大量软件正在推动适配。

6．Harmony OS

Harmony OS 是华为公司开发的一款基于微内核、面向 5G 物联网、面向全场景的分布式操作系统。鸿蒙操作系统的英文名称是 Harmony OS，意为和谐。这个全新的操作系统是面向下一代技术而设计的，已经实现了真正意义上的万物互联，并且由于 Harmony OS 微内核的代码量只有 Linux 宏内核的千分之一，其受攻击的概率也大幅降低。

Harmony OS 是一款全新的面向全场景的分布式操作系统，创造一个超级虚拟终端互联的世界，将人、设备、场景有机地联系在一起，将消费者在全场景生活中接触的多种智能终端，实现极速发现、极速连接、硬件互助、资源共享，用合适的设备提供场景体验。

在传统的单设备系统能力基础上，Harmony OS 提出了基于同一套系统能力、适配多种终端形态的分布式理念，能够支持手机、平板电脑、智慧屏、智能穿戴、车机等多种终端设备，提供全场景（移动办公、社交通信、运动健康、媒体娱乐等）业务能力。对消费者而言，Harmony OS 能够将生活场景中的各类终端进行能力整合，实现不同终端设备之间的快速连接、能力互助、资源共享，匹配合适的设备、提供流畅的全场景体验。

图 3-4 所示为"1+8+N"全场景战略。其中，"1"是指智能手机，"8"是指 PC、平板电脑、手表、TV、音响、耳机、眼镜、车机。围绕着关键的"八大行星"，周边还有合作伙伴开发的"N 个卫星"，包括智慧办公、智能家居、运动健康、影音娱乐及智慧出行各大板块的延伸业务。未来，Harmony OS 会持续围绕着端、管、云、芯构筑全场景智慧生态。

分布式架构首次用于终端 OS，实现跨终端无缝协同体验；确定时延引擎和高性能 IPC 技术实现系统天生流畅；基于微内核架构重塑终端设备可信安全。对于消费者，Harmony OS 通过分布式技术，让"8+N"设备具备智慧交互能力；对于智能硬件开发

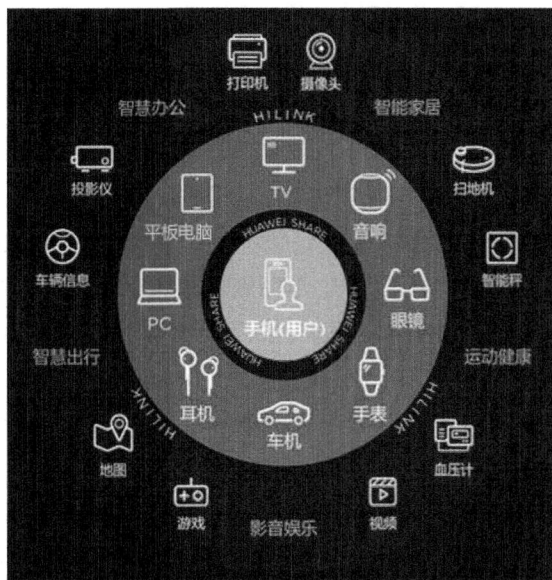

图 3-4　"1+8+N"全场景战略

者，Harmony OS 可以实现硬件创新，并融入华为全场景的大生态；对于应用开发者，Harmony OS 让他们不用面对硬件复杂性，通过使用封装好的分布式技术，以较小投入专注开发出各种场

景的新服务。

【知识拓展1】坚定不移地发展国产操作系统

随着信息技术的飞速发展，操作系统作为计算机系统的核心软件，对于国家的信息安全、技术创新和经济发展具有不可替代的重要性。在全球化日益加深的今天，我们必须坚定不移地发展国产操作系统，以确保国家的信息安全和技术的自主性。

1. 国产操作系统的重要性

（1）信息安全保障。国产操作系统在设计和开发过程中，能够充分考虑国家的信息安全需求，采用自主可控的技术路线，有效防止外部势力的信息窃取和攻击。

（2）技术创新推动。发展国产操作系统，能够推动我国软件产业的发展，提高我国在全球软件产业中的竞争力和话语权。同时，操作系统的创新也能带动相关产业链的技术进步和产业升级。

（3）经济发展支撑。随着信息技术的广泛应用，操作系统已经成为国家经济发展的重要支撑。发展国产操作系统，能够降低对国外操作系统的依赖，减少经济成本，提高经济效益。

2. 发展国产操作系统的挑战与机遇

（1）挑战。国产操作系统在发展过程中面临着技术积累不足、人才短缺、市场接受度不高等问题。同时，国外操作系统厂商也在不断加强技术创新和市场拓展，给国产操作系统的发展带来了巨大压力。

（2）机遇。随着国家对信息安全和自主创新的高度重视，以及国内市场的不断扩大，国产操作系统面临着前所未有的发展机遇。同时，云计算、大数据、人工智能等新技术的发展也为国产操作系统的创新提供了广阔的空间。

3. 坚定不移地发展国产操作系统的措施

（1）加强政策引导。我国政府出台了相关政策，鼓励和支持国产操作系统的发展。包括加大资金投入、提供税收优惠、加强知识产权保护等。

（2）加强技术创新。国产操作系统厂商应加大研发投入，提高自主创新能力。加强与国际先进技术的交流与合作，学习借鉴国际先进经验和技术成果。

（3）加强人才培养。加强操作系统相关人才的培养和引进工作。建立多层次、多渠道的人才培养体系，培养一支高素质、专业化的操作系统人才队伍。

（4）加强市场推广。通过举办技术交流会、产品展示会等活动，提高国产操作系统的知名度和美誉度。同时，加强与政府、企业的合作与沟通，推动国产操作系统在各行各业的应用。

总之，坚定不移地发展国产操作系统是保障国家信息安全、推动技术创新和经济发展的重要举措。我们必须充分认识国产操作系统的重要性，积极应对挑战和机遇，采取有效措施推动国产操作系统的发展壮大。

任务 3.2　文件管理

文件管理即对文件和文件夹进行打开、复制、移动、删除、重命名或属性修改等操作。Windows 10 提供的"文件资源管理器"可以完成以上全部功能，它是管理文件和文件夹的重要工具，能清晰地显示出整个计算机的文件夹结构及内容。

Windows 10 将用户的数据以文件的形式存储在外存储器中进行管理，同时给用户提供"按名存取"的访问方法。因此，用户只需掌握文件的概念、命名规则、文件夹结构和存取路径等相关内容，就可以进行文件的管理，而不必考虑文件保存在存储器中占用的具体存储空间等因素。

3.2.1　文件资源管理器

文件资源管理器可以以树状的目录结构显示计算机内所有文件的详细列表。使用文件资源管理器可以更方便地实现浏览、复制、移动、搜索文件或文件夹等操作。用户不必打开多个窗口，只在一个窗口中就可以浏览所有的磁盘和文件夹。

双击桌面上的"此电脑"图标或单击任务栏中的"文件资源管理器"按钮 ，即可打开"此电脑"窗口（即文件资源管理器），如图 3-5 所示。

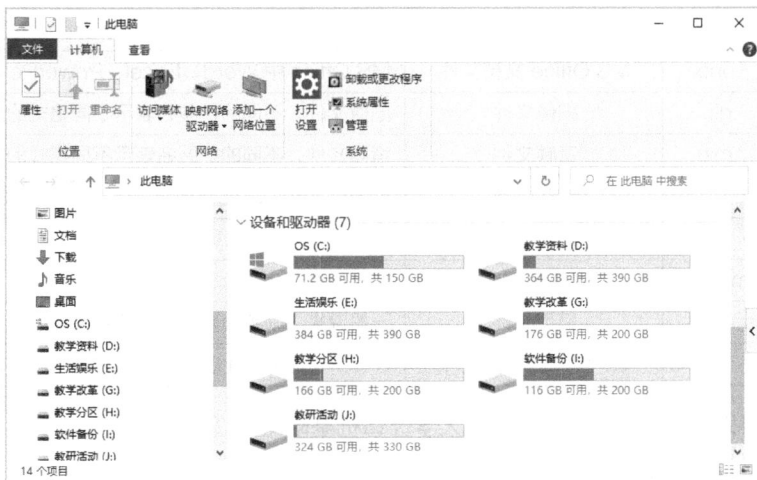

图 3-5　"此电脑"窗口

在该窗口中，左侧的导航窗格显示了所有磁盘盘符和收藏夹，右侧显示了选定的收藏夹或磁盘对应的内容。

3.2.2　文件和文件夹

在计算机系统中，信息是以文件的形式保存的，用户所做的工作都是围绕文件展开的。这些文件包括操作系统文件、应用程序文件、文本文件等，它们分类存储在磁盘的不同文件夹中。在文件夹中可以存放各类文件并可以继续建立下一级文件夹。

1. 文件

一个完整的文件名由主文件名和扩展名两部分构成。主文件名（简称文件名）是用户给文件起的名字，用于识别文件；而扩展名用来定义文件的类型，通常由软件在文件名后自动追加。

（1）文件名

在计算机中，每个文件都有对应的文件名。文件名是存储文件的依据，即按名存取。文件名是用户为文件起的名字，应做到见名识意，以便识别。

Windows 10 中的文件和文件夹命名约定如下。

① 文件名或文件夹名最多可以由 255 个字符组成。这些字符可以是汉字、英文字母（不区分大小写）、数字、空格和一些特殊符号。

② 文件名或文件夹名中不允许使用的符号包括/、|、\、<、>、?、*、:、"、#、%、&等。

（2）扩展名

扩展名用来定义文件的类型。在进行文件保存操作时，软件通常会在文件名后自动追加本软件默认的扩展名。通常说的文件格式指的就是文件的扩展名。表 3-1 列出了部分常用文件的类型和扩展名。

表 3-1 常用文件的类型和扩展名

扩展名	文件类型	含义
.txt	文本文件	记事本软件创建的文档
.wps、.et、.dps	WPS Office 文档文件	WPS Office 中文字、表格、演示创建的文档
.docx、.xlsx、.pptx	MS Office 文档文件	MS Office 中 Word、Excel、PowerPoint 创建的文档
.bmp、.jpg、.gif	图像文件	图像文件，不同的扩展名表示不同格式的图像文件
.mp3、.wav、.mid	音频文件	音频文件，不同的扩展名表示不同格式的音频文件
.wmv、.rm	流媒体文件	能通过 Internet 播放的流媒体文件，可边下载边播放
.rar、.zip	压缩文件	压缩文件
.exe、.com	可执行程序	可执行程序文件
.html、.asp	网页文件	一般说来，前者是静态的，后者是动态的
.c、.cpp	C、C++源程序文件	C、C++程序设计语言的源程序文件

文件名中可以使用多个分隔符，如"大学计算机基础.项目 3.操作系统.wps"，但只有最后一个分隔符后的字符串用于指定文件的类型。

2. 文件夹

一个磁盘中的文件成千上万，如果把所有的文件都存放在根文件夹下，对文件进行管理时会很不方便。用户可以在根文件夹下建立文件夹，在文件夹下建立子文件夹，子文件夹下还可以建立更低一级的子文件夹，然后将文件分类存放到不同的文件夹中。这种结构像一棵倒置的树，树根为根文件夹，树中的每一个分支为子文件夹，树叶为文件。同名文件可以存放在不同的文件夹中，但不能存放在同一文件夹中。

当一个磁盘的文件夹结构建立起来后，磁盘上的所有文件应该分门别类地存放在所属的文件夹中。若要访问某个文件夹下的文件，可通过文件夹路径来访问。

路径是指文件在磁盘上的存放位置，用反斜杠"\"隔开的一系列文件夹名来表示，如 C:\windows\ debug\passwd.log。

3.2.3 文件和文件夹管理

文件资源管理器是 Windows 系统中用于管理文件和文件夹的功能强大的应用程序，它可以快速地对硬盘、U 盘上的文件和文件夹进行查看、查找、复制、移动、删除和重命名等操作，也可以运行应用程序。

1. 选择文件或文件夹

对文件或文件夹进行操作，首先必须选择要操作的对象，即要操作的文件或文件夹。选择对象的方法有多种，可根据需要灵活使用。

选择一个文件或文件夹：单击该文件或文件夹即可。

选择相邻的多个文件或文件夹：先选择要选择的第 1 个文件或文件夹，按住"Shift"键后选择要选择的最后一个文件或文件夹。

选择不相邻的多个文件或文件夹：先选择第 1 个要选择的文件或文件夹，按住"Ctrl"键后依次选择其他文件或文件夹。

若要选择所有文件或文件夹，单击"主页"选项卡下的"全部选择"按钮，或按"Ctrl+A"组合键。

在大批文件或文件夹中，若要选择的文件或文件夹较多，而不需要选择的文件或文件夹较少，可先选择不需要选择的文件或文件夹，然后单击"主页"选项卡下的"反向选择"按钮。

2. 创建新文件夹

用户可以创建新的文件夹来存放具有相同类型或相近形式的文件，创建新文件夹的步骤如下。

（1）单击任务栏上的"文件资源管理器"按钮，打开文件资源管理器。

（2）在左侧窗格中单击要新建文件夹的磁盘，在右侧选择要新建文件夹的位置。

（3）单击鼠标右键，在弹出的快捷菜单中选择"新建"→"文件夹"命令。

（4）在新建的文件夹名称文本框中输入文件夹的名称，按"Enter"键确认。

3. 复制文件或文件夹

当需要对文件或文件夹进行备份时，可以复制文件或文件夹，操作步骤如下。

（1）选择要复制的文件或文件夹。

（2）右击，在弹出的快捷菜单中选择"复制"命令，或按"Ctrl+C"组合键。

（3）选择目标位置。

（4）右击，在弹出的快捷菜单中选择"粘贴"命令，或按"Ctrl+V"组合键。

4. 移动文件或文件夹

当需要移动文件或文件夹时，可以按下列操作步骤进行。

（1）选择要移动的文件或文件夹。

（2）右击，在弹出的快捷菜单中选择"剪切"命令，或按"Ctrl+X"组合键。

（3）选择目标位置。

（4）右击，在弹出的快捷菜单中选择"粘贴"命令，或按"Ctrl+V"组合键。

5. 重命名文件或文件夹

重命名文件或文件夹就是给文件或文件夹重新命名，其操作步骤如下。

（1）选择要重命名的文件或文件夹。

（2）右击，在弹出的快捷菜单中选择"重命名"命令。

（3）这时文件或文件夹的名称将处于编辑状态，用户可直接输入新的名称。

重命名文件时，只能改变文件的主文件名，不能改变文件的扩展名，否则重命名后文件将无法打开。

6. 删除文件或文件夹

当原有的文件或文件夹不再需要时，可将其删除，删除文件或文件夹的操作步骤如下。

（1）选择一个或多个需要删除的文件或文件夹。

（2）按"Delete"键将其删除。

删除后的文件或文件夹将临时放入"回收站"中，用户可以打开回收站选择将其彻底删除或还原到原来的位置。从网络位置、可移动媒体（如U盘、移动硬盘）删除的项目以及超过"回收站"存储容量的项目将不被放到回收站中，而是被直接删除且不能还原。

若想直接删除文件或文件夹而不将其放入回收站中，可选中该文件或文件夹，按"Shift+Delete"组合键。

7. 更改文件或文件夹属性

文件或文件夹包含3种常规属性：只读、隐藏和存档。若将文件或文件夹设置为"只读"属性，则该文件或文件夹内容将不允许被更改；若将文件或文件夹设置为"隐藏"属性，则该文件或文件夹在常规显示中将不被看到；若将文件或文件夹设置为"存档"属性，则表示该文件或文件夹已存档，有些程序用此属性来确定哪些文件需要进行备份。任何一个新建或修改的文件都有"存档"属性。

更改文件或文件夹属性的操作步骤如下。

（1）选中要更改属性的文件或文件夹。

（2）右击，在弹出的快捷菜单中选择"属性"命令，打开"属性"对话框。

（3）在"常规"选项卡的"属性"选项组中直接勾选或取消勾选需要的"只读"或"隐藏"复选框，如图3-6所示。

（4）单击"属性"对话框中的"高级"按钮，弹出"高级属性"对话框，在其中可以设置文件的文档属性、压缩及加密属性。

（5）单击"确定"按钮，文件属性更改完成。

文件或文件夹被隐藏后，若要取消隐藏，可在"查看"选项卡中勾选"隐藏的项目"复选框，选择被隐藏的文件，取消选中"隐藏所选项目"。

图3-6 "属性"对话框

8. 搜索文件或文件夹

有时需要查看某个文件或文件夹的内容，却忘记了该文件或文件夹具体的存放位置或名称，Windows 10 提供的搜索功能可以帮用户快速查找该文件或文件夹。

搜索文件或文件夹的具体操作如下。

（1）打开文件资源管理器。

（2）选择搜索文件的驱动器。

（3）在窗口右上角的搜索栏中输入需要查找的文件或文件夹名。

搜索栏也可以用于搜索某一类型的文件或文件夹，这时需要用到文件系统中的通配符。通配符有两个——"？"和"*"，用来模糊搜索文件，其中"？"代表一个字符，"*"代表若干个字符。

例如要找出 C 盘中的全部 JPG 图片文件，可以在搜索栏中输入"*.jpg"，Windows 10 会将搜索结果显示在当前窗口中，如图 3-7 所示。

图 3-7　搜索特定类型的文件

双击搜索结果中的文件或文件夹，即可打开该文件或文件夹。

【教学案例】文件和文件夹的操作

文件和文件夹操作是每个计算机操作者都应该熟练掌握的常规操作，是最基本的计算机操作技能。

文件和文件夹操作包括新建文件或文件夹，复制、移动、重命名、删除文件或文件夹，更改文件或文件夹的属性，搜索文件或文件夹。

微课 12　文件和
文件夹的操作

操作要求

（1）在 D 盘中新建以"班级+姓名"为名的文件夹，在该文件夹下创建"文档""备份""下载"3 个子文件夹。

（2）在 C 盘中搜索扩展名为".txt"的文件，任选其中 3 个复制到"文档"文件夹中。

（3）将"文档"文件夹中的 3 个文件分别重命名为"1.txt""2.txt""3.txt"。

（4）将"文档"文件夹中的文件"2.txt"移动到"备份"文件夹中。

（5）将"文档"文件夹中的文件"3.txt"直接删除（不放入回收站）。

（6）在"下载"文件夹中创建两个子文件夹"图片"和"音乐"。

（7）从网上下载3张有关颐和园风景的图片，放入"图片"文件夹中。

（8）从网上下载歌曲《常回家看看》，放入"音乐"文件夹中。

（9）将"音乐"文件夹重命名为"歌曲"。

（10）新建文本文件，输入下列诗词，并将文本文件命名为"太原早秋"，保存到"文档"文件夹中。

太原早秋

岁落众芳歇，时当大火流。

霜威出塞早，云色渡河秋。

梦绕边城月，心飞故国楼。

思归若汾水，无日不悠悠。

（11）将文件"太原早秋"的属性改为"只读"。

任务 3.3　磁盘管理

硬盘是微型机最主要的外存储器。新购买的硬盘需要经过分区和格式化，才能存储数据。分区有利于对硬盘文件进行分类管理，格式化使计算机能够准确、无误地在硬盘上存储、读取数据。

另外，使用"磁盘清理"命令可以帮助用户删除磁盘上不再需要的文件，腾出它们占用的磁盘空间来保存有用的文件；使用"优化驱动器"命令可以提高磁盘的存取速度，还可以延长磁盘的使命寿命。

3.3.1　硬盘分区

一个新购买的硬盘在使用前，通常需要将其分成多个分区，即将一个硬盘驱动器分成几个逻辑上独立的硬盘驱动器。硬盘的分区称为卷，如果不分区，则整个硬盘就是一个卷。根据自己的使用情况，通常将硬盘分成3～5个分区。硬盘的各个分区，可以用盘符和卷标表示其具体的分类和意义。通常 C 盘为系统盘，主要用于安装操作系统，最好不要安装应用程序和存放数据。其余分区（如 D、E、F）等为数据盘，可以用来分类存放用户的各类文件。

对硬盘进行分区的目的有两个。

微课 13　硬盘分区与磁盘格式化

（1）硬盘容量很大，分区后便于对文件分类管理。

（2）硬盘分区后，不同的分区可以安装不同的操作系统，如 Windows、统信 UOS 等。

在 Windows 系统中，一个硬盘可以分为一个主分区和一个扩展分区，扩展分区又可以分为一个或多个逻辑分区。主分区和每一个逻辑分区就是一个逻辑驱动器。

主分区主要用来安装操作系统，使计算机能够正常启动，其他分区用来分类存放用户的各类文件。

可以通过 Windows 系统自带的"磁盘管理"命令，也可以借助一些第三方软件（如 PQMagic、DiskGenius、DM 等）来实现硬盘分区。对还没有安装操作系统的新硬盘来说，也可以在安装操作系统过程中，通过安装程序来分区。

下面简单介绍通过 Windows 系统自带的"磁盘管理"命令进行硬盘分区的方法。

（1）右击桌面上的"此电脑"图标，在弹出的菜单中选择"管理"命令，打开"计算机管理"窗口，如图 3-8 所示。

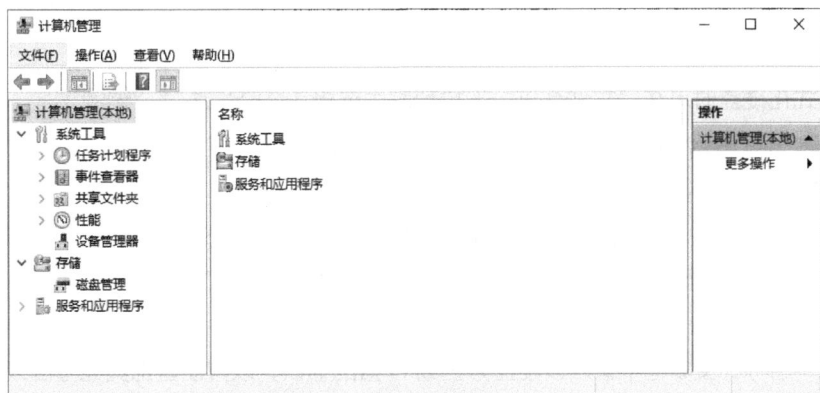

图 3-8　"计算机管理"窗口

（2）在左侧选择"磁盘管理"，在右侧右击想要分区的磁盘，在弹出的菜单中选择"压缩卷"命令。

（3）根据需要设置"输入压缩空间量"。若要分出多个区，"输入压缩空间量"的数值要比"可用压缩空间大小"的数值小。"输入压缩空间量"的数值应该根据分区的多少和每个分区的大小来确定。输入完成后单击"压缩"按钮。

（4）压缩完成后显示一个无盘符（即未分配）的空间，右击该空间，选择"新建简单卷"命令，这时会弹出新建简单卷的向导，按提示输入简单卷的大小、分配驱动器号，最后选择是否格式化分区。要在这个分区上存储数据，就必须格式化此分区。建立完成后，会出现一个新的分区。

（5）若需要划分多个分区，重复上面的步骤即可。

（6）全部设置好之后，单击"完成"按钮就可以了。

要注意的是，分区命令对硬盘的损伤比较大，切勿多次进行。所以在进行分区之前，应该规划好该硬盘需要分几个区以及每个区的容量是多大，一次完成分区。

3.3.2　磁盘格式化

硬盘分区后还不能直接使用，必须对每个分区格式化之后才能使用。

格式化磁盘就是对磁盘（包括硬盘分区和 U 盘）划分出引导扇区、文件分配表、目录分配表、数据区，使计算机能够准确、无误地在磁盘上存储或读取数据，还可以发现并标识出磁盘上被损坏的扇区，避免在坏扇区上记录数据。而对使用过的磁盘进行格式化将删除磁盘上原有的全部数据，故在格式化磁盘之前应确认磁盘上的现有数据是否有用或已备份，以免造成误删除。

格式化磁盘的操作步骤如下。

（1）双击桌面上的"此电脑"图标，或单击任务栏上的"文件资源管理器"按钮，打开文件资源管理器。

（2）选择要进行格式化操作的磁盘，单击"管理"选项卡中的"格式化"命令，或在要进行格式化操作的磁盘上单击鼠标右键，在弹出的快捷菜单中选择"格式化"命令。打开"格式化"对话框，如图 3-9 所示。

（3）格式化硬盘时可在"文件系统"下拉列表中选择 NTFS 或 FAT32，在"分配单元大小"下拉列表中可选择要分配的单元大小。若需要快速格式化，可勾选"快速格式化"复选框。

进行快速格式化时，不扫描磁盘的坏扇区而只从磁盘上删除文件。只有在磁盘已经进行过格式化而且确认该磁盘没有损坏的情况下才使用该功能。

图 3-9　"格式化"对话框

（4）在"卷标"文本框中输入该硬盘分区或 U 盘的标识，以方便区别其他分区或 U 盘。

（5）单击"开始"按钮，将弹出"格式化警告"对话框，若确认要进行格式化，单击"确定"按钮即可开始进行格式化操作。这时在"格式化"对话框中可看到格式化的进程。

（6）格式化完毕后，将出现"格式化完毕"对话框，单击"确定"按钮即可。

3.3.3　磁盘清理

使用"磁盘清理"命令可以释放磁盘空间，删除临时文件、Internet 缓存文件及一些不再需要的文件，腾出它们占用的磁盘空间，以保存有用的文件。

磁盘清理的操作步骤如下。

（1）打开文件资源管理器。

（2）选择要进行磁盘清理操作的磁盘，单击"管理"选项卡中的"清理"命令，打开"磁盘清理"对话框。

微课 14　磁盘清理
与优化驱动器

（3）在对话框的"要删除的文件"列表框中列出了可删除的文件类型及其所占用的磁盘空间的大小，勾选某文件类型前的复选框，在进行清理时即可将相应的文件删除。

（4）单击"确定"按钮，弹出"磁盘清理"对话框，单击"删除文件"按钮，弹出显示清理进度的"磁盘清理"对话框。

（5）清理完毕后，"磁盘清理"对话框自动关闭。

3.3.4　优化驱动器

多次对文件或文件夹进行建立、删除、移动等操作可能会使一个文件的存储空间变得不连续，从而形成文件碎片，这样就会使访问文件的速度大大降低。使用"优化驱动器"命令将一个文件的大量碎片整理到一个连续的空间，可以提高磁盘的存取速度。同时由于将碎片文件整理成连续文件，减少了磁头的读盘次数，因此可以延长磁盘的使命寿命。

优化驱动器的操作步骤如下。

（1）打开文件资源管理器。

（2）选择要进行优化驱动器操作的磁盘，单击"管理"选项卡中的"优化"命令，打开"优化驱动器"对话框。

（3）单击"分析"按钮分析该磁盘碎片情况。如果碎片率高于 10%，则应该对该磁盘进行优化驱动器操作。

（4）单击"优化"按钮，开始优化驱动器操作。

【知识拓展 2】为何计算机运行速度越来越慢？

近来，小王发现自己的计算机运行速度越来越慢，偶尔还会出现"死机"的情况，请你帮他分析原因并找出解决方案。

1. 计算机运行速度越来越慢的原因

计算机运行变慢的原因有很多，有软件方面的，也有硬件方面的，还有可能是病毒引起的。

软件方面：计算机中的垃圾文件过多，开机时加载程序太多，计算机中存在大量无用或不常用的程序、无效的注册表、无用的插件，计算机设置不当以及软、硬件不兼容等，都会引起计算机的运行速度越来越慢。

硬件方面：硬盘剩余空间太少或硬盘出现坏道、内存太小、CPU 档次太低、散热不好等也会引起计算机的运行速度越来越慢。

另外，软件漏洞、木马病毒等也会极大影响计算机的运行速度。

2. 提高计算机运行速度的办法

一般来说，遇到计算机运行速度越来越慢甚至"死机"的情况时，可以先从软件方面找原因，如先关闭暂时不用的程序，查杀病毒，使用"磁盘清理"和"碎片整理和优化驱动器"命令，然后再找硬件方面的原因。

当然也可以使用 360 安全卫士对计算机进行全面体检。使用 360 安全卫士优化计算机，是较方便、较可靠的方法，尤其适合对计算机不太熟悉的用户。这种方法能及时发现计算机中存在的问题，一键修复，提高计算机的安全性和性能。

进入"360 安全卫士"界面，如图 3-10 所示。"我的电脑"可以对计算机进行全面、详细地检查，"木马查杀"可以全面、智能地拦截各类病毒木马，扫描并修复计算机中存在的高危漏洞；"电脑清理"功能可清理磁盘中的垃圾文件、使用痕迹、软件插件、无用的注册表等，节省磁盘空间；"系统修复"可智能修补计算机漏洞，修复系统故障；"优化加速"功能可提升计算机开机速度、运行速度、上网速度及系统速度；通过"软件管家"可以强力卸载计算机中的无用程序、清除软件残留的垃圾。

图 3-10　"360 安全卫士"界面

硬件方面应注意以下几点。

（1）正确关机。平时要养成良好的习惯，不要"非法关机"，关机之后需要开机时，至少间隔 1 分钟，尽量减少对硬盘的损伤。

（2）注意散热。避免在高温环境中使用计算机。台式机应该定期清理机箱内的灰尘，笔记本电脑可以加装散热底座。当然，天气过热时，最好在空调房运行计算机。

（3）升级 CPU、内存、硬盘、显卡等硬件。随着软件的不断升级，原有计算机硬件对运行这些软件可能会有些力不从心，可以根据需要升级 CPU、硬盘、内存或显卡等硬件。

另外，操作时还要注意以下几点。

（1）计算机桌面上的快捷方式越少越好。虽然在桌面上设置快捷方式可以很方便地打开程序或文件，但是要付出占用系统资源和牺牲速度的代价。

（2）C 盘只存放 Windows 安装文件和一些必须安装在 C 盘的程序，其他应用软件不要安装在 C 盘，可以安装在 D 盘或 E 盘等数据盘。

（3）只打开需要使用的应用程序，暂时不使用的应用程序全部关闭，因为每打开一个软件就要占用一定的系统资源，拖慢计算机运行速度。

另外，遇到死机现象时，我们通常会重新启动计算机，但是有时计算机并未真正死机，而是处于一种"假死"的状态。按数字键区的"Num Lock"键，如果指示灯有反应，则说明是假死机。

遇到"假死"现象，可以按"Ctrl+Alt+Del"组合键，选择"注销"命令，然后重新登录。

任务 3.4　系统设置

Windows 系统的默认设置不一定适合每位用户的需求，在使用过程中，用户可能需要对其硬件或软件进行重新配置，以满足自己的使用习惯或操作要求。Windows 系统允许用户修改与计算机有关的各种系统设置，如个性化设置、网络设置、账户设置、设备设置、隐私设置、时间和语言设置等。

3.4.1 系统设置的场所

Windows 10 提供了两个系统设置的场所：一个是传统的设置场所（即"控制面板"窗口），另一个是新增加的"Windows 设置"窗口。微软公司曾准备放弃经典的"控制面板"窗口，将所有选项都迁移到"Windows 设置"窗口中，但因用户使用习惯等问题，"控制面板"窗口最终还是保留了下来，许多功能在这两个场所都能找到。不过，"控制面板"窗口只是过渡，微软公司最终会将全部功能转移到"Windows 设置"窗口。

1."控制面板"窗口

在"开始"菜单中依次单击"Windows 系统"→"控制面板"，打开"控制面板"窗口，如图 3-11 所示。"控制面板"窗口主要包含系统和安全、用户账户、网络和 Internet、外观和个性化等设置，这些功能基本都能在"Windows 设置"窗口中找到。

图 3-11　"控制面板"窗口

2."Windows 设置"窗口

在"开始"菜单中单击"设置"按钮⚙️，即可打开"Windows 设置"窗口，如图 3-12 所示。"Windows 设置"窗口常用功能有以下几项。

（1）系统：更改显示、通知、电源、存储等设置。

（2）设备：添加/删除蓝牙等设备。

（3）手机：可以将手机的短信或微信实时同步到计算机。

（4）网络和 Internet：对计算机的网络属性进行设置。

（5）个性化：改变桌面背景、操作系统风格等设置。

（6）应用：对已安装的程序进行管理。

（7）账户：添加/删除账户，设置账户的权限。

（8）隐私：调整 Windows 10 隐私设置，关闭不需要的追踪服务。

（9）时间和语言：更改时区或按时区改变时间，选择所在地区和使用的语言。

（10）更新和安全：更新 Windows 系统；设置 Windows 备份，用来恢复系统。

图 3-12　"Windows 设置"窗口

3.4.2　几项常用功能介绍

"Windows 设置"窗口的功能十分强大，Windows 系统的设置基本集中于此，下面简单介绍一下其中的系统、个性化、网络和 Internet 等设置。

1."系统"设置

单击"Windows 设置"窗口中的"系统"选项，打开图 3-13 所示的窗口，从左侧可选择要进行设置的项目，包括显示、声音、通知和操作、电源和睡眠、存储、多任务处理、平板电脑、体验共享、投影到此电脑、剪贴板和远程桌面等设置。单击"主页"选项，可返回"Windows 设置"窗口。

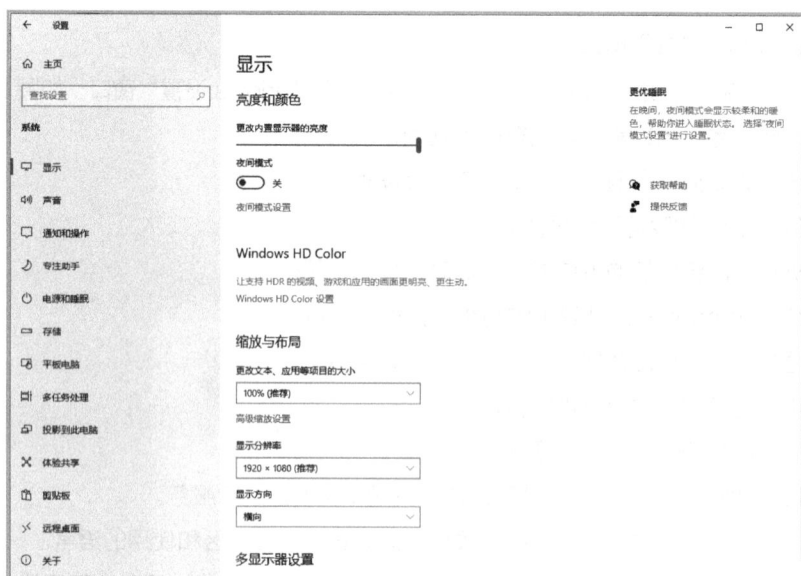

图 3-13　"系统"设置窗口

（1）显示：用于改变显示器亮度和颜色、文本大小、分辨率及显示方向。

（2）声音：用于选择输入输出设备和调节音量大小。

（3）通知和操作：可以在此关闭计算机使用过程中收到的一些应用的推送通知。

（4）电源和睡眠：用于设置无操作时屏幕自动关闭的时间和自动进入睡眠状态的时间。

2.“个性化”设置

单击“Windows 设置”窗口中的“个性化”选项，或右击桌面空白背景处并在弹出的快捷菜单中选择“个性化”命令，打开图 3-14 所示的窗口，可进行背景、颜色、开始、任务栏等设置。

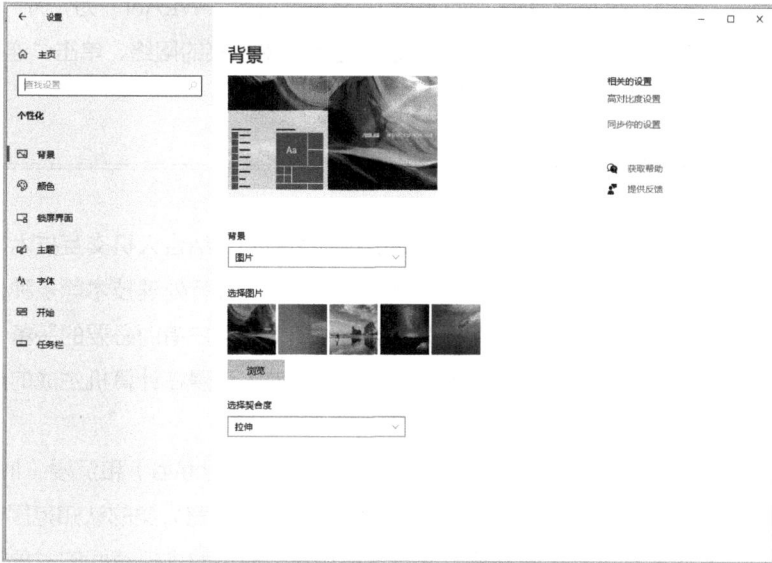

图 3-14　“个性化”设置窗口

3.“网络和 Internet”设置

计算机网络连接可分为无线连接和有线连接两种方式，如图 3-15 所示。

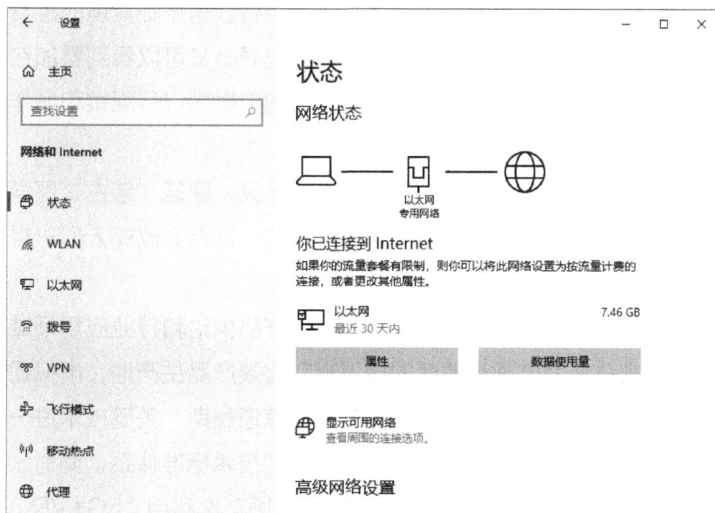

图 3-15　“网络和 Internet”设置窗口

（1）有线连接

有线连接即网络的本地连接，即以太网。当把网络连接到计算机网卡之后，就可以在"Windows 设置"窗口中单击"网络和 Internet"选项，然后在左侧单击"以太网"，在右侧单击"更改适配器选项"，在新打开的窗口中右击"以太网"图标，单击"启用"完成有线网络连接。

微课 15　计算机
网络设置

（2）无线连接

无线连接就是计算机的 WLAN 功能。在"Windows 设置"窗口中单击"网络和 Internet"选项，在左侧单击"WLAN"，在右侧设置"WLAN"为"开"，再单击"显示可用网络"，窗口右下角显示可用无线网络列表，选择希望连接的网络，单击"连接"按钮，输入网络密码，单击"下一步"按钮，完成无线网络连接。

【知识拓展 3】虚拟现实

虚拟现实（Virtual Reality，VR）是以计算机技术为核心，结合人机交互技术、人工智能技术、传感器技术、多媒体技术、仿真技术、计算机网络技术、并行处理技术等多种技术，生成与真实环境在视觉、听觉、触觉等方面高度相似的数字化环境，用户借助必要的装备，通过语言、手势等方式与数字化环境中的对象交互作用、相互影响，使人沉浸在计算机生成的虚拟境界中，从而产生身临其境的感受和体验。

虚拟现实有 3 个特征：想象（Imagination）、交互（Interactive）和沉浸（Immersion），简称"3I"。想象是指虚拟现实技术具有广阔的可想象空间，可拓宽人类的认知范围，可再现真实环境，也可以随意构想客观不存在的环境；交互是指用户实时地对虚拟空间的对象进行操作和反馈；沉浸即临场感，指用户感到自己作为主角存在于模拟环境中的真实程度。

虚拟现实系统根据用户参与形式的不同一般分为 4 种模式：桌面式、沉浸式、增强式和分布式。桌面式使用普通显示器或立体显示器作为用户观察虚拟世界的一个窗口；沉浸式可以利用头盔式显示器、位置跟踪器、数据手套和其他设备，使参与者获得身临其境的感觉；增强式是把真实环境和虚拟环境组合在一起，使用户既可以看到真实世界，又可以看到叠加在真实世界之上的虚拟对象；分布式是将异地不同用户联结起来，对同一虚拟世界进行观察和操作，共同体验虚拟经历。

虚拟现实技术已经广泛应用于娱乐、教育、军事、航天、建筑、考古、医学、工业仿真、科技开发等方面，在某种意义上它正改变着人们的思维方式，甚至会改变人们对世界、空间和时间的看法。

我国虚拟现实产业在多项关键技术上取得突破，在产品供给和行业应用领域，虚拟现实产业同样取得有效进展。我国已成为全球最重要的虚拟现实终端产品生产地，虚拟现实消费级市场快速培育。我国虚拟现实产业自 2013 年开始进入专利快速增长期，关键技术进一步成熟，正在建立覆盖硬件、软件内容制作与分发、应用与服务等环节的技术标准体系。同时，5G 商用为虚拟现实技术在更广泛领域的应用开辟了新天地。2019 年我国首次利用"5G+VR"技术对央视春晚进行实时直播;深圳市人民医院借助 5G 网络完成了我国首例 5G+AR/MR 远程肝胆外科手术等。未来在 5G 的协助下,更多需要实时交流、实时交互的行业应用将被实践和推广。

党中央、国务院高度重视虚拟现实产业发展。2022 年,我国发布《虚拟现实与行业应用融合发展行动计划（2022—2026 年）》。其以习近平新时代中国特色社会主义思想为指导,全面贯彻党的二十大精神,顺应新一轮科技产业革命和数字经济发展趋势,提出到 2026 年,三维化、虚实融合沉浸影音关键技术重点突破,新一代适人化虚拟现实终端产品不断丰富,产业生态进一步完善,虚拟现实在经济社会重要行业领域实现规模化应用,形成若干具有较强国际竞争力的骨干企业和产业集群,打造技术、产品、服务和应用共同繁荣的产业发展格局。

【项目自测】

一、选择题

1. Windows 是一种（　　）软件。

    A. 语言处理程序　　　B. 数据库管理系统　　　C. 操作系统　　　　D. 应用

2. 文本文件的扩展名是（　　）。

    A. .wps　　　　　　B. .txt　　　　　　　C. .rtf　　　　　　D. .docx

3. 删除文件或文件夹时,可按住（　　）键和"Delete"键将其直接删除而不放入回收站中。

    A. "Shift"　　　　　B. "Alt"　　　　　　C. "Ctrl"　　　　　D. "Tab"

4. （　　）是源代码开放的操作系统。

    A. Windows　　　　B. UNIX　　　　　　C. Linux　　　　　D. macOS

5. 要查找所有 BMP 图形文件,应在搜索框中输入（　　）。

    A. BMP　　　　　　B. ?.BMP　　　　　　C. BMP.*　　　　　D. *.BMP

6. 进行快速格式化将（　　）磁盘的坏扇区而直接从磁盘上删除文件。

    A. 不扫描　　　　　B. 扫描　　　　　　C. 有时扫描　　　　D. 由用户设定

7. 将活动窗口的内容复制到剪贴板,应该按（　　）。

    A. "Ctrl+C"组合键　　　　　　　　　　B. "Ctrl+V"组合键

    C. "PrtSc"组合键　　　　　　　　　　D. "Alt+PrtSc"组合键

8. 使用（　　）功能可以实现提高磁盘运行速度的目的。

    A. 格式化　　　　　B. 碎片整理　　　　C. 磁盘清理　　　　D. 磁盘查错

9. 下列文件名中,非法的 Windows 文件名是（　　）。

    A. x+y　　　　　　B. x-y　　　　　　C. x*y　　　　　　D. x÷y

10. 在（　　）中删除的文件不会被放入回收站。

    A. 桌面　　　　　　B. 文件资源管理器　C. 硬盘　　　　　　D. U 盘

二、操作题

1. 在 D 盘根目录下创建文件夹,用自己的班级和姓名命名,再在这个文件夹中创建 3 个子文件夹,分别命名为"图片""音乐""文档"。在"文档"文件夹中创建"诗词"和"译文"两个子文件夹。

2. 从网上下载3张有关鹳雀楼的图片和一首有关鹳雀楼的歌曲，分别存放在"图片"和"音乐"文件夹中。

3. 打开"记事本"，依照下列格式输入古诗《登鹳雀楼》，将文档命名为"登鹳雀楼"并保存到"诗词"文件夹中，设置该文件的属性为"只读"。

☆ 登鹳雀楼 ☆

唐·王之涣

白日依山尽，黄河入海流。

欲穷千里目，更上一层楼。

4. 从网上搜索这首古诗的翻译，将译文输入名为"鹳雀楼译文"的文件中，将该文件保存在"译文"文件夹中。

5. 将文档"登鹳雀楼"复制到"译文"文件夹中。

6. 将整个新建的文件夹及其内容压缩，并将压缩文件作为附件发送到任课教师的电子邮箱。

主题：（学生姓名）Windows 作业。

正文：老师，我是××班×××，我的 Windows 作业在附件里，请您批阅。

项目四
WPS文字

WPS Office 是北京金山软件公司自主研发的一款开放、高效的网络协同办公套装软件，主要包含 WPS 文字、WPS 表格和 WPS 演示 3 个模块，分别对应美国微软公司 MS Office 的 Word、Excel 和 PowerPoint 这 3 个模块。WPS Office 具有中文办公特色、功能强大、易于操作、能最大限度地与 MS Office 兼容等优势，已成为我国企事业单位的标准办公平台。

WPS 文字是 WPS Office 办公套装软件的重要组成部分，是集文字编辑、页面排版与打印输出于一体的文字处理软件。它适用于制作各种文档，如图书、报刊、信函、公文、表格等，能轻松排出图文并茂、赏心悦目的版面。

任务 4.1　WPS 文字的基本操作

在使用 WPS 文字进行文档编辑排版前，首先要做的工作是启动该程序，熟悉其工作界面。

4.1.1　WPS 文字的工作界面

安装 WPS Office 软件之后，桌面上会显示 图标。双击该图标，或单击"开始"→"WPS Office"→"WPS Office"，启动 WPS Office 软件。

启动 WPS Office 后，进入 WPS Office 首页。单击上方的"新建"按钮 ，可以在此选择新建 Office 文档、在线智能文档或应用服务。Office 文档又包括文字、演示、表格、PDF 等 4 种类型的文档。单击"文字"按钮，选择新建空白文档或基于模板的文档，即可创建文字文档。WPS 文字的工作界面如图 4-1 所示。

WPS 文字的工作界面包含稻壳模板、文档标签、选项卡、功能区、导航窗格、编辑区、状态栏、视图按钮、缩放滑块等内容。

稻壳模板：WPS Office 的内置模板，用于满足用户的各种工作场景，包括行政、教育、商务、企业等。稻壳模板会不断更新。

文档标签：通过单击文档标签可以在打开的多个文档之间进行切换，单击文档标签右侧的"新建"按钮 ，可以建立新的文档。

"文件"菜单：单击"文件"菜单下拉按钮 ，弹出下拉菜单，其中包含文件、编辑、视图、插入、格式、工具、表格等子菜单，将鼠标指针移动到某个菜单上，会弹出该菜单对应的所有命令。

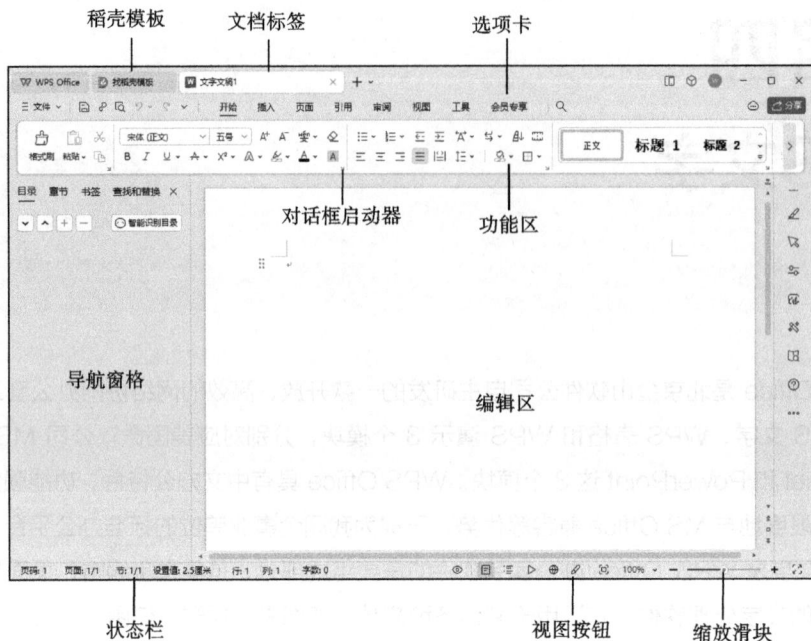

图 4-1 WPS 文字的工作界面

选项卡：WPS 文字将用于文档的各种操作分为开始、插入、页面、引用、审阅、视图、工具、会员专享等 8 个默认的选项卡。另外，还有一些选项卡只有在处理相关任务时才会出现，如图片工具、表格工具等。

功能区：功能区是在选项卡大类下面的功能分组。单击选项卡名称，可以看到该选项卡对应的功能区。每个功能区又包含若干个命令按钮。

对话框启动器：单击对话框启动器 ↘，可打开相应的对话框。有些操作和设置需要通过对话框的方式来实现。将鼠标指针移动到某个对话框启动器时，会显示相应对话框的名字。

导航窗格：导航窗格在编辑使用样式生成的长文档时非常有用。可以使用导航窗格快速定位到文档某个位置，也可以使用导航窗格快速生成文档目录。

编辑区：编辑区位于工作界面中央，显示正在编辑的文档内容。处理文档时，在编辑区会看到一个闪烁的光标，指示文档中当前字符的插入位置。

状态栏：状态栏左侧显示正在被编辑的文档的相关状态信息，例如页码位置、总页数、总字数等，右侧显示视图按钮、缩放滑块及全屏显示按钮等。

视图按钮：用于切换正在被编辑的文档的显示模式。WPS 文字提供了页面视图、大纲视图、阅读版式、Web 版式、写作模式、护眼模式等 6 种视图模式。

缩放滑块：用于调整正在被编辑的文档的显示比例。文档显示比例的范围为 10%～500%，可以拖动滑块改变显示比例，也可以单击滑块两侧的 **—** 和 **+** 按钮改变显示比例。

4.1.2 WPS 文字的文档管理

WPS 文字的文档管理主要包括创建新文档、保存文档、打开文档及关闭文档。

1. 创建新文档

启动 WPS Office 后，进入 WPS Office 主界面，单击"文字"按钮，软件显示 WPS 文字的常用模板列表，用户可以创建空白文档或基于某个模板的新文档。

（1）新建空白文档

若用户不需要借助任何模板，自己从零开始创作，则可单击模板列表中的"新建空白文档"，创建新的空白文档。

（2）新建基于模板的文档

若要创建基于模板的新文档，则可以下载需要的模板。下载完成后，打开模板文件，用户可以直接在模板的基础上进行编辑，从而极大地提高工作效率。

2. 保存文档

WPS 文字可以将正在编辑的文档内容保存到本地磁盘，也可以换名保存，还可以保存为 WPS 云文档。为避免断电、死机等意外情况带来的数据丢失，应该养成编辑文档过程中随时保存文档的习惯。

（1）保存新文档

单击快速访问工具栏中的"保存"按钮 或按"F12"键，弹出"另存为"对话框，默认的文件类型为"*.docx"。

用户可以将文档保存为本地文档。选择要保存的位置，在"文件名"文本框中输入文档的名称，在"保存类型"下拉列表框中选择文件类型，单击"保存"按钮；用户也可以选择将文档保存在"我的云文档"，以便随时随地查看和编辑，而且文档的安全性也有保障。

（2）保存已命名且保存过的文档

对于已经命名且保存过的文档，进行编辑后再次保存，可单击快速访问工具栏中的"保存"按钮或按"Ctrl+S"组合键，修改后的文档内容会覆盖原来的文档内容。

（3）换名保存文档

如果用户需要保存对文档修改之后的结果，同时又希望留下修改之前的原始资料，这时可以将正在编辑的文档换名保存。按"F12"键，在弹出的"另存为"对话框中选择希望保存文件的位置，然后在"文件名"文本框中输入新的文件名，单击"保存"按钮。

3. 打开文档

常用以下两种方法打开文档。

（1）双击文件图标

单击任务栏中的"文件资源管理器"按钮，打开文件资源管理器，沿路径找到需要打开的文件，双击该文件图标。

（2）使用"打开"命令

启动 WPS Office，单击快速访问工具栏中的"打开"按钮 ，弹出"打开"对话框，在该对话框中选择要打开的文档，单击"打开"按钮。

4. 关闭文档

单击要关闭的文档标签右侧的"关闭"按钮 × ，即可直接关闭文档。

如果文档经过修改后还没有保存，那么关闭文档之前系统会询问用户是否保存现有的修改，用户可以根据需要选择保存或不保存。

4.1.3 文档格式化

文档内容输入完成后，需要对文档进行格式设置，包括字符格式、段落格式、项目符号和编号、边框和底纹设置，从而使版面更加美观和便于阅读。WPS 文字提供了"所见即所得"的排版方法。

1. 字符格式设置

字符格式是指字符的外观呈现，包括字体、字号、字形、颜色、间距等属性。在 WPS 文字中，默认情况下，中文是宋体、五号字，英文是 Times New Roman 字体、五号字。用户可以根据需要改变文档内容的字体、字号、字形等设置，以获得更好的格式效果。

下面熟悉一下字体、字号和字形。

所谓"字体"，是指字的形体，基本的汉字字体有宋体、仿宋体、楷体、黑体 4 种，有的字库有一百多种字体。

宋体、仿宋体、楷体、**黑体**

所谓"字号"，是指字的大小，有中文"号"和英文"磅"两种计量单位。对于以"号"为单位的字，字号越大，文字越小；对于以"磅"为单位的字，数值越大，文字越大。

初号 一号 二号 三号 四号 五号 六号

所谓"字形"，是指字的形状，WPS 提供了常规、加粗、倾斜和加粗倾斜 4 种字形。

常规、**加粗**、*倾斜*、***加粗倾斜***

要为某一部分文本设置字符格式，必须先选中这部分文本。可以利用"字体"按钮设置文字的格式，也可以利用"字体"对话框设置文字的格式。

WPS 文字将常用的格式化命令以按钮的形式显示于功能区中，如字体、字号、"加粗" **B**、"倾斜" *I*、"下划线" U 等。要应用这些命令，直接单击对应按钮即可。

对于一些不太常用的字符格式命令，则需要单击"开始"选项卡中的"字体"对话框启动器，在图 4-2 所示的"字体"对话框中进行设置。

"字体"对话框包括"字体"和"字符间距"两个选项卡。在"字体"选项卡中可以进行中文字体、西文字体、字形、字号、字体颜色、下划线及文字

图 4-2 "字体"对话框

效果的设置，在"字符间距"选项卡中可以对文字进行文字宽高比缩放、文字间距及文字在垂直方向的位置等的设置。

2. 段落格式设置

段落格式是指文档段落的外观呈现，包括段落的对齐方式、行间距、首行缩进等设置。段落格式设置可以对整个文档的所有段落进行统一设置，也可以分别设置每个段落的对齐方式、行距和段落间距。对文档进行段落格式设置，可以使整个文档显得更美观大方、更符合规范。

同样，要为某一部分段落设置格式，必须先选中这些段落。

可以利用工具栏中的"段落"按钮设置段落格式，也可以利用"段落"对话框设置段落格式。

WPS 文字将常用的格式化命令以按钮的形式显示于功能区中，如 ≣、≣、≣、≣ 和 ≝ 按钮可以使选定的段落左对齐、居中对齐、右对齐、两端对齐和分散对齐。要应用这些命令，直接单击对应按钮即可。

对于一些不太常用的段落格式命令，同样需要单击"开始"选项卡中的"段落"对话框启动器 ⌐，在图 4-3 所示的"段落"对话框中进行设置。

"段落"对话框包括"缩进和间距"和"换行和分页"两个选项卡。在"缩进和间距"选项卡中可以对段落文本的对齐方式、段落缩进、首行缩进、行间距和段落间距等格式进行设置，在"换行和分页"选项卡中可以对分页、换行及字符间距的一些特殊格式进行设置。

3. 边框和底纹

编辑文档时，为了美化或突出显示文本和关键词，可以为文字或段落添加边框和底纹，还可以为整个页面添加页面边框。

（1）为文档中的段落或文字添加边框

首先选定需要添加边框的段落或文字，单击"页面"选项卡中的"页面边框"按钮 ⌐，弹出"边框和底纹"对话框，默认显示"边框"选项卡，如图 4-4 所示。

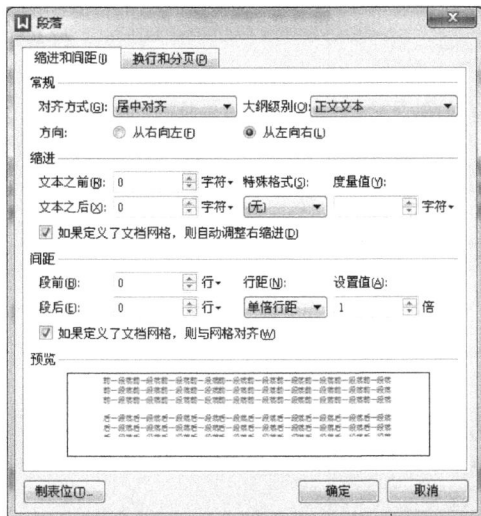

图 4-3　"段落"对话框

图 4-4　"边框和底纹"对话框

单击"设置"区域中的"方框"选项，或在"预览"区域根据需要选择所需边框，在"线型"

区域中选择边框的线形、颜色及宽度，选择"应用于"下拉列表中的选项（"段落"或"文字"）。

（2）为文档中的页面添加边框

打开"边框和底纹"对话框，切换到"页面边框"选项卡。单击"设置"区域中的"方框"选项，或在"预览"区域根据需要选择所需边框。在"线型"区域中选择页面边框的线型、颜色及宽度。"应用于"下拉列表用于指定页面边框的应用范围。

（3）为文档中的段落或文字添加底纹

选定需要添加底纹的段落或文字。打开"边框和底纹"对话框，切换到"底纹"选项卡。选择填充颜色，设置底纹图案和颜色。选择"应用于"下拉列表中的选项（"段落"或"文字"）。

4．格式刷的使用

"格式刷"按钮 🖌 是 WPS 文字中的一个非常有用的工具，其功能是将选定文本的格式（包括字体、字号、字形、颜色等）复制到另一处文本上。格式刷简化了繁杂的排版操作，可以极大地提高排版效率。

选定设置好格式的文本，若要将此文本的格式复制到另一处文本，可单击"格式刷"按钮后用格式刷刷过另一处文本；若要将选定格式复制到多处文本，可双击"格式刷"按钮，然后分别刷过每处文本，完毕后按"Esc"键结束格式刷的使用。

【教学案例1】做一个成功的人

本案例是对一篇单页短文进行基础排版操作步骤的详细介绍，从输入文字开始，到字符格式设置、段落格式设置、项目符号和编号设置，最后进行边框和底纹设置，排出精美的版面，效果如图 4-5 所示。

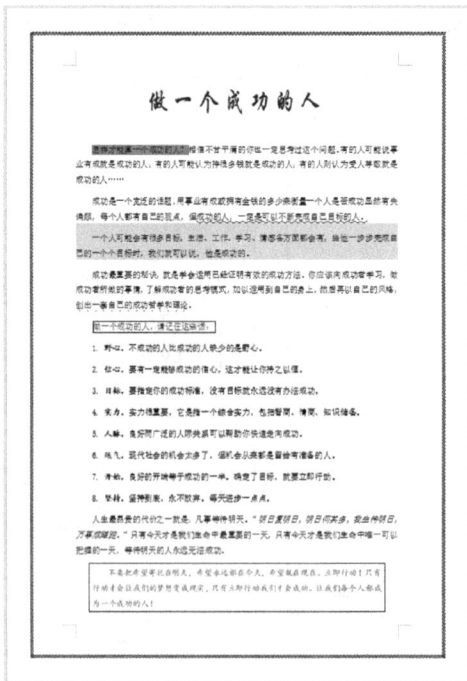

图 4-5　《做一个成功的人》排版效果

操作要求

（1）标题设置为行楷、小初号、居中。

（2）标题文字缩小至原来的 80%，字距加宽 0.8mm，行距为单倍行距，段前间距、段后间距均为 1 行。

（3）正文为五号字，最后一个段落为楷体字，其余段落均为宋体字。

（4）依照给定样本，将有编号标记的段落的前两个字设置为楷体、加粗、蓝色。

（5）正文各段落首行缩进 2 个字符，行距为固定值 19 磅，段前间距为 0.5 行。

（6）正文最后一段文字左、右各缩进 2 个字符。

（7）依照给定样本，给文本添加下划线、边框和底纹等。

（8）给页面添加边框，边框各边与页面对应边的距离均为 30 磅。

操作步骤

步骤 1　新建文档并保存

（1）双击桌面上的 WPS Office 图标，进入 WPS Office 首页。

（2）单击"文字"类型下的"新建空白文档"，创建新的空白文档。

（3）单击工具栏中的"保存"按钮或按"F12"键，弹出"另存为"对话框，以"自己所在班级+姓名"为文件名，将文档保存在桌面上。

微课 16　做一个成功的人 1

步骤 2　输入文本

输入下列文本内容。

说明如下。

（1）输入文本内容时，不必设置文档格式。

（2）不得随意插入空行，不得随意修改文档内容。

做一个成功的人

怎样才能算一个成功的人？相信不甘平庸的你也一定思考过这个问题。有的人可能说事业有成就是成功的人，有的人可能认为挣很多钱就是成功的人，有的人则认为受人尊敬就是成功的人……

成功是一个宽泛的话题，用事业有成或拥有金钱的多少来衡量一个人是否成功显然有失偏颇，每个人都有自己的观点，但成功的人，一定是可以不断完成自己目标的人。

一个人可能会有很多目标，生活、工作、学习、情感各方面都会有，当他一步步完成自己的一个个目标时，我们就可以说，他是成功的。

成功最重要的秘诀，就是学会运用已经证明有效的成功方法。你应该向成功者学习，做成功者所做的事情，了解成功者的思考模式，加以运用到自己身上，然后再以自己的风格，创出一套自己的成功哲学和理论。

做一个成功的人，请记住这些话。

1. 野心。不成功的人比成功的人缺少的是野心。

2. 信心。要有一定能够成功的信心，这才能让你持之以恒。

3. 目标。要指定你的目标，没有目标就永远没有办法成功。

4. 实力。实力很重要，它是指综合实力，包括智商、情商、知识储备等。

5. 人脉。良好而广泛的人际关系可以帮助你快速走向成功。

6. 运气。现代社会的机会太多了，但机会从来都是留给有准备的人。

7. 开始。良好的开端等于成功的一半。确定了目标，就要立即行动。

8. 坚持。坚持到底，永不放弃。每天进步一点点。

人生最昂贵的代价之一就是：凡事等待明天。"明日复明日，明日何其多，我生待明日，万事成蹉跎。"只有今天才是我们生命中最重要的一天，只有今天才是我们生命中唯一可以把握的一天，等待明天的人永远无法成功。

不要把希望寄托在明天，希望永远都在今天，希望就在现在。立即行动！只有行动才会让我们的梦想变成现实，只有立即行动我们才会成功。让我们每个人都成为一个成功的人！

步骤3　格式化标题

（1）选定标题行。

（2）在"开始"选项卡中设置标题为居中、行楷、小初号。

（3）单击"开始"选项卡中的"字体"对话框启动器，弹出"字体"对话框，在该对话框中选择"字符间距"选项卡，设置"缩放"为80%，"间距"为加宽0.8毫米，如图4-6所示。

（4）单击"开始"选项卡中的"段落"对话框启动器，弹出"段落"对话框，在该对话框中选择"缩进和间距"选项卡，设置行距为"单倍行距"，"间距"为段前1行、段后1行，如图4-7所示。

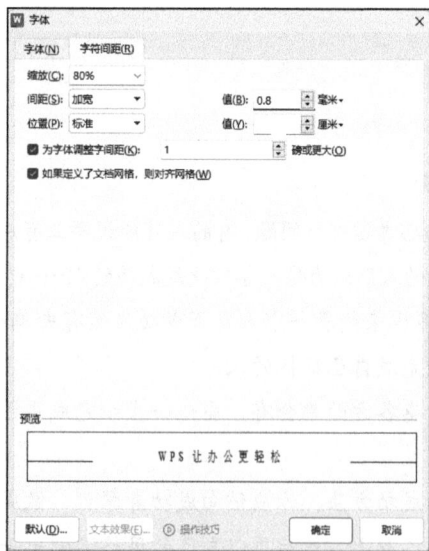

图4-6　"字符间距"选项卡设置

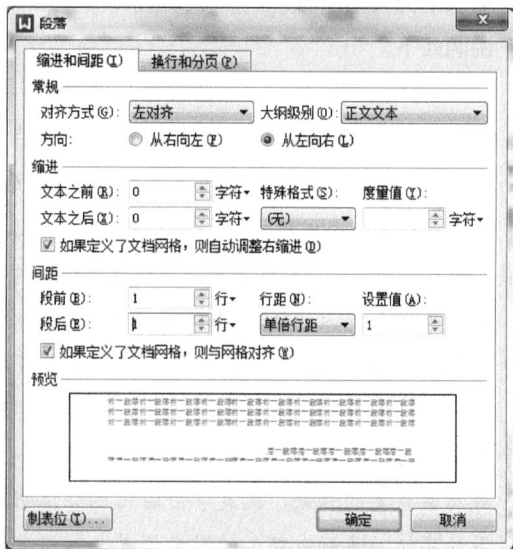

图4-7　"缩进和间距"选项卡设置

步骤4　格式化正文

（1）默认情况下，文档格式为宋体、五号字。选定正文最后一段，设置其字体为楷体。

（2）选择"野心"二字，设置为楷体、加粗、蓝色。选定"野心"二字，双击"格式刷"按钮，用"格式刷"分别刷过其下方7行每段开头的两个汉字，使其均变为楷体、加粗、蓝色。

按"Esc"键，结束"格式刷"的使用。

（3）选定全部正文内容，打开"段落"对话框，设置"特殊格式"为首行缩进 2 个字符，行距为固定值 19 磅，段前间距为 0.5 行。

（4）选定最后一段，打开"段落"对话框，设置"缩进"区域中的"文本之前"和"文本之后"均为 2 个字符。

步骤 5　给文本添加下划线、着重号和倾斜效果

（1）选择第 2 段末尾"成功的人，一定是可以不断完成自己目标的人。"，单击"开始"选项卡中的"下划线"下拉按钮，从下划线列表中选择波浪线，给选定的文本添加下划线。再次单击"下划线"下拉按钮，从下划线列表中选择"下划线颜色"，从颜色列表中选择红色。

（2）选择第 4 段末尾"创出一套自己的成功哲学和理论"，单击"开始"选项卡中的"删除线"下拉按钮 A·，从下拉列表中选择"着重号"，给选定文本添加着重号。

（3）选定"明日复明日……万事成蹉跎。"，单击"开始"选项卡中的"倾斜"按钮，使选定文字倾斜。

步骤 6　给文本添加底纹

（1）选择第 1 段中文本"怎样才能算一个成功的人？"，单击"页面"选项卡中的"页面边框"按钮，弹出"边框和底纹"对话框，切换到"底纹"选项卡，如图 4-8 所示。

微课 17　做一个
成功的人 2

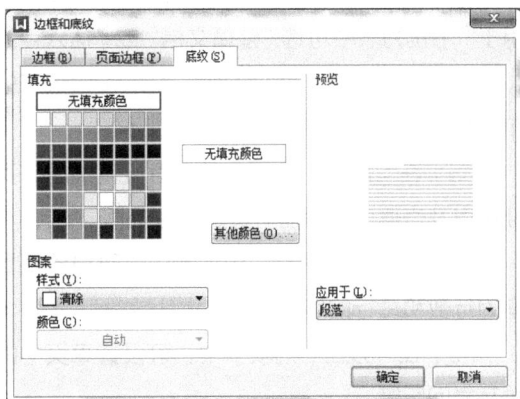

（2）在"填充"区域设置颜色为青色，单击"确定"按钮，给选定文本添加青色底纹。

步骤 7　给段落添加底纹

（1）在第 3 段内任意位置单击，然后单击"页面"选项卡中的"页面边框"按钮，弹出"边框和底纹"对话框，切换到"底纹"选项卡。

（2）在"填充"区域设置颜色为黄色，单击"确定"按钮，给选定段落添加黄色底纹。

步骤 8　给文本添加边框

（1）选定文本"做一个成功的人，请记住这些话"，然后单击"页面"选项卡中的"页面边框"按钮，弹出"边框和底纹"对话框，切换到"边框"选项卡。

图 4-8　"边框和底纹"对话框

（2）设置边框为"方框"，应用于"文字"，单击"确定"按钮，给选定的文本添加边框。

步骤 9　给段落添加边框

（1）在最后一段内任意位置单击，然后单击"页面"选项卡中的"页面边框"按钮，弹出"边框和底纹"对话框，切换到"边框"选项卡。

（2）设置边框为"方框"，应用于"段落"，单击"确定"按钮，给选定的段落添加边框。

步骤 10　给页面添加边框

（1）在页面内任意位置单击，然后单击"页面"选项卡中的"页面边框"按钮，弹出"边

框和底纹"对话框，默认显示"页面边框"选项卡。

（2）设置页面边框为方框、"线型"为双波浪线、"宽度"为 0.75 磅。单击"页面边框"选项卡中的"选项"按钮，在弹出的对话框中设置"度量依据"为"页边"，距正文各边的距离均为 30 磅。单击"确定"按钮，给页面添加边框。

步骤 11　保存文档

单击快速访问工具栏中的"保存"按钮或按"Ctrl+S"组合键再次保存文档。

任务 4.2　版面设计

在排版文档时，除对文档内容进行字符格式、段落格式等设置外，还需要对纸张大小、方向及页边距进行设置，有时还会进行分栏、首字下沉、页眉和页脚、页码、中文版式及页面背景等的设置，使版面更美观和更便于阅读。

4.2.1　页面设置

页面设置可利用"页面"选项卡中对应的工具按钮完成，也可利用"页面设置"对话框完成。单击"页面"选项卡中的"页面设置"对话框启动器，打开"页面设置"对话框，如图 4-9 所示。

（1）在"页边距"选项卡中，可以设置上、下、左、右各边的页边距，以及装订线的位置和宽度。在"应用于"下拉列表中可选"整篇文档"或"插入点之后"。

（2）在"纸张"选项卡中，可以设置纸张的大小和纸张来源。

（3）在"版式"选项卡中，可设置页眉、页脚的位置以及奇偶页的页眉、页脚是否相同。

（4）在"文档网格"选项卡中，可设置每页中文本的行数和每行的字符数。

（5）在"分栏"选项卡中，可设置每页中的分栏数及栏间距等。

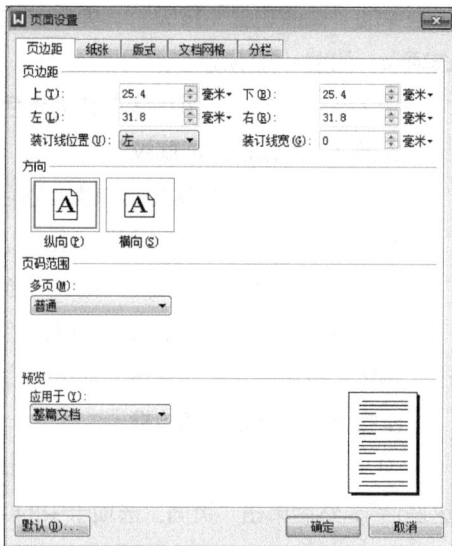

图 4-9　"页面设置"对话框

4.2.2　分栏

当通栏显示文档时，如果其一行的内容过长，容易造成阅读时串行，可以将文档分成两栏或多栏显示，分栏显示可使版面更加美观、生动。我们平常看到的报纸、杂志版面都有分栏的效果。

分栏设置步骤如下。

（1）选定需要进行分栏排版的文本。

（2）单击"页面"选项卡中的"分栏"下拉按钮 ⊞，在弹出的下拉列表中可直接选择分栏数。也可单击"更多分栏"，打开"分栏"对话框，如图 4-10 所示。

（3）在该对话框中可设置分栏数、各栏宽度及栏间距，以及是否有分隔线等。在"应用于"下拉列表中可选择"整篇文档"或"插入点之后"。

（4）单击"确定"按钮，WPS 文字会按设置进行分栏。

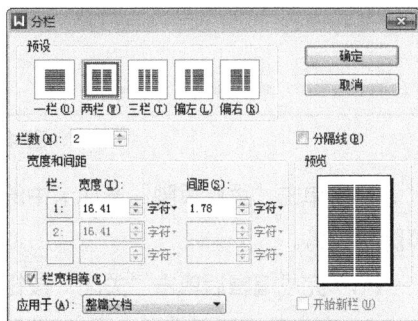

图 4-10 "分栏"对话框

4.2.3 首字下沉

首字下沉一般是将文档中第 1 个段落的第 1 个字放大显示，并下沉到下面的几行中，多用于小说或杂志，它可以让一篇文章看起来更加活泼和美观。一般情况下，首字下沉的段落段首不留空格。

首字下沉设置步骤如下。

（1）删除需要设置首字下沉段落的段首空格，并将光标保持在该段落。

（2）单击"插入"选项卡中"首字下沉"按钮 ⚌，弹出"首字下沉"对话框，如图 4-11 所示。

（3）在该对话框的"位置"区域内，选择下沉的格式类型，包括"无""下沉"与"悬挂"三种类型；在"选项"区域内设置下沉字的字体、下沉行数以及距正文的距离。

（4）单击"确定"按钮。

图 4-11 "首字下沉"对话框

4.2.4 页眉、页脚和页码

页眉和页脚通常用于显示文档的附加信息，常用来显示书名、章节名称、单位名称、徽标等。其中，页眉显示在页面的顶部，页脚显示在页面的底部。得体的页眉和页脚会使文稿显得更加规范，也会给阅读带来方便。

在文档中奇偶页可以使用同一个页眉和页脚，也可以在奇数页和偶数页分别使用不同的页眉和页脚。

通过插入页码可以为多页文档的所有页面自动添加页码，方便读者查找和掌握阅读进度。页码可以插到页眉或页脚的位置。

1. 添加页眉和页脚

（1）单击"插入"选项卡中的"页眉页脚"按钮 ⬛ 或直接双击页眉位置。

（2）进入页眉编辑状态，同时新的选项卡"页眉页脚"被激活，如图 4-12 所示。

（3）用户可以在页眉区域输入页眉内容，进行格式编辑，还可以单击页眉编辑区下方的"插入页码"按钮插入页码。

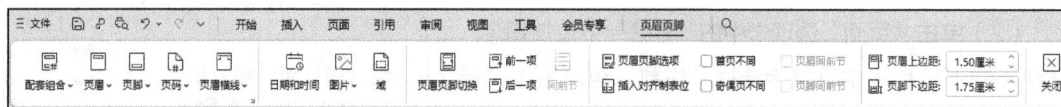

图4-12 "页眉页脚"选项卡

（4）单击"页眉页脚"选项卡中的"页眉页脚切换"按钮，切换到页脚，以相同的方法插入页脚和页码。

（5）完成编辑后单击"关闭"按钮，退出页眉和页脚的编辑，返回文档的编辑状态。

2. 在奇数页和偶数页上添加不同的页眉和页脚

（1）单击"页眉页脚"选项卡中的"页眉页脚选项"按钮，打开"页眉/页脚设置"对话框。

（2）在"页面不同设置"组中可以设置"首页不同""奇偶页不同"，在"显示页眉横线"组中可以设置是否显示页眉的页面横线。

（3）在任意奇数页上添加要在奇数页上显示的页眉或页脚，在任意偶数页上添加要在偶数页上显示的页眉或页脚。

（4）单击"关闭"按钮，返回编辑区。

3. 修改页眉和页脚

双击页眉或页脚，进入页眉、页脚的编辑状态，直接修改即可。

4. 添加页码

为文档添加页码，可以在为文档添加页眉、页脚时进行，也可以单独进行。

单击"插入"选项卡中的"页码"下拉按钮，打开页码选项列表。从列表中选择合适的页码位置即可插入页码。如果对所选页码的位置或样式不满意，可以对其进行调整。双击页码，弹出"修改页码"对话框，在"修改页码"对话框中可以重新设置页码的样式、位置、应用范围等。

4.2.5 脚注和尾注

在编辑文章时，常常需要对文中的名词或事件，以及一些从别的文章中引用的内容加以注释。WPS文字提供的插入脚注和尾注功能，可以在指定的位置插入脚注或尾注。脚注一般位于页面的底部，可以作为文档某处内容的注释。而尾注一般位于文档的末尾，用于列出引文的出处等。

1. 添加脚注和尾注

（1）将插入点移到需要插入脚注或尾注的文字之后。

（2）切换到"引用"选项卡，如图4-13所示。

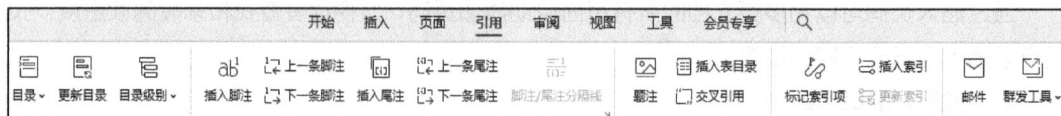

图4-13 "引用"选项卡

（3）单击"插入脚注"或"插入尾注"按钮。

（4）此时，在脚注或尾注上方和正文之间出现一条水平分隔线，同时在正文和脚注或正文和尾注处同时出现脚注或尾注的序号。

（5）在页面底部的脚注序号或文档末尾的尾注序号后输入脚注或尾注的内容。

2．查看脚注和尾注

（1）切换到"引用"选项卡。

（2）利用"上一条脚注""下一条脚注"或"上一条尾注""下一条尾注"按钮，即可查看当前文档中的脚注和尾注内容。

4.2.6　中文版式

WPS 文字提供了一些符合中文排版习惯的特殊版式。

1．拼音指南

编排小学课本或儿童读物的时候，经常需要编排带有拼音的文本，这时可以利用 WPS 文字提供的"拼音指南"按钮来完成此项工作。

（1）选中要添加拼音的汉字。

（2）单击"开始"选项卡中的"拼音指南"按钮 🐾，弹出"拼音指南"对话框，如图 4-14 所示。

（3）设置拼音的对齐方式、拼音与汉字的偏移量及字体和字号。

（4）单击"确定"按钮。

2．带圈字符

为了强调显示文本或使文本美观，有时会为字符添加圆圈或者菱形等形状。

（1）选定要设置带圈格式的文字（一次只能选择一个文字）。

（2）单击"开始"选项卡中的"带圈字符"按钮 ⊕，弹出"带圈字符"对话框，如图 4-15 所示。

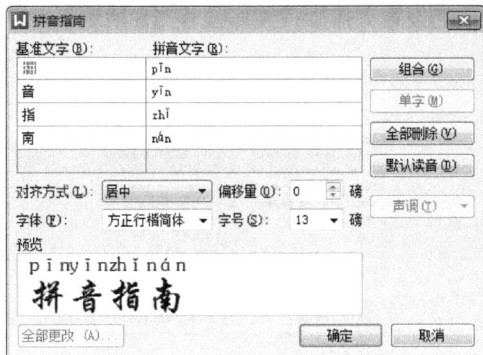

图 4-14　"拼音指南"对话框

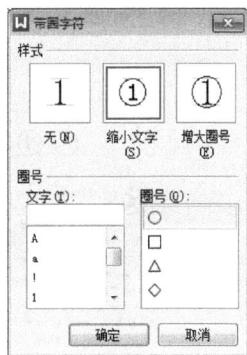

图 4-15　"带圈字符"对话框

（3）在"样式"中选择"缩小文字"或"增大圈号"，在"圈号"中选择圈号类型。

（4）单击"确定"按钮。

4.2.7　页面背景

为文档添加背景可使文档更具观赏性。页面背景默认是白色，可以设置纯色、渐变色、纹理、图案或图片作为页面的背景。

（1）单击"页面"选项卡中的"背景"下拉按钮，弹出页面背景设置的选项列表，如图 4-16 所示。

（2）可直接在其中选择一种颜色，或单击"取色器"拾取页面中图形颜色，也可以单击"图片背景"，选择本机中的图片作为背景，或使用"其他背景"中的"纹理"或"图案"，在打开的"填充效果"对话框中设置背景，如图 4-17 所示。另外，还可以选择"水印"作为背景。

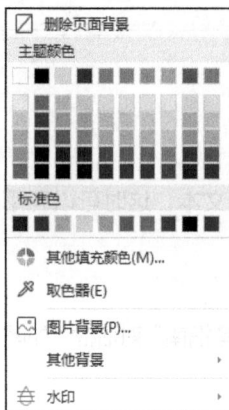

图 4-16　页面背景设置的选项列表

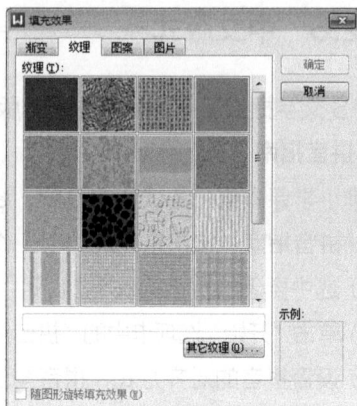

图 4-17　"填充效果"对话框

（3）单击"确定"按钮即可为整个页面添加所选的背景。

【教学案例2】荷塘月色

本案例是对散文《荷塘月色》多页文档排版过程的详细介绍，主要进行了分栏、首字下沉、页眉和页码、脚注和尾注、标注拼音及页面背景的设置。排版效果如图 4-18 所示。

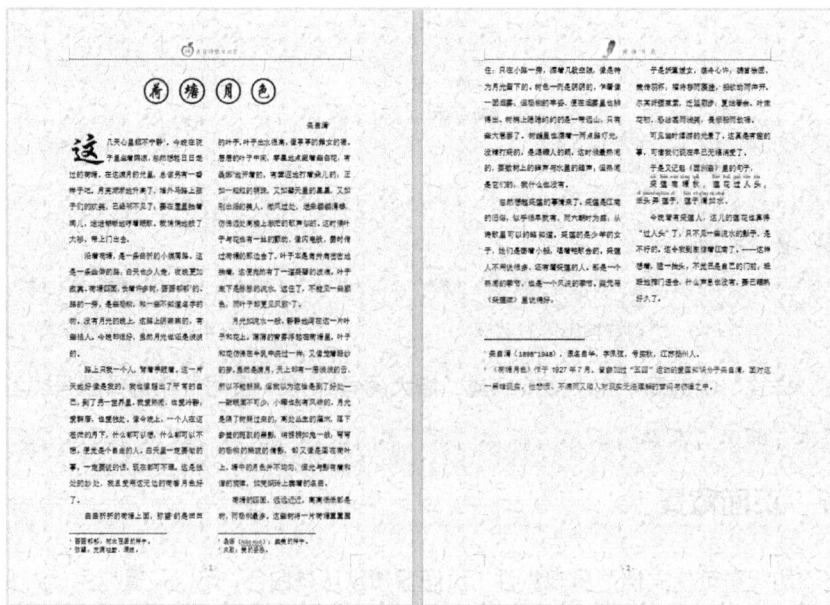

图 4-18　《荷塘月色》排版效果

操作要求

（1）从网上下载朱自清的散文《荷塘月色》，并利用"开始"选项卡下的"排版"工具整理文档。

（2）设置标题为居中、行楷、一号字，行距为 1 倍行距，段前间距 0.5 行、相邻两字中间留一个空格，并设置标题文字为带圈字符（增大圈号）。

（3）设置正文为宋体、五号字，各段首行缩进 2 个字符，行距为固定值 23 磅。

（4）设置分栏。

（5）设置首字下沉。

（6）对段落文字"采莲南塘秋……莲子清如水"标注拼音。

（7）对词汇"蓊蓊郁郁""弥望""袅娜""风致"添加脚注。

（8）对作者"朱自清"和文字"这几天心里颇不宁静"添加尾注。

（9）设置页眉和页码，且页眉、页码居中，添加页眉横线（奇偶页页眉不同）。

（10）设置页面背景为纹理"纸纹 2"。

操作步骤

步骤 1　新建文档并保存

（1）双击桌面上的 WPS Office 图标，进入 WPS Office 首页。

（2）新建 WPS 文字空白文档。

（3）以"自己所在班级+姓名"为文件名，将文档保存在桌面上。

步骤 2　下载并整理文档

（1）利用搜索引擎，检索朱自清的散文《荷塘月色》，并复制原文。

（2）利用"只粘贴文本"命令，将原文内容粘贴到新建的空白文档中。

微课 18　荷塘
月色 1

（3）单击"开始"选项卡中的"显示/隐藏段落标记"下拉按钮，显示文档中的换行符、回车符、空格等编辑标记。

（4）单击"开始"选项卡中的"排版"下拉按钮，利用换行符转为回车、删除空格、删除空段、段落首行缩进 2 字符等命令对下载的文档进行格式整理。

步骤 3　设置标题格式

（1）选定标题文字。

（2）在"开始"选项卡中设置标题为居中、行楷、一号。

（3）打开"段落"对话框，设置段落格式：行距为单倍行距，段前间距为 0.5 行。

（4）标题相邻两字之间留一个空格。

（5）选中第 1 个标题文字，单击"开始"选项卡中的"带圈字符"，从打开的对话框中选择"增大圈号"样式，单击"确定"按钮。

（6）用同样的方法逐个设置其他标题文字。

步骤 4　设置正文格式

（1）选定全部正文。

（2）在"开始"选项卡中设置正文文字为宋体、五号字。

（3）打开"段落"对话框，设置正文行间距为固定值23磅。

步骤5 设置分栏和首字下沉

（1）选定全部正文内容，但不要选择最后一段段末的回车符↵，否则会出现分栏后左多右少的情况。

（2）单击"页面"选项卡中的"分栏"下拉按钮，在弹出的下拉列表中选择"两栏"。

（3）将光标置于第1段段首，取消首行缩进。

（4）单击"插入"选项卡中的"首字下沉"按钮，弹出"首字下沉"对话框。

（5）在该对话框中选择"下沉"，下沉字体为楷体、下沉行数为2行，单击"确定"按钮。

步骤6 添加拼音

（1）选定段落"采莲南塘秋……莲子清如水"。

（2）单击"开始"选项卡中的"拼音指南"按钮，弹出"拼音指南"对话框。

（3）选择对齐方式为"居中"，字体为Arial，偏移量为2磅，字号为8磅。

（4）单击"确定"按钮。

步骤7 添加脚注和尾注

（1）将光标置于第2段"蓊蓊郁郁"之后。

（2）单击"引用"选项卡中的"插入脚注"按钮，这时光标自动定位到需要插入脚注的位置并显示脚注序号，在此输入相应的脚注内容。

（3）使用同样的方法插入其他脚注内容。

（4）将光标置于需要插入尾注的内容之后，单击"插入尾注"按钮，即可在文档末尾相应序号后插入尾注。

微课19 荷塘月色2

步骤8 插入页眉和页码

（1）双击页眉位置，进入页眉编辑状态，同时"页眉页脚"选项卡被激活。

（2）单击"页眉页脚"选项卡中的"页眉页脚选项"按钮，打开"页眉/页脚设置"对话框。

（3）在该对话框中勾选"奇偶页不同""显示奇数页页眉横线""显示偶数页页眉横线"3个复选框，单击"确定"按钮。

（4）单击第1页页眉位置，插入苹果图片并使其居中显示；输入页眉文字"朱自清散文欣赏"。打开"字体"对话框，将"朱自清散文欣赏"的位置上移2毫米。

（5）单击第2页页眉位置，使用和第1页页眉相同的插入方法插入第2页的页眉。

（6）单击第1页页脚位置，在第1页页脚位置单击"插入页码"按钮，从弹出的"插入页码"对话框中选择页码样式，单击"确定"按钮。

步骤9 添加页面背景

（1）单击"页面"选项卡中的"背景"下拉按钮，弹出页面背景设置的选项列表。

（2）选择"其他背景"→"纹理"命令，打开"填充效果"对话框。

（3）从纹理列表中选择"纸纹2"，单击"确定"按钮，使用该纹理作为文档的背景。

步骤 10　保存文档

单击快速访问工具栏中的"保存"按钮或按"Ctrl+S"组合键保存文档。

任务 4.3　图文混排

一篇图文并茂的文章会给人赏心悦目的感觉。在 WPS 文字中，可应用文本框、图片、图形、艺术字等对象轻松制作出图文混排的文档来增强文档的排版效果，使排版设计更加形象生动。

版面上除去四周白边，中间的区域就是版心。排版时要注意，所有插入的文本框、图片、图形、艺术字等对象不能超出版心区域（页面边框、页眉页脚除外）。

4.3.1　文本框

文本框是一种可以移动、大小可调的存放文本的容器。在 WPS 文字中，文本框有横排和竖排两种。每个页面可以放置多个文本框，每个文本框中的文字内容都可以单独排版而不受其他文本框和框外文本排版的影响。利用文本框可以把文档编排得更加丰富多彩。

（1）单击"插入"选项卡中的"文本框"下拉按钮，从下拉列表中选择文本框类型。

（2）在文档中需要插入文本框的位置拖动鼠标插入一个"横向"或"竖向"的文本框。

（3）插入文本框之后，光标自动位于文本框内，可以直接向文本框中输入文本。

选定文本框，文本框右侧会自动弹出文本框属性按钮。利用文本框属性按钮，可以快速设置文本框的常用属性，如绕排方式、形状填充等。

插入文本框后，会同时激活"绘图工具"和"文本工具"两个新的选项卡，可以在其中进行阴影效果、三维效果等的设置。

4.3.2　图片

插入图片可以使文档更加生动活泼，富有表现力。WPS 文字中可以插入的图片类型包括 JPG、PNG、GIF、BMP 等。

（1）单击要插入图片的位置。

（2）单击"插入"选项卡中的"图片"下拉按钮，从下拉列表中选择"本地图片"，弹出"插入图片"对话框，如图 4-19 所示。

（3）在弹出的对话框中选择图片存放的位置，将图片插到文档中当前光标所在处。

插入图片后，会同时激活"图片工具"选项卡，可以对图片进行移动、缩放、旋转、选择环绕方式等操作，以及对图片进行裁剪，设置阴影效果、三维效果等。

4.3.3　图形

在 WPS 文字中，除了能插入图片外，还可以使用"形状"工具来绘制图形。一般情况下，图形的绘制需要在"页面视图"中进行。

（1）单击"插入"选项卡中的"形状"下拉按钮，打开"形状"下拉列表，如图 4-20 所示。

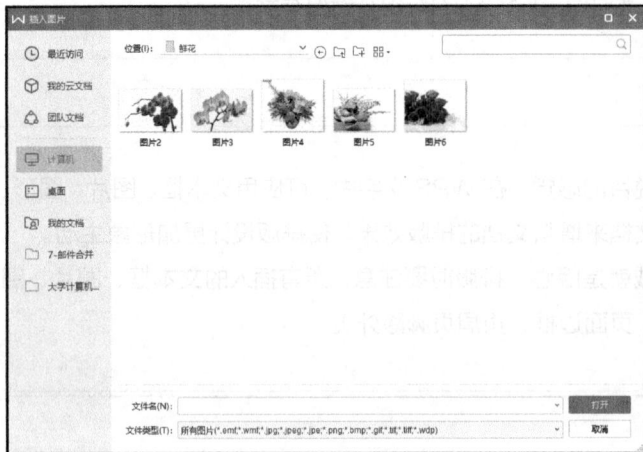

图 4-19　"插入图片"对话框　　　　　　　　　　图 4-20　"形状"下拉列表

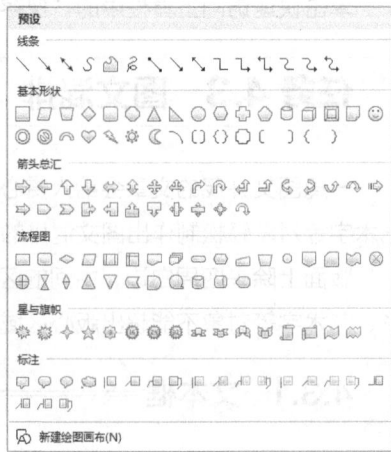

（2）在"形状"下拉列表中选择要绘制的图形。

（3）在编辑区内拖动鼠标绘制形状，直到大小合适为止。

（4）释放鼠标，图形的周围出现尺寸控点，拖动控点可以改变图形的大小。

选定已绘制的图形，会同时激活"绘图工具"选项卡，可以在其中进行填充、轮廓、环绕、组合等的设置，也可以利用选定图形后图形右侧出现的属性按钮进行格式设置。

4.3.4　艺术字

插入艺术字是制作报头、文章标题常用的方法。用户可以在 WPS 文字中插入有特殊效果的艺术字来制作醒目、富有艺术感的标题。艺术字的制作步骤如下。

（1）打开 WPS 文字文档，选中需要设置为艺术字的文字。

（2）单击"插入"选项卡中的"艺术字"按钮，弹出"样式"列表，选择合适的样式应用于选定的文字。

（3）新建艺术字后，编辑区出现相关艺术字编辑的文本输入框，同时激活"文本工具"选项卡，在"文本工具"选项卡中可以设置艺术字的各种文本效果。

4.3.5　公式编辑器

编辑数理化公式，是一件费时费力的事。WPS 文字为用户提供了一个功能强大的公式编辑器，可以帮助用户快速进行复杂公式的编辑。

（1）将光标置于要插入公式的位置。

（2）单击"插入"选项卡中的"公式"下拉按钮，从弹出的公式下拉列表中选择"公式编辑器"命令，打开图 4-21 所示的"公式编辑器"窗口。

（3）在工具栏中选择模板和符号，输入变量和数字构造公式。公式中的各种模板可以嵌套。

（4）构造公式时可以根据正文字号来更改公式字号大小。选择"尺寸"→"定义"命令，弹出"尺寸"对话框，如图 4-22 所示。根据需要修改该对话框中对应的文字大小。

符号栏

模板栏

图 4-21 "公式编辑器"窗口

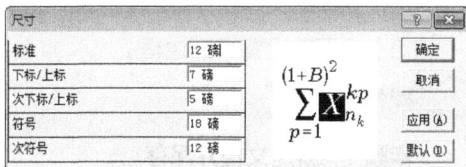

图 4-22 "尺寸"对话框

（5）公式编辑完成后，单击"公式编辑器"窗口的"关闭"按钮，返回 WPS 文字工作界面，此时编辑的公式已被插到指定位置。

若要修改已编辑的公式，可双击该公式，打开"公式编辑器"窗口，对该公式进行修改。

若要在公式中输入空格，方法是按"Ctrl+Alt+Space"组合键；按住"Ctrl+Alt"组合键，多次按"Space"键，可以连续输入多个空格。

【教学案例 3】灵魂深处

本案例主要练习图文混排的操作，包括向文档中插入图片、文本框、艺术字，以及向文档中插入公式等，排版效果如图 4-23 所示。

图 4-23 《灵魂深处》排版效果

操作要求

（1）依照给定版面样式排版。

（2）版面内容正好占满一页。

（3）插入的文本框、图片、艺术字等对象不能超出版心。

（4）在横向文本框中输入公式。

（5）版面需设置页面边框。

操作步骤

步骤1　新建文档并保存

（1）启动 WPS Office。

（2）新建 WPS 文字空白文档。

（3）以"自己所在班级+姓名"为文件名，将文档保存在桌面上。

步骤2　输入文本内容并设置正文格式

微课20　灵魂
深处1

（1）输入正文文本内容（爱树，爱它整整一世的风景……人，何以堪！）。

（2）选择全部正文并设置段落格式：首行缩进2字符；行距暂定为固定值20磅，待插入文本框、图片和艺术字后根据页面情况再调整行距大小。

步骤3　分栏

（1）选定全部正文内容，切记不要选择最后一段段末的回车符↵。

（2）单击"页面"选项卡中的"分栏"下拉按钮，在弹出的下拉列表中选择"更多分栏"，弹出"分栏"对话框。

（3）在"预设"区域中选择"两栏"。

（4）单击"确定"按钮。

步骤4　首字下沉

（1）将光标置于第1段段首，删除段首空格。

（2）单击"插入"选项卡中的"首字下沉"按钮，弹出"首字下沉"对话框。

（3）在该对话框内选择"下沉"，设置下沉字体为行楷、下沉行数为2行。

（4）单击"确定"按钮。

步骤5　插入图片

（1）单击"插入"选项卡中的"形状"下拉按钮，弹出图形列表。

（2）在图形列表中选择椭圆形状，在文档适当位置绘制椭圆，调整好其大小和位置。

（3）选中椭圆，单击形状右侧的"布局选项"按钮，设置环绕方式为"紧密型"。

（4）选中椭圆，单击形状右侧的"形状填充"按钮，在弹出的填充列表中选择"图片"，弹出"属性"窗口。在"属性"窗口中，选择"填充与线条"选项卡，在该选项卡下选择"图片或纹理填充"单选按钮，然后单击"图片填充"下拉按钮，从下拉列表中选择"本地文件"，选择需要填充的图片。

步骤6　插入艺术字

（1）单击"插入"选项卡中的"艺术字"按钮，弹出艺术字样式列表。

（2）单击列表中第 1 个艺术字样式，在编辑区出现的艺术字文本框中输入"灵魂深处"4 个字，并设置艺术字的字体为隶书、字号为 36。

（3）改变艺术字的环绕方式为"四周型环绕"。

（4）选择艺术字，在"文本工具"选项卡下单击"文字方向"按钮，将艺术字改为竖排，将艺术字移动至合适位置。

步骤 7　插入横向文本框

（1）单击"插入"选项卡中的"文本框"下拉按钮，弹出文本框下拉列表，选择"横向"，拖动鼠标，在页面左下角插入一个适当大小的文本框。

（2）输入三号黑体字"计算下列各题"。

（3）下面以文本框内第 2 题为例说明公式的输入方法。

① 单击"插入"选项卡中的"公式"按钮，打开"公式编辑器"窗口。

② 在"下标和上标模板"中单击 $\square$ 按钮，分别在上方和下方文本框内输入 lim 和 $x\to 0$，在该符号右侧单击，使光标定位于此，然后单击分式按钮，在分母中输入 $\sin 2x$，单击分子文本框，选择根式按钮 $\sqrt{\square}$，在根式文本框中输入 $4+x$，在根式右侧单击，输入 -2。

③ 关闭"公式编辑器"窗口，公式 $\lim\limits_{x\to 0}\dfrac{\sqrt{4+x}-2}{\sin 2x}$ 显示在文本框内。

微课 21　灵魂深处 2

步骤 8　插入竖向文本框

（1）插入竖向文本框及输入文本的方法与横向文本框相同，只是其文字是自右向左竖向排列。

（2）在文本框外部插入图片，调整好其环绕方式和大小，将其移入文本框中。

步骤 9　调整页面

制作完成全部内容后，根据页面布局情况可再次调整行距或改变字号大小，使页面内容正好占满一页。

步骤 10　给页面添加边框

（1）单击"页面"选项卡中的"页面边框"按钮，弹出"边框和底纹"对话框，切换到"页面边框"选项卡。

（2）设置页面边框为"方框"，"线型"为所需的边框线型，"应用于"为整篇文档。

（3）单击"页面边框"选项卡中的"选项"按钮，在弹出的对话框中设置"度量依据"为"页边"，距正文各边距离均为 30 磅。

（4）单击"确定"按钮。

步骤 11　保存文档

单击快速访问工具栏中的"保存"按钮或按"Ctrl+S"组合键保存文档。

任务 4.4　表格制作

表格是文档中经常使用的一种信息表现形式，用于组织和显示信息。一个简洁、美观的表格不仅能增强信息传达的效果，也能让文档本身更加美观、更具实用性。表格还能够将数据清晰而直观地组织起来，并可以进行比较、运算和分析。

WPS 文字提供了强大的制表功能，熟练掌握表格的属性和操作，有助于快速、准确地创建需要的表格。

4.4.1　表格的创建

WPS 文字提供了 3 种创建表格的方法。创建表格的步骤如下。

（1）单击要创建表格的位置。

（2）单击"插入"选项卡中的"表格"下拉按钮，弹出表格下拉列表。可用下面 3 种方法之一创建表格。

① 拖动鼠标确定表格的列数和行数（如 4 行 6 列），如图 4-24 所示，单击创建表格。

② 选择"插入表格"命令，弹出图 4-25 所示的"插入表格"对话框，在该对话框中输入表格的"列数"和"行数"，单击"确定"按钮创建表格。

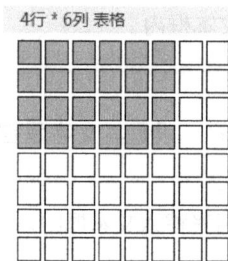

图 4-24　拖动鼠标方式创建表格　　　　图 4-25　"插入表格"对话框

③ 选择"绘制表格"命令，鼠标指针变为铅笔形状，在需要绘制表格的地方拖出需要的行和列，释放鼠标，即可创建表格。

工作表中行、列交汇处的方格被称为单元格，它是存储数据的基本单位。

绘制好表格后，将插入点放在需要输入文本的单元格内，就可以输入文本了。当输入的文本到达单元格右边线时自动换行，并且会加大行高以容纳更多的内容。

4.4.2　表格的编辑

表格创建完成后，通常需要进行再编辑，包括调整行高和列宽，插入或删除行、列和单元格，合并与拆分单元格，设置单元格的对齐方式和文字方向等。

1. 快速编辑表格

当将鼠标指针移动到表格内部时，表格周围会出现一些控制符号，如图 4-26 所示。利用这些控制符号可以对表格进行一些基本操作。

（1）移动表格：鼠标指针移动到表格左上角的 ✛ 符号

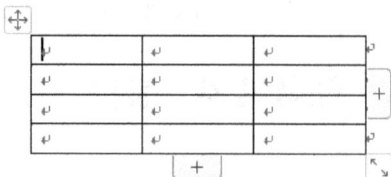

图 4-26　表格控制符号

位置时，鼠标指针呈 ✛ 形状，按住鼠标左键拖动可以移动表格到合适的位置。

（2）调整整个表格尺寸：鼠标指针移动到表格右下角的 ◣ 符号位置时，鼠标指针呈 ↖ 形状，按住鼠标左键拖动可以改变整个表格的大小。

（3）增加列：鼠标指针移动到表格右侧的 ╫ 符号时单击，表格最右侧增加一列。

（4）增加行：鼠标指针移动到表格底部的 ═ 符号时单击，表格最下方增加一行。

（5）改变表格行高：将鼠标指针停留在要更改高度的行的表线上，鼠标指针变为 ⬍ 形状时，拖动该表线即可改变该行的行高。

（6）改变表格列宽：将鼠标指针停留在要更改宽度的列的表线上，鼠标指针变为 ↔ 形状时，拖动该表线即可改变该列的列宽。

2. 利用功能区按钮编辑表格

选定绘制的表格，会同时激活两个新的选项卡——"表格工具"和"表格样式"。图 4-27 所示为"表格工具"选项卡。

图 4-27　"表格工具"选项卡

（1）合并单元格

选定需要合并的两个或多个相邻的单元格，单击"表格工具"选项卡中的"合并单元格"按钮 ⊞，即可合并单元格，将表格第 1 行所有单元格合并的效果如图 4-28 所示。

图 4-28　将表格第 1 行所有单元格合并的效果

（2）平均分布各行或各列

表格被调整后，各行的高度或各列的宽度已不均匀，可以利用"平均分布各行"或"平均分布各列"命令来调整。

选中要平均分布的多行或多列，单击"表格工具"选项卡中的"自动调整"下拉按钮，从弹出的下拉列表中选择"平均分布各行"或"平均分布各列"命令。

（3）设置单元格对齐方式和文字方向

选定一个或多个单元格，在"表格工具"选项卡中设置"对齐方式"和"文字方向"。WPS文字提供了图 4-29 所示的 9 种文字对齐方式和图 4-30 所示的 6 种文字方向。

（4）设置标题行重复

对于比较大的表格，可能在一页上无法完全显示或打印出来。如果希望在每一页的第 1 行都显示或打印标题行，可按以下步骤进行设置。

① 选定要作为表格标题的一行或多行（注意：选定内容必须包括表格的第 1 行），单击"表格工具"选项卡中的"重复标题"按钮 ▦ 重复标题。

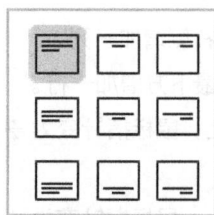

图4-29 对齐方式

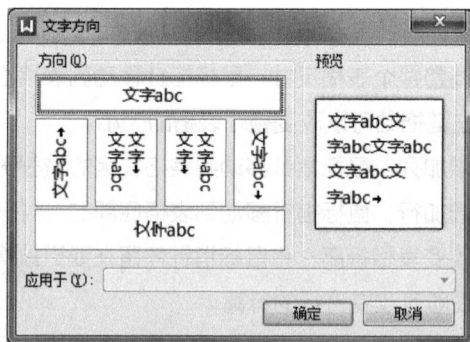

图4-30 文字方向

② WPS文字会依据自动分页符（软分页符）自动在新的一页上重复表格的标题。如果在表格中插入人工分页符，则WPS文字无法自动重复表格标题。只能在页面视图或打印出的文档中看到重复的表格标题。

4.4.3 表格的修饰

选定表格，会同时激活两个新的选项卡——"表格样式"和"表格工具"。图4-31所示为"表格样式"选项卡。

图4-31 "表格样式"选项卡

1. 表格样式

表格样式用于对表格外观进行快速修饰。WPS文字提供了数十种不同色彩风格的样式供用户选择。巧妙利用表格样式美化表格可以达到事半功倍的效果。

（1）单击任意单元格。

（2）在"表格样式"选项卡中选择一种样式应用到当前表格。

（3）在"表格样式"选项卡中，用户可以根据需要设置"首行填充""首列填充""末行填充""末列填充""隔行填充""隔列填充"。

如果对设置的样式不满意，可以重新选择样式，也可以单击"表格样式"选项卡中的"清除表格样式"按钮 清除已应用的表格样式。

2. 设置表格的边框和底纹

为了使表格显示更加美观和容易分辨数据，很多时候需要为表格设置边框和底纹。设置边框和底纹可以使数据更加醒目。

（1）设置表格边框

① 选中需要设置边框的表格或单元格。

② 单击"表格样式"选项卡，分别单击"线型""线宽""颜色"下拉按钮，设置边框线的线型、线宽及边框颜色。

③ 单击"表格样式"选项卡中的"边框"下拉按钮，从边框类型列表（见图 4-32）中选择所需的边框类型，选定区域的外框线即改变为所选边框类型。

（2）设置底纹颜色

① 选择需要设置底纹颜色的表格或单元格。

② 单击"表格样式"选项卡中的"底纹"下拉按钮，从颜色列表中选择一种颜色。

3. 绘制斜线表头

表格包含了不同维度的数据，因此在绘制表头时，有时可能需要分别展示行和列的名称，以及表格内容区域的名称，这个时候就需要通过添加斜线表头来进行区分了。

（1）选中需要绘制斜线表头的单元格。

（2）单击"表格样式"选项卡中的"绘制斜线表头"按钮 ，弹出"斜线单元格类型"对话框，如图 4-33 所示。

图 4-32　边框类型列表　　　　图 4-33　"斜线单元格类型"对话框

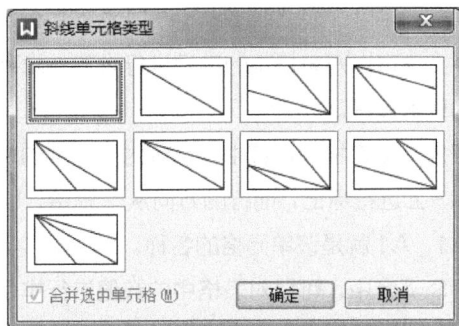

（3）选择所需的斜线类型，单击"确定"按钮。

4.4.4　表格与文本的相互转换

WPS 文字为用户提供了把文本转换为表格和把表格转换为文本的命令，也就是表格与文本之间可以相互转换，为日常办公提供了很大的方便。

若要将文本转换为表格或将表格转换为文本，请先单击"开始"选项卡上的"显示/隐藏编辑标记"下拉按钮 ，确认"显示/隐藏段落标记"处于选定状态，这样便于查看文档中文本的分隔方式。

1. 表格转换成文本

（1）选定要转换成文本的表格。

（2）单击"插入"选项卡中的"表格"下拉按钮，从弹出的下拉列表中选择"表格转换为文本"命令。

（3）在弹出的"表格转换为文本"对话框中根据需要选择文字分隔符（包含"段落标记""制表符""逗号""其他字符"）。

（4）单击"确定"按钮，将表格转换为文本。

2. 文本转换成表格

将文本转换成表格时，使用分隔符（根据需要选用的段落标记、制表符、逗号或空格等字符）标记新列开始的位置。WPS文字用段落标记标明表格新的一行的开始。

要注意的是，在输入文本内容时，若要以逗号作为分隔符对文字内容进行间隔，则逗号必须在英文状态下输入。

（1）选中要转换成表格的文本，并确保文本已经设置好分隔符。

（2）单击"插入"选项卡中的"表格"下拉按钮，从弹出的下拉列表中选择"文本转换成表格"命令。

（3）在弹出的"将文字转换成表格"对话框中设置表格的列数、行数和文字分隔位置。

（4）单击"确定"按钮，将文本转换成表格。

4.4.5 表格中数值的计算

WPS文字可以对表格中的数据进行求和、求平均值等常用函数的统计计算和加、减、乘、除等简单的算术计算。

在WPS文字表格的计算中，系统对表格中的单元格是以下面的方式进行标记的：在列的方向以字母A～Z进行标记，而行的方向从1开始，以自然数进行标记。如第1行、第1列的单元格标记为A1，A1就是该单元格的名称。

在WPS文字中，可以对表格中的数值进行排序和计算。对数值进行计算有两种方法：快速计算和利用公式进行计算。在表格中进行数值计算时，可以用A1、A2、B1、B2的格式引用表格中的单元格。

1. 排序

排序的目的是合理、有序地存放数据，以便对数据进行查询和计算。若表格中数据的顺序不满足我们的要求，可对其进行重新排序，可按数字或字母顺序进行排序，也可按日期或笔画顺序进行排序。

（1）将光标移动到表格中任意单元格内。

（2）单击"表格工具"选项卡中的"排序"按钮，打开"排序"对话框。

（3）在该对话框中选择排序关键字、排序类型及排序方式。若表格第1行为标题，则选择"有标题行"单选按钮；若表格内无标题行，则选择"无标题行"单选按钮。

2. 快速计算

对于求和、求平均值、求最大值、求最小值这些常用计算，可直接使用"快速计算"命令来完成。

（1）选定要参与计算的单元格区域（最右侧或最下方单元格为空白单元格）。

（2）单击"表格工具"选项卡中的"快速计算"下拉按钮，从下拉列表中选择计算方法，右侧或下方即显示出计算结果。

3．利用公式进行计算

WPS 文字还提供了利用公式进行数据计算的功能，且能进行批量计算。若能熟练使用各种表格公式，便能更高效地完成工作。

（1）选择要放置计算结果的单元格，单击"表格工具"选项卡中的"fx公式"按钮，打开"公式"对话框，如图 4-34 所示。

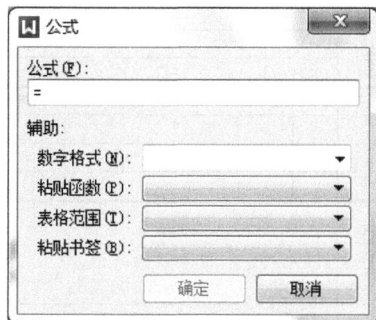

图 4-34　"公式"对话框

（2）如果选定的单元格位于一行数值的右端，WPS 文字默认采用公式"=SUM（LEFT）"进行计算，单击"确定"按钮对左边的数值求和；如果选定的单元格位于一列数值的底端，WPS文字默认采用公式"=SUM（ABOVE）"进行计算，单击"确定"按钮对上方的数值求和。

单击"确定"按钮之前，可先单击"数字格式"下拉按钮，选择计算结果的显示格式。

如果要进行的不是求和运算，首先删除"公式"文本框中原有的函数（不要删除等号"="），然后在"粘贴函数"下拉列表中重新选择所需函数，单击"确定"按钮得出计算结果。

如果需要改变公式的计算范围，则可删除表达式中原有的范围，从"表格范围"下拉列表中选择计算范围。

用函数计算出第 1 个单元格的结果后，若要自动填充其他单元格的计算结果，可以分别选取其他单元格，按"F4"键。

也可以在公式的文本框中输入公式，引用单元格进行计算。WPS 文字中单元格的表示方法与 WPS 表格中单元格的表示方法相同。例如，在公式文本框中输入"=B2+C2-D2"，单击"确定"按钮即可得出计算结果。

【教学案例 4】经典个人简历

个人简历是求职人员用来推销自己的首要工具，招聘经理人在面试之前所获取的关于求职者的信息基本都来自简历。外观漂亮、简洁明了的简历会给招聘者留下良好印象，成为求职者求职的敲门砖。下面我们一起来制作图 4-35 所示的经典个人简历。

图 4-35　经典个人简历

操作要求

（1）表格需占满一页纸。

（2）表格标题为行楷、一号字、居中，行距为单倍行距，段前间距、段后间距均为 0.5 行。

（3）表格最后两行高度相同，其余各行高度相同。

（4）表格内框线为 0.5 磅的细线和双细线，外框线为 1.5 磅的粗线。

（5）表格内文字为宋体、五号字，且在单元格内全部居中显示。

操作步骤

步骤 1　建立文档并保存

（1）启动 WPS Office。

（2）新建 WPS 文字空白文档。

（3）以"自己所在班级+姓名"为文件名，将文档保存在桌面上。

步骤 2　输入表格标题

（1）输入标题：个人简历。

（2）按"Enter"键换行。

（3）设置标题格式为行楷、一号、居中。

微课 22　个人
简历 1

（4）设置标题段落格式为单倍行距，段前间距、段后间距均为 0.5 行。

步骤 3　创建表格

（1）将光标置于标题行下方的空白行。

（2）单击"插入"选项卡中的"表格"下拉按钮，在下拉列表中选择"插入表格"命令，在弹出的"插入表格"对话框中设置列数为 7、行数为 16，单击"确定"按钮，在当前位置插入一个 16 行 7 列的表格。

（3）选择表格前 5 行的最后一列，单击"表格工具"选项卡中的"合并单元格"按钮，将其合并为一个单元格，结果如图 4-36 所示。

（4）用相同的方法合并其他单元格，结果如图 4-37 所示。

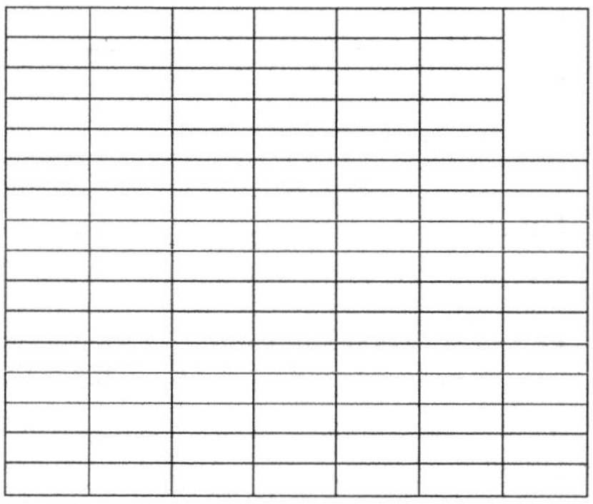

图 4-36　合并右上角的单元格

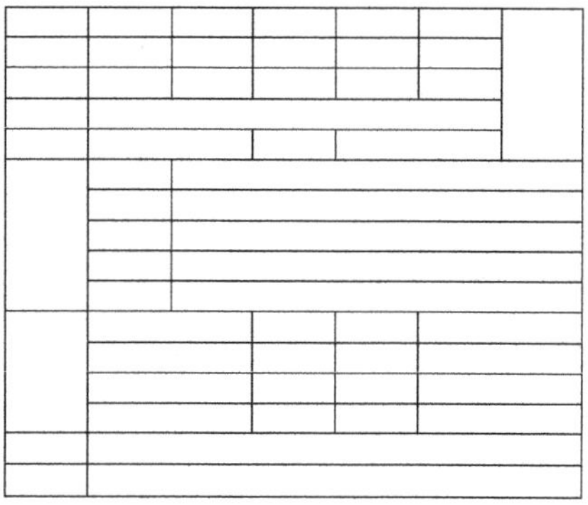

图 4-37　合并其他单元格

（5）往下方拖动表格倒数第 3 条横线（行高不同的临界横线）到合适位置，再往下方拖动最下方的横线，使表格占满一页。

（6）选择表格除最后两行以外的其他全部行，单击"表格工具"选项卡中的"自动调整"下拉按钮，选择"平均分布各行"命令，使所选各行的高度相同。用同样的方法使最下方两行高度相同，如图 4-38 所示。

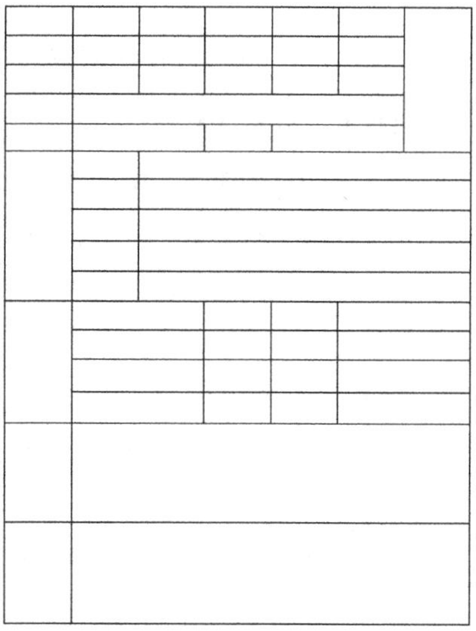

（7）向左移动表格右上角放置照片单元格的左侧竖线，使其宽度适合放置照片。

（8）选择表格前 3 行的左侧 6 列，单击"表格工具"选项卡中的"自动调整"下拉按钮，选择"平均分布各列"命令，使所选各列的宽度相同。

（9）移动表格中的竖线，使所有竖线位置合适，如图 4-39 所示。

图 4-38　移动表格横线到合适位置

步骤 4　美化表格

（1）在表格任意单元格中单击，在"表格样式"选项卡中单击"线型粗细"下拉按钮，在下拉列表中选择线宽为 1.5 磅。

（2）单击表格左上角的 ✛ 图标以选中整个表格，单击"表格样式"选项卡中的"边框"下拉按钮，从下拉列表中选择"外侧框线"，原表格的 4 条外边框线被修改为 1.5 磅粗的框线。

（3）单击表格中任意单元格，在"表格样式"选项卡中选择线型为双细实线。

（4）选择"绘制表格"命令，沿原表格内的第 6、11 和 15 条横线分别绘制双细实线，结果如图 4-40 所示。

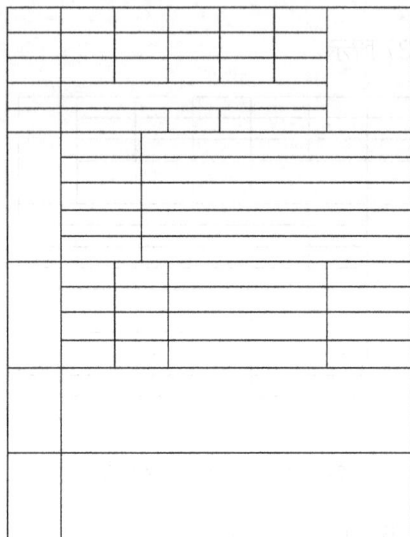

微课 23　个人简历 2

图 4-39　移动表格竖线到合适位置

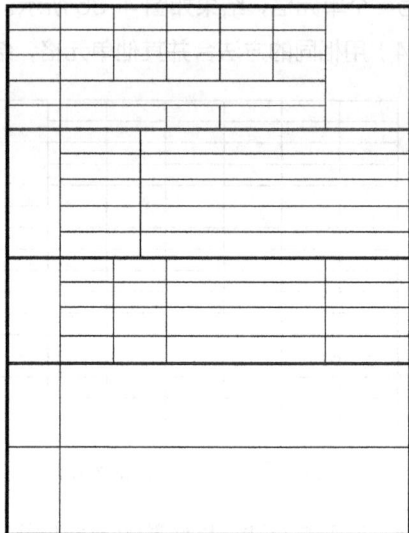

图 4-40　美化表格

步骤 5　输入文本

（1）选中整个表格，单击"表格工具"选项卡中的"水平居中"按钮和"垂直居中"按钮，使所有单元格中的文本内容在水平和垂直方向均居中。

（2）单击单元格，输入文本内容。纵向填写时需单击"表格工具"选项卡中的"文字方向"下拉按钮，从下拉列表中选择"垂直方向"。

步骤 6　保存文档

单击快速访问工具栏中的"保存"按钮或按"Ctrl+S"组合键保存文档。

任务 4.5　长文档编辑

对于较长的文档，如论文、书刊等，为了使文档结构清晰、便于阅读，需要设计多级标题，且各级标题和正文都有不同的字体、字号、行距、缩进、对齐等格式。如果用纯手动的方式来设置，将导致大量的重复劳动，使用 WPS 文字提供的长文档编辑命令可以很方便地解决这个问题。

利用样式编辑长文档，可以极大地简化文档格式的编辑，还可以方便地进行后续的格式修改和从文档中提取目录；使用导航窗格（即文档结构图）则可以清晰地显示整个文档的层次结构，对整个文档进行快速浏览和定位；在页面中插入分页符，可以对文档进行强制分页，在页面中插入分节符，可以对文档内多页之间采用不同的版面布局方式。

4.5.1　文档样式

样式是指一组已经命名好的字符格式或段落格式的集合。使用样式可以成批地给文本设定格式。用户可以直接使用 WPS 文字内置的样式，也可以根据自己的需要自定义样式。使用样式有以下两个优点。

（1）使用样式可以保证格式的一致性。

（2）使用样式可以显著提高编辑效率。

样式可以分为字符样式和段落样式。字符样式是用样式名称来标识字符格式的组合，字符样式只作用于段落中选定的字符，如果我们要突出段落中的部分字符，那么可以定义和使用字符样式。段落样式是用样式名称保存的一套字符和段落的格式组合，一旦创建了某个段落样式，就可以为文档中的标题或正文应用该样式。

表格、图片、页眉、页脚等也可以创建样式。

例如，编写毕业论文时，为了使文档的结构层次清晰，通常需要设置多级标题。如果每级标题和正文均定义和应用了样式，要对排版格式进行调整，只需修改相关样式，文档中所有使用这一样式的文本的样式会被修改。这样既方便了文档的编辑，也方便了目录的制作。

1. 应用样式

WPS 文字内置了部分常用的样式，用户可以直接利用其对文档进行格式设置。应用样式的步骤如下。

（1）选中要应用样式的标题或正文。

（2）在"开始"选项卡中单击"样式"下拉按钮 ，从样式列表中选择需要的样式，所选样式将应用于所选对象。

2. 创建样式

如果 WPS 文字的内置样式不能满足编辑文档的需要，用户可以自定义样式。新建样式的步骤如下。

（1）单击"开始"选项卡中的"预设样式"下拉按钮，在打开的下拉列表中选择"新建样式"命令，打开"新建样式"对话框，如图 4-41 所示。

（2）在该对话框的"名称"文本框中输入新样式的名称，在"样式类型"中选择段落样式或字符样式，在"样式基于"中选择与新建

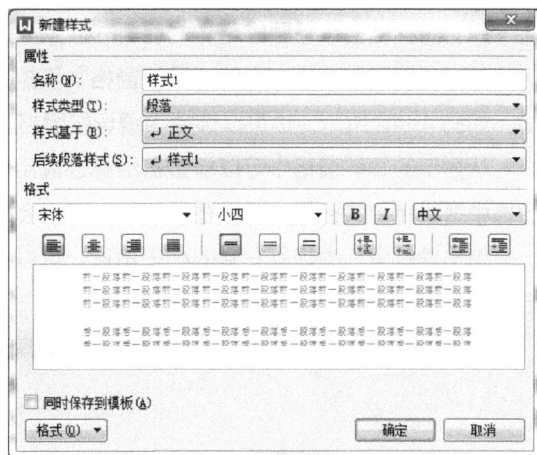

图 4-41　"新建样式"对话框

样式相近的样式以便新样式的设置，在"后续段落样式"中选择使用新建样式之后的后续段落默认的样式。在"格式"区域，可以进行字体和段落格式的简单设置。若要更详细地设置字体、段落、边框、编号等格式，可以单击该对话框左下角的"格式"按钮进行设置。

（3）设置好样式之后，单击"确定"按钮完成新样式的创建。创建好的样式会自动加入样式库中供用户使用。

3. 修改样式

若自定义样式或内置样式不符合用户要求，均可进行修改。修改样式的步骤如下。

（1）打开样式列表。

（2）在要修改的样式名称上单击鼠标右键，在弹出的菜单中选择"修改样式"命令，弹出"修改样式"对话框。

（3）在该对话框中修改样式设置。

（4）设置完成，单击"确定"按钮。

样式被修改之后，原来应用该样式的所有文字或段落会自动应用修改后的样式。

4. 删除样式

若自定义的样式已不再需要，可以删除该样式。删除样式的步骤如下。

（1）打开样式列表。

（2）在要删除的样式名称上单击鼠标右键，在弹出的菜单中选择"删除样式"命令，弹出"删除样式"确认框，单击"确定"按钮，选中的样式即被删除。

样式被删除之后，原来应用该样式的所有文字或段落自动应用正文样式。

用户可以删除自定义样式，但不能删除内置样式。

4.5.2 导航窗格

导航窗格由文档各个不同等级的标题组成，显示整个文档的层次结构，通过它可以对整个文档进行快速浏览和定位。

只有对文档各级标题应用样式后，才会生成该文档的文档结构图。

单击"视图"选项卡中的"导航窗格"下拉按钮，可选择在工作界面左侧或右侧显示导航窗格，如图4-42所示。也可以选择隐藏导航窗格。

从显示的导航窗格中可以检查各级标题应用的样式是否正确，并可进行快速定位。单击导航窗格中要跳转到的标题，该标题及相关内容便会显示在右侧。

单击导航窗格中标题左侧的小三角形，可以展开或折叠该标题的下一级子标题。正文文本不会显示在导航窗格中。

使用导航窗格，用户可以以更清晰的思路编辑文档，更轻松、高效地组织和编写文档。

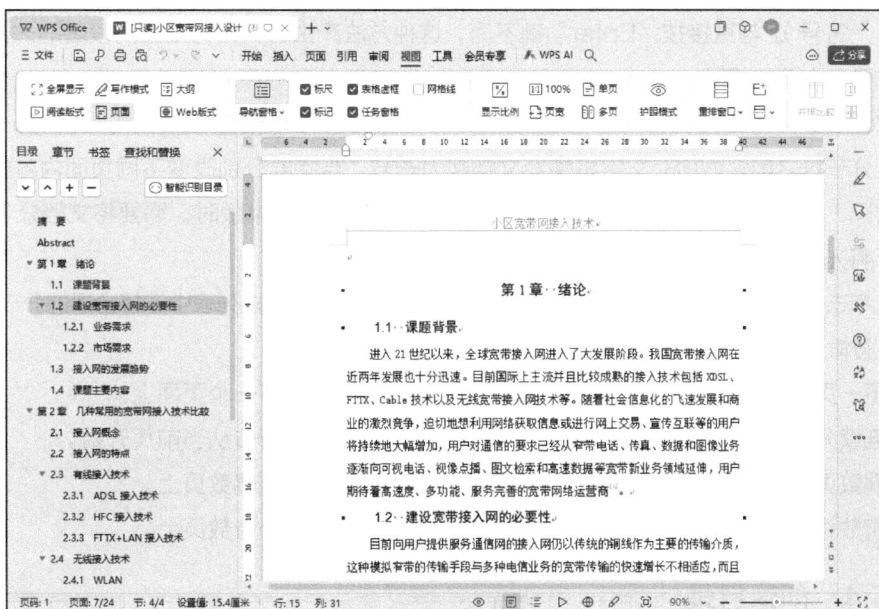

图 4-42　导航窗格

4.5.3　分隔符

分隔符包括分页符、分节符、分栏符等，它可以将文档分成一个或多个页、节、栏，以便对文档进行一页之内或多页之间采用不同的版面布局编辑，使文档的编辑更加灵活、更加方便。

在使用分隔符之前，首先单击"开始"选项卡中的"显示/隐藏段落标记"下拉按钮，确认显示段落标记，它可以帮助我们识别编辑过程中的各种格式符号。

1. 分页符

默认情况下，当文本内容超过一页时，WPS 文字会自动按照设定的页面大小进行分页。但是，如果用户需要在某个页面的内容不满一页时强制进行分页，就可以使用插入分页符的方法来实现。

（1）将光标定位在需要插入分页符的位置。

（2）单击"插入"选项卡中的"分页"下拉按钮，弹出分隔符下拉列表，如图 4-43 所示。

（3）在下拉列表中选择"分页符"命令。

2. 分栏符

对文档（或部分段落）设置分栏后，WPS 文字会在文档的适当位置自动分栏。但是，若需要某些内容出现在下一栏的顶部，可以使用插入分栏符的方法来实现。

分页符(P)	Ctrl+Enter
分栏符(C)	
换行符(W)	Shift+Enter
下一页分节符(N)	
连续分节符(T)	
偶数页分节符(E)	
奇数页分节符(O)	

图 4-43　分隔符下拉列表

（1）将光标定位在需要插入分栏符的文字位置。

（2）单击"插入"选项卡中的"分页"下拉按钮，在弹出的下拉列表中选择"分栏符"命令。

3. 换行符

换行符的功能等同于从键盘下直接按"Shift+Enter"组合键，用于在插入点位置强制换行（显

示为"↓"符号）。与直接按"Enter"键不同，这种方法产生的新行仍是当前段落的一部分，而不是生成了一个新的段落。

4. 分节符

插入分节符之前，WPS 文字将整篇文档视为一节。当需要分别改变不同页面内容的页眉、页脚、页码、分栏数、页边距、页面边框，或需要横向纵向混合排版时，需要将文档分节。

（1）将光标定位在需要插入分节符的位置。

（2）单击"插入"选项卡中的"分页"下拉按钮，在弹出的下拉列表中选择合适的分节符命令。分节符命令有下面 4 个，它们的功能如下。

① 下一页分节符：光标当前所在位置后的全部内容将移到下一个页面上。

② 连续分节符：将在光标当前所在位置添加一个分节符，新节从当前页开始。

③ 偶数页分节符：光标当前所在位置后的内容将转到下一个偶数页上。

④ 奇数页分节符：光标当前所在位置后的内容将转到下一个奇数页上。

4.5.4 创建目录

目录既是长文档的提纲，也是长文档组成部分的标题，一般应标注相应页码。在创建文档的目录时，要求文档必须应用了文档样式。

1. 生成目录

在一个文档中，如果各级标题都应用了恰当的标题样式（内置样式或自定义样式），WPS 文字会识别相应的标题样式，自动完成目录的创建。具体操作步骤如下。

（1）将光标定位到需要生成目录的位置。

（2）单击"引用"选项卡中的"目录"→"自定义目录"命令，弹出"目录"对话框，如图 4-44 所示。

（3）在"制表符前导符"下拉列表框中可以指定标题与页码之间的分隔符。

在"显示级别"数值微调框中指定目录中显示的标题层次（当指定为"1"时，只有一级标题显示在目录中；当指定为"2"时，一级标题和二级标题显示在目录中，以此类推）。

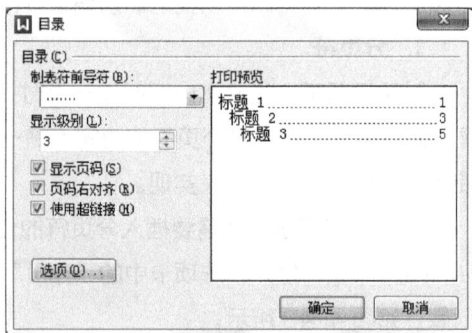

图 4-44 "目录"对话框

勾选"显示页码"复选框，以便在目录中显示各级标题的页码；勾选"页码右对齐"复选框，可以使页码右对齐页边距；如果要将目录复制成单独文件保存或打印，则必须将其与原来的文本断开链接，否则会出现提示"页码错误"。

（4）单击"确定"按钮，就可以从文档中抽取目录。

2. 更新目录

生成目录之后，如果用户对文档内容进行了修改，可以利用"更新目录"命令快速地生成调整后的新目录。

（1）将光标定位于目录页。

（2）单击"引用"选项卡中的"更新目录"按钮⬚，弹出"更新目录"对话框，如图 4-45 所示。

如果选中"只更新页码"单选按钮，则只更新现有目录项的页码，不会影响目录项的增加或修改；如果选中"更新整个目录"单选按钮，则重新生成目录。

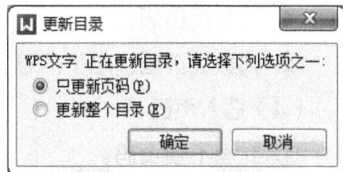

（3）单击"确定"按钮更新目录。

图 4-45　"更新目录"对话框

【教学案例 5】编排毕业论文

毕业论文一般由封面、摘要、目录、正文、参考文献和致谢等部分组成，通常有几十页，且有严格的格式要求，如果掌握了长文档的排版技巧，则可以节约时间，提高编辑效率。

本案例中某学生的论文内容已经完成，但不符合论文的格式要求。现从定义和应用论文样式、创建论文目录等方面介绍毕业论文的编排方法。图 4-46 所示为根据论文内容自动生成的论文目录。

图 4-46　论文目录

操作要求

（1）页面设置。

纸张设置为 A4、纵向，除封面外，页边距为"上、下各 2.5cm，左、右各 3.0cm"，页眉上边距 1.5cm，页脚下边距 1.8cm。

（2）插入分隔符。

在封面页、英文摘要页面下方插入下一页分节符，在中文摘要页面下方、各章最后一页下方及参考文献页面下方插入分页符。

（3）插入页眉。

页眉为宋体、小四号，显示页眉横线，封面不显示页眉。

① 奇数页页眉：小区宽带网接入技术。

② 偶数页页眉：电子信息工程系毕业论文。

（4）插入页码。

① 封面不要页码。

② 摘要、目录、正文（包括参考文献和致谢）分别设置页码。

（5）定制样式。

毕业论文各级标题和正文的格式设计依照下列要求。

一级标题使用"标题1"样式：中文黑体、西文Times New Roman，小三号，居中，1.5倍行距，段前0.5行，段后0.5行。

二级标题使用"标题2"样式：中文黑体、西文Times New Roman，四号，左侧缩进2个字符，1.5倍行距。

三级标题使用"标题3"样式：中文黑体、西文Times New Roman，小四号，左侧缩进2个字符，1.5倍行距。

正文使用"正文"样式：中文宋体、西文Times New Roman，小四号，首行缩进2个字符，1.5倍行距。

（6）对各级标题和正文应用样式。

（7）利用导航窗格管理毕业论文。

（8）在英文摘要之后、正文之前创建目录。

操作步骤

步骤1　页面设置

（1）打开论文原文。

（2）单击"页面"选项卡中的"页面设置"对话框启动器，打开"页面设置"对话框。

（3）在"纸张"选项卡中设置纸张大小为A4；在"页边距"选项卡中设置上、下边距为2.5cm，左、右边距为3.0cm，方向为纵向；在"版式"选项卡中设置页眉上边距1.5cm，页脚下边距1.8cm。

微课24　编排毕业论文1

步骤2　插入分隔符

（1）单击"开始"选项卡中的"显示/隐藏段落标记"按钮，显示段落标记。

（2）将光标置于封面末尾的空行。

（3）单击"插入"选项卡中的"分页"下拉按钮，从弹出的下拉列表中选择"下一页分节符"命令。

（4）删除插入分节符后转移到下一页上方的所有空行。

（5）使用同样的方法，在英文摘要页面内容下方空行插入"下一页分节符"。

（6）在中文摘要、正文各章最后一页内容下方及参考文献页面内容下方分别插入"分页符"。

步骤 3　插入页眉

（1）双击摘要页面的页眉位置。

（2）在"页眉页脚"选项卡中设置"页眉横线"为细实线。

（3）单击"页眉页脚选项"按钮，弹出"页眉/页脚设置"对话框，在该对话框中勾选"奇偶页不同""显示奇数页页眉横线""显示偶数页页眉横线"3 个复选框，如图 4-47 所示，单击"确定"按钮。

（4）单击正文第 1 页的页眉位置，输入页眉"小区宽带网接入技术"，单击正文第 2 页的页眉位置，输入页眉"电子信息工程系毕业论文"，设置文字均为宋体、小四号。

（5）单击封面页页眉位置。

（6）单击"页眉页脚选项"按钮，弹出"页眉/页脚设置"对话框，在该对话框中勾选"首页不同"复选框。

步骤 4　插入页码

（1）双击摘要页面页码，在页码位置弹出"重新编号""页码设置""删除页码"3 个按钮。

（2）单击"删除页码"按钮，选择删除"整篇文档"的页码，删除论文中原有的全部页码。此时页码位置出现"插入页码"按钮。

（3）单击"插入页码"按钮，弹出"插入页码"对话框，选择插入页码的样式、位置，"应用范围"为"本节"，如图 4-48 所示。此时页码位置恢复"重新编号""页码设置""删除页码"3 个按钮。

图 4-47　"页眉/页脚设置"对话框

图 4-48　"插入页码"对话框

（4）单击"重新编号"按钮，页码编号设为 1。

（5）将光标置于正文第 1 页的页码位置，用同样的方法为正文插入页码。

步骤 5　定制毕业论文样式

本例需要定义 4 种样式，分别是正文、标题 1、标题 2、标题 3，每个样式的具体要求见毕业设计论文的格式要求。为方便操作，这里直接在原有样式的基础上进行修改。

微课 25　编排
毕业论文 2

（1）单击"开始"选项卡，在"样式"功能区中右击"正文"样式，在弹出的快捷菜单中选择"修改样式"命令，打开"修改样式"对话框，如图 4-49 所示。

（2）单击"格式"下拉按钮，在下拉列表中选择"字体"命令，打开"字体"对话框，设置中文字体为宋体，西文字体为 Times New Roman，字号为小四号。

（3）单击"格式"下拉按钮，在下拉列表中选择"段落"命令，打开"段落"对话框，设置首行缩进 2个字符，行距为 1.5 倍。

（4）修改完成，单击"确定"按钮。

（5）用同样的方法设置标题 1、标题 2、标题 3的样式。

图 4-49　"修改样式"对话框

步骤 6　对各级标题和正文应用样式

（1）选中中文摘要页面的标题"摘要"二字。

（2）单击"开始"选项卡样式列表中的"标题 1"样式，对标题"摘要"应用"标题 1"样式。

使用上述方法，为全文所有的一级标题应用该样式。也可以使用格式刷快速应用样式。

用同样的方法为文中各级标题及正文应用样式。

步骤 7　使用导航窗格管理毕业论文

单击"视图"选项卡中的"导航窗格"下拉按钮，可在下拉列表中选择在工作界面左侧或右侧显示导航窗格，也可隐藏导航窗格。

导航窗格可以显示文档结构，检查各级标题应用的样式是否正确，并可进行修改。

若要编辑文档内容，首先要对文档内容进行定位。单击导航窗格中要跳转到的标题，该标题及相关内容就会显示在页面顶部。

步骤 8　创建毕业论文目录

对各级标题应用样式后，便可以制作毕业论文的目录了。

1. 创建目录

（1）将光标定位于正文第 1 页最上方的空行。

（2）单击"插入"选项卡中"空白页"下拉按钮，在下拉列表中选择"竖向"按钮，插入一个空白页。

微课 26　编排毕业论文 3

（3）输入"目录"二字后按"Enter"键。

（4）单击"引用"选项卡中的"目录"下拉按钮，选择"自定义目录"，弹出"目录"对话框。

（5）在"制表符前导符"下拉列表框中指定标题与页码之间的分隔符为圆点分隔符，在"显示级别"中指定目录中显示的标题层次为 3，勾选"显示页码""页码右对齐""使用超链接"3个复选框，单击"确定"按钮，生成目录。

（6）设置"目录"二字为黑体、小三号、居中，1.5 倍行距，段前间距、段后间距 0.5 行。

（7）选择全部目录内容，设置为宋体、小四号，1.5 倍行距。

2. 更新目录

生成目录之后，如果对文档内容进行了修改，可以利用目录的更新功能，快速地生成调整后的新目录。

（1）将光标定位于目录页。

（2）单击"引用"选项卡中的"更新目录"按钮 ，弹出"更新目录"对话框。

如果只更新现有目录项的页码，不修改目录项内容，则选中"只更新页码"单选按钮；如果目录项内容有增删，则选中"更新整个目录"单选按钮，重新生成目录。

（3）单击"确定"按钮更新目录。

任务 4.6 利用邮件合并批量处理文档

在实际工作中，我们经常需要编辑大量格式基本相同、内容也大同小异的文档，如请柬、获奖证书、工作证、准考证、标签、成绩单、录取通知书等。如果一份一份地编辑、打印，虽然每份文件只需修改个别内容，但如果份数较多，就成了一件非常烦琐的事情。使用 WPS 文字提供的"邮件合并"功能可以轻松解决这个问题。

4.6.1 邮件合并的作用

这项功能虽然叫邮件合并，但利用邮件合并功能不仅可以完成信封或信件的编辑和打印，还可以进行获奖证书、录取通知书等格式基本相同、内容大同小异的文件的编辑和打印。利用邮件合并功能，可以极大减少工作量，提高工作效率。合并后生成的文档可以保存为 WPS 电子文档，也可以打印出来，或者以电子邮件形式发送出去。

4.6.2 邮件合并的方法

邮件合并需要使用 WPS 文字和 WPS 表格两个组件，通过建立一个主文档和一个数据源文档，就可批量制作和处理文档。利用 WPS 文字制作邮件中内容不发生变化的主文档，而利用 WPS 表格制作邮件中内容需要变化的数据源文档。

邮件合并需要经过创建主文档、建立数据源文件和进行邮件合并 3 个步骤。

（1）创建主文档

主文档是用于创建输出文档的"模板"，其中包含一些固定不变的文本内容，这些内容在所有输出文档中都是相同的，比如邀请函的文本内容、成绩单的字段名称等。对于变化的文本内容（称为合并域），编写主文档时可以先将其忽略，邮件合并时再将其插入。

（2）建立数据源文件

数据源实际上是一个数据列表，其中包含用户希望合并到主文档中的内容，也就是文档中发生变化的内容（即合并域），如邀请函中受邀人的姓名等。数据源文件一般用电子表格或数据库进行编辑和存储。

（3）进行邮件合并

① 打开主文档，单击"引用"选项卡中的"邮件"按钮，激活"邮件合并"选项卡，如图4-50所示。

图4-50　"邮件合并"选项卡

② 将光标置于主文档内要插入合并域的位置，单击"打开数据源"下拉按钮，选择"打开数据源"命令，弹出"选取数据源"对话框，导入数据源文件。

③ 单击"插入合并域"按钮，弹出"插入域"对话框。在"数据库域"中选择要插入的字段，单击"插入"按钮，可以看到主文档中插入了合并域字段。

④ 单击"查看合并数据"，可以看到合并后的效果。单击"上一条""下一条"按钮可看到合并后生成的每条记录。再次单击"查看合并数据"，内容将重新显示为域名代码。

如果希望每一份邀请函都是一个独立的文档，单击"合并到不同新文档"；如果希望所有同学的邀请函生成到一个文档中，单击"合并到新文档"；如果希望直接打印出来，单击"合并到打印机"；如果希望将邮件合并后的内容通过电子邮件发送，单击"合并到电子邮件"。

邮件合并的最终文档包含所有的输出结果，其中，主文档内容在输出文档中是相同的，插入域则会随着收件人的不同而发生变化。

【教学案例6】批量生成荣誉证书

打印荣誉证书是一件烦琐的事，因为每张证书都需要更换姓名、赛项和获奖等级。利用WPS提供的"邮件合并"功能可以方便、快捷地完成这一工作。合并后的文件可以保存到新文档或不同的新文档中，也可以打印输出，还可以以电子邮件的形式将每位获奖者的证书发送给本人。下面制作图4-51所示的荣誉证书。

图4-51　荣誉证书

操作要求

根据荣誉证书的页面大小和图案，创建主文档的页面格式。这里设置纸张大小为A4、横向，学生姓名为行楷、一号字，获奖等级为行楷、56磅，其余文字均为宋体、一号字。将所有荣誉证书生成到一个名为"计算机技能大赛获奖证书"的新文档中。

操作步骤

步骤1　创建主文档

（1）新建 WPS 文字空白文档，设置纸张大小为 A4、横向。

（2）制作图 4-52 所示的学生荣誉证书主文档，注意填写姓名、赛项的位置不留空格。获奖等级留一空行，并设置获奖等级的文字为行楷、56 磅字。

（3）保存主文档，文件名为"荣誉证书主文档"。

步骤2　建立数据源文件

（1）新建 WPS 表格空白表格。

（2）在 WPS 表格中输入图 4-53 所示的荣誉证书数据源文件内容。

（3）保存数据源文件，文件名为"获奖名单"。

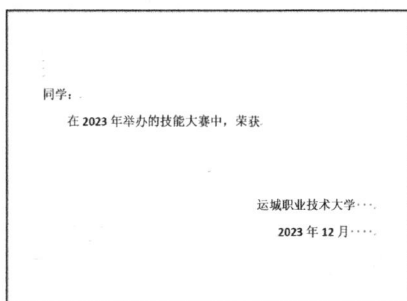

图 4-52　建立主文档

	A	B	C	D
1	姓名	赛项	获奖等级	邮箱
2	孙秀芳	求职简历	一等奖	13526@qq.com
3	王晨妮	求职简历	二等奖	sxyc@163.com
4	李彦伟	求职简历	三等奖	23958@qq.com
5	郝佳欣	幻灯片制作	一等奖	36068@qq.com
6	梁春杰	幻灯片制作	二等奖	liyu@sina.com
7	李晨光	幻灯片制作	三等奖	zhang@sohu.com
8	张美兵	电子表格	一等奖	wang@189.com
9	李玉青	电子表格	二等奖	yang@163.com
10	侯宜京	电子表格	三等奖	feng@sina.com

图 4-53　数据源文件内容

步骤3　邮件合并

邮件合并的步骤如下。

（1）打开主文档"荣誉证书主文档"，单击"引用"选项卡中的"邮件"按钮，激活"邮件合并"选项卡。

（2）单击"打开数据源"下拉按钮，选择"打开数据源"命令，弹出"选取数据源"对话框，导入数据源文件"获奖名单"。

（3）将光标置于主文档内要插入合并域的"同学"之前，单击"插入合并域"按钮，弹出"插入域"对话框，如图 4-54 所示，在"数据库域"中选择要插入的字段"姓名"，单击"插入"按钮后单击"关闭"按钮。

（4）使用同样的方法，将对应的合并域逐一插入。插入合并域后的荣誉证书如图 4-55 所示。

（5）单击"合并到新文档"，则可生成一份包含所有获奖证书的新文档。合并后生成的第 1 个学生的荣誉证书如图 4-56 所示。

（6）保存文档。

① 单击"合并到新文档"按钮，在打开的"合并到新文档"对话框中选中"全部"单选按钮，

图 4-54　"插入域"对话框

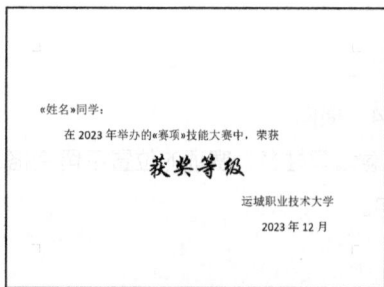

再单击"确定"按钮，生成一个包含 10 张获奖证书的新文档。

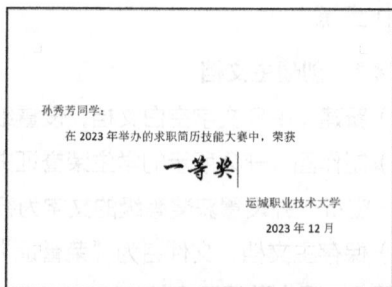

图 4-55　插入合并域后的荣誉证书　　图 4-56　生成的第 1 个学生的荣誉证书

② 在新文档中单击"保存"按钮，将新文档命名为"计算机技能大赛获奖证书"并保存。

③ 如果要将获奖证书以电子邮件的形式发送给学生，需要在数据源文件中增加一列"学生邮箱"，选择"收件人"，设置好电子邮箱客户端，单击"合并到电子邮件"，即可以电子邮件的形式将合并后的文档分别发送给指定的收信人。

任务 4.7　多人线上协同办公

文档在线存储的优势在于用户能够随时随地实现文档的共享，以提高文档制作的效率。在 WPS 云办公服务中，是以"分享"的形式来实现共享行为的。对于所有存储在 WPS 云办公中的文档，都能够以链接的形式与他人共享。以客户端为例，在"WPS Office"按钮下的文档列表条目、条目右键菜单及文档编辑页内都可以找到"分享"按钮。

4.7.1　协同办公的优势

使用协同办公功能可以实现多人协作编辑同一个在线文档，协同办公更高效；免费、大容量的存储空间，企业文档统一存储、团队共享；支持一键分享文档链接到微信等，分享文档更方便；精细化设置团队文档的编辑和查看权限，保障文档安全。

4.7.2　协同办公的方法

协同编辑文档是指通过某种方式将文档共享给团队成员，实现团队成员同时对文档进行查看、编辑等操作，以提高文档编辑效率的方法。一般来说，协同编辑文档可以按以下步骤进行。

（1）导入文档，使文档保存在云端服务器，实现文档共享。

（2）设置协同人员和权限，如浏览权限、编辑权限等。

（3）通过微信等给协同人员发送文档链接。

（4）协同人员进行编辑操作。

（5）协同编辑完成后，将文档导出到本地。如有必要，收回协同编辑权限，甚至删除云端共享文档。

【教学案例 7】班级通讯录

为方便同学之间及教师与学生之间的通信，下面制作班级通讯录。

操作要求

以宿舍为单位，每个宿舍由宿舍长创建一个名为"××班级××宿舍通讯录"的文档，如图 4-57 所示。通过"分享"命令，收集本宿舍每个同学的个人信息，最后由宿舍长将本宿舍的通讯录提交给老师。

××班级××宿舍通讯录

学号	姓名	电话	职务

图 4-57　班级通讯录

操作步骤

步骤 1　新建文档并保存

（1）各宿舍长分别新建一个 WPS 文字空白文档。

（2）以"××班级××宿舍通讯录+姓名"为文件名，将文档保存在桌面上。

（3）输入表格标题"××班级××宿舍通讯录"，并进行格式设置。

（4）绘制一个 4 列多行的表格，并输入表头内容：学号、姓名、电话、职务。

微课 28　班级通讯录

步骤 2　设置多人协作编辑

（1）单击选项卡右侧的"分享"按钮，出现"协作"面板，如图 4-58 所示。

（2）单击"和他人一起编辑"右侧的按钮，启动"协作模式"，如图 4-59 所示。

图 4-58　"协作"面板

图 4-59　启动"协作模式"

（3）设置"链接权限"为"所有人可编辑"，在"高级设置"中设置链接有效期为7天。

（4）单击"复制链接"按钮。

（5）打开微信，将文档共享到宿舍/班级微信群。

（6）同一宿舍每位同学填写自己的个人信息。

步骤3　整理数据，关闭"协作模式"

（1）宿舍长收集完数据后，关闭"协作模式"。

（2）各宿舍长将文档提交给老师。

【项目自测】

1. 制作求职简历

求职简历是每个求职者需要制作的向用人单位推荐自己的求职资料。

求职简历需要求职者用简洁、真实的语言向招聘者表明自己的求职意向、教育背景、专业技能、兴趣爱好等信息。求职简历是招聘者在阅读求职者的求职申请后对其产生兴趣进而进一步决定是否给予其面试机会的极重要的依据性材料，求职者应当重视求职简历的质量。

一份完整的求职简历，一般包括封面、简历页和自荐信3部分。求职简历可以自己设计，也可以利用WPS文字提供的求职简历模板进行制作。图4-60所示为利用WPS文字提供的模板制作的求职简历，求职者可以参考其样式进行制作。

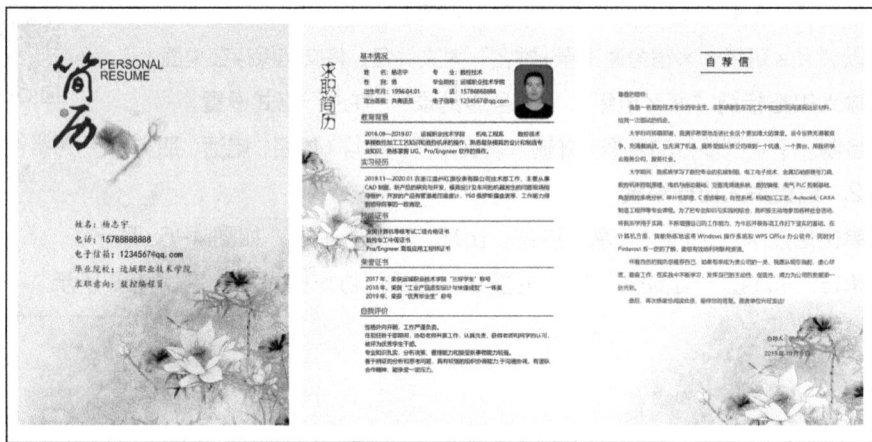

图4-60　求职简历

求职简历切忌过长，尽量浓缩在3页之内，最重要的是要有实质性的内容给用人单位看；求职简历上填写的资料必须客观真实，千万不能编造。求职简历应做到以下要求。

（1）设置纸张大小为A4。

（2）简历上需体现求职意向、个人信息、教育背景、实习经历等基本信息。

（3）要突出对求职有用的兴趣特长、技能证书、荣誉证书等。

（4）版面美观、布局合理、排版简洁明快。

（5）照片清晰，文字简洁，字体、字号运用得当，无错别字。

WPS 文字向用户提供了大量求职简历的模板，有实习生求职简历、应届生求职简历、简约个人简历、商务求职简历、单页个人简历、个人简历套装等，可以选择下载合适的模板使用。

2. 文本转换成表格

日常工作和生活中，有时会需要将一些编辑好的文字内容转换成表格形式。对于规范化的文字，即每项内容之间以特定的字符（如逗号、段落标记、制表位等）间隔的文字，可以很方便地将其转换成表格。请完成下列操作。

（1）将下列金牌榜（不包括标题行）转换成一个 9 行 6 列的表格。

（2）在"奖牌"列各单元格内利用公式计算出各代表队的奖牌总数。

（3）设置表格列宽为 20 毫米、行高为 8 毫米。

（4）设置表格整体居中；表格中所有文字均水平、垂直居中。

（5）设置表格外侧上、下框线为 1.5 磅粗黑实线，内部横框线为 0.75 磅细"钢蓝，着色"实线，所有竖线均设为"无"。

（6）设置表格第 1 行各单元格为"钢蓝、着色 5"底纹搭配白色、加粗、黑体字。

（7）将文档输出为 PDF 格式。

第十四届全运会金牌榜（前 8 名）

排名	代表队	金牌	银牌	铜牌	奖牌
1	山东	58	55	47	
2	广东	54	32	56	
3	浙江	44	35	37	
4	江苏	42	35	39	
5	上海	36	27	28	
6	湖北	27	18	15	
7	福建	25	17	18	
8	湖南	25	13	9	

项目五
WPS演示

WPS 演示是 WPS Office 的主要组件之一，主要用于制作和播放幻灯片。应用该软件可以方便地在幻灯片中插入和编辑文本、图片、表格、艺术字和公式等内容。为了增强演示效果，还可以在幻灯片中插入声音和视频等。WPS 演示还可以为幻灯片中的各种对象设置动画，以及设置页面之间的切换方式，让演示文稿更加引人注目。WPS 演示支持共享播放，与其他设备连接，同步播放当前幻灯片。

WPS 演示广泛应用于教学演示、会议报告、交流观点、产品宣传、演说答辩等场景，并以其易学易用、功能强大等诸多优点，深受广大用户的欢迎，成为制作演示文稿的主要工具。

任务 5.1　WPS 演示的基本操作

演示文稿由许多张幻灯片按一定的顺序排列组成，每张幻灯片都可以有其独立的标题、图片、说明以及多媒体对象等基本组成元素，但所有幻灯片必须服务于一个共同的主题。制作演示文稿时，还可以对组成幻灯片的每个对象添加动画效果，以及设置幻灯片页面间的切换效果，这会使演示文稿播放更具感染力和吸引力。

5.1.1　WPS 演示的工作界面

双击桌面上的 WPS Office 快捷图标 ，或单击"开始"→"WPS Office"→"WPS Office"，均可启动 WPS Office。

启动 WPS Office 后，进入 WPS Office 首页。单击上方的"新建"按钮 ，接着单击"演示"按钮，选择新建空白模板或其他合适的模板，创建演示文稿。

WPS 演示的工作界面如图 5-1 所示。

WPS 演示的工作界面包含选项卡、功能区、导航区、编辑区、任务窗格、备注窗格、状态栏等内容。

选项卡：默认情况下，WPS 演示将用于制作演示文稿的各种操作分为开始、插入、设计、切换、动画、放映等 10 个选项卡，还有一些选项卡在处理相关任务时才会出现。

功能区：功能区是在选项卡大类下面的功能分组。每个功能区又包含若干个命令按钮。

导航区：按大纲或缩略图形式显示全部幻灯片内容，可以在导航区进行幻灯片的选择、复制、移动及删除等操作。

选项卡　　　　　　　　　　　　　　　　　　　　　任务窗格

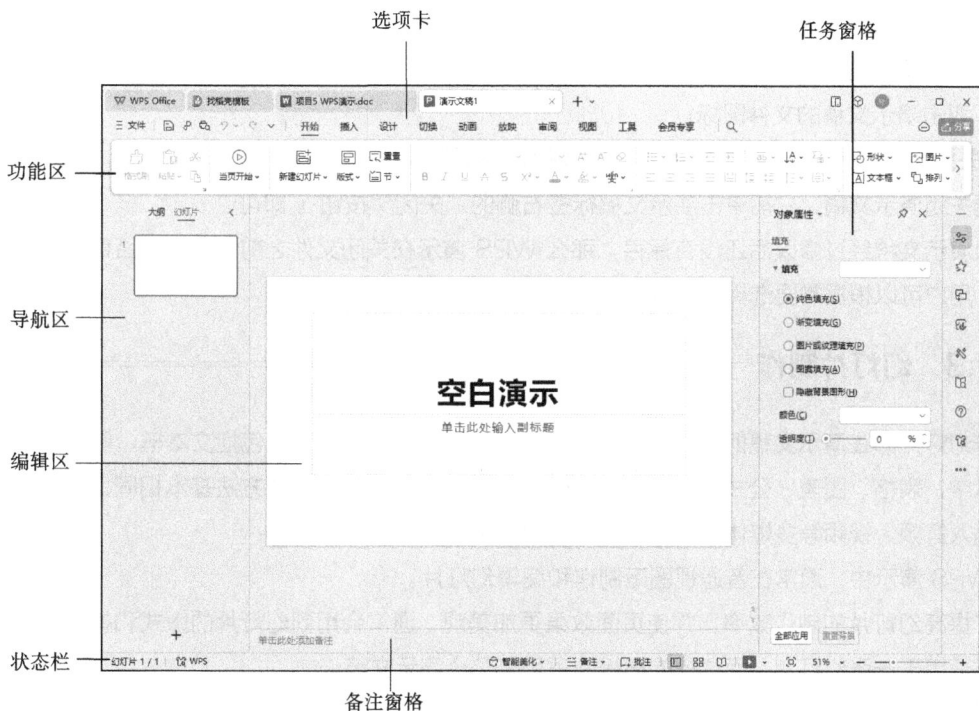

功能区

导航区

编辑区

状态栏

空白演示
单击此处输入副标题

备注窗格

图 5-1　WPS 演示的工作界面

编辑区：用于显示正在编辑的幻灯片，可以在编辑区对幻灯片进行各种编辑操作。

任务窗格：可以在此修改对象属性，也可以进行自定义动画、幻灯片切换效果设置等操作。

备注窗格：用于对当前编辑的幻灯片添加注释说明。

状态栏：用于显示正在编辑的演示文稿的相关状态信息。

5.1.2　WPS 演示的文档管理

文档管理主要包括创建新演示文稿、保存演示文稿、打开演示文稿及关闭演示文稿。

1. 创建新演示文稿

启动 WPS Office 后，单击"新建"按钮，单击"演示"按钮，从演示文稿的模板列表中选择"新建空白演示文稿"或合适的模板。

若不需要借助任何模板，自己从头开始制作演示文稿，可在模板列表中单击"新建空白演示文稿"，创建新的空白演示文稿；若要建立基于模板的演示文稿，则在模板列表中选择合适的模板，然后下载所需模板，用户可以直接在模板的基础上进行编辑。

2. 保存演示文稿

单击快速访问工具栏中的"保存"按钮或按"F12"键，弹出"另存为"对话框，选择希望保存演示文稿的位置，在"文件名"文本框中输入新的文件名，在"文件类型"下拉列表中选择要保存的文件类型，单击"保存"按钮即可保存演示文稿。默认的文件类型为"*.pptx"。

3. 打开演示文稿

如果要打开已经存在的演示文稿，常用以下两种方法。

（1）单击快速访问工具栏中的"打开"按钮。

（2）双击演示文稿的文件图标。

4. 关闭演示文稿

若要关闭演示文稿，只需单击演示文稿标签右侧的"关闭"按钮 × 即可。

如果演示文稿经过修改后还没有保存，那么 WPS 演示在关闭文件之前会询问是否保存现有的修改，用户可以根据需要选择保存或不保存。

5.1.3　幻灯片制作

制作幻灯片即在演示文稿的幻灯片中插入各种幻灯片对象，这些对象包括文本框、图片、形状、艺术字、表格、图表、公式等，插入和编辑的方法与 WPS 文字中的方法基本相同。另外，还可以插入音频、视频等多媒体对象，以丰富表现效果，增强感染力。

在 WPS 演示中，通常在普通视图下制作和编辑幻灯片。

为了提高幻灯片的制作效率，并使页面效果更加美观，通常会用到幻灯片的版式和模板。选择的版式适用于一张幻灯片，而选择的模板则适用于整个演示文稿。

1. 幻灯片版式

幻灯片版式是指幻灯片内容在幻灯片上的排列方式。版式由占位符组成。占位符是版式上的虚线框，其内部可放置文字、图片、表格、艺术字和形状等对象。

单击"设计"选项卡中的"版式"下拉按钮，弹出"WPS"版式列表，从中选取一种合适的版式，即可将其应用于当前幻灯片，如图 5-2 所示。

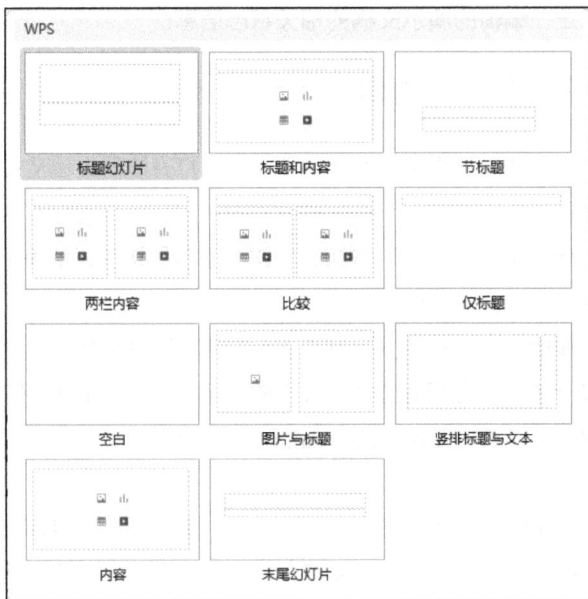

图 5-2　幻灯片版式

也可以在新建幻灯片时，单击"新建幻灯片"下拉按钮，从下拉列表中选择一种版式。

应用 WPS 演示提供的版式创建的演示文稿，版面上提供了可以输入各种对象的占位符，用户可单击占位符中的对象按钮，在弹出的对话框中选择合适的对象。用户还可以根据需要调整占位符的大小、位置或将其删除。

2. 幻灯片模板

应用模板可以使演示文稿具有统一的外观风格。模板是包含演示文稿样式的文件，包括背景图案、占位符的位置和大小、文本的字体和字号等。运用好的模板可以省去很多烦琐的设计工作，同时使制作出来的演示文稿内容更专业、版式更合理、主题更鲜明、字体更规范，增加演示文稿的观赏性。WPS 演示向用户提供了大量实用的模板。

单击"设计"选项卡，下方的功能区中显示设计模板、更多主题、配色方案、统一字体和单页美化、全文美化等选项，如图 5-3 所示。

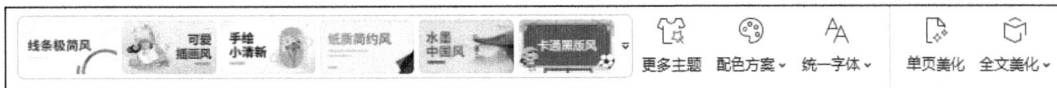

图 5-3 "设计"选项卡

（1）设计模板：打开演示文稿，将鼠标指针移动到某个模板时，会显示该模板的放大图片，单击该模板，该模板便会应用到打开的演示文稿。

（2）更多主题：提供更多风格的主题方案，单击该主题方案，便可将其应用到打开的演示文稿中。

（3）配色方案：当不想更换全套主题，只想更换其颜色时，用"配色方案"进行一键换色。

（4）统一字体：对幻灯片全文字体进行统一美化设置。

（5）单页美化：对指定幻灯片页面（如封面、目录、章节、正文等）进行美化设置。

（6）全文美化：对幻灯片全文内容进行"全文换肤""统一版式"的美化设置。

5.1.4 幻灯片管理

演示文稿创建完成之后，可能需要在某处插入新的幻灯片，或者删除不再需要的幻灯片，有时还需要调整幻灯片的前后顺序，以便更有条理地说明演示内容。进行这些操作之前，都必须选择幻灯片，使之成为当前的操作对象。

1. 选择幻灯片

在普通视图模式下，单击幻灯片导航区中的某张幻灯片，即可选定该幻灯片。

如需选择连续的多张幻灯片，可在导航区单击要选择的第 1 张幻灯片，再按住"Shift"键单击要选择的最后一张幻灯片，即可选中这两张幻灯片及它们之间的全部幻灯片。

如需选择不连续的多张幻灯片，可在导航区单击选中第 1 张幻灯片，再按住"Ctrl"键依次选择所需的各张幻灯片，即可选中多张不连续的幻灯片。

2. 插入幻灯片

在幻灯片导航区选择需要在其之后插入幻灯片的目标幻灯片，然后单击"开始"选项卡中的

"新建幻灯片"按钮，则在当前幻灯片之后插入新的幻灯片。

3. 复制幻灯片

在幻灯片导航区选择需要复制的一张或多张幻灯片，按快捷键"Ctrl+C"，单击目标位置后，按快捷键"Ctrl+V"，即可将选择的幻灯片复制到目标位置。

4. 移动幻灯片

在幻灯片导航区选择需要移动的幻灯片，按住鼠标左键将其拖动到目标位置后释放鼠标即可移动幻灯片。

5. 删除幻灯片

在幻灯片导航区选择一张或多张需要删除的幻灯片，按"Delete"键即可删除。

5.1.5　幻灯片放映

幻灯片的"放映"选项卡如图 5-4 所示。可以设置放映方式、排练计时，还可以进行手机遥控的设置。

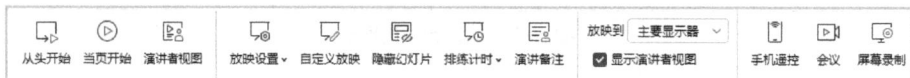

图 5-4　幻灯片的"放映"选项卡

WPS 演示提供了从头开始、从当前开始、自定义放映 3 种放映方式。

（1）按"F5"键，从第 1 张幻灯片开始放映。

（2）单击状态栏右侧的 ▶ 按钮或按组合键"Shift+F5"，从当前幻灯片开始播放。

（3）单击"放映"选项卡中的"自定义放映"按钮，弹出"自定义放映"对话框，在该对话框中可以设置需要放映的幻灯片及放映顺序。

在放映的过程中，可以随时按"Esc"键终止播放，回到幻灯片的编辑状态。

【教学案例 1】历史名城——北京

本案例介绍"历史名城——北京"演示文稿的制作，主要用到了应用模板，向幻灯片中插入文本框、图片、艺术字、表格等知识。本案例演示文稿的整体效果如图 5-5 所示。

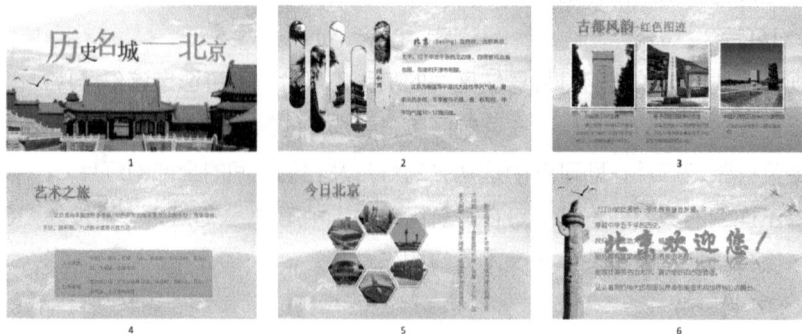

图 5-5　演示文稿的整体效果

制作演示文稿时可以自选模板，也可以重新布局页面进行创意排版，但样稿中的文字、图片、表格等内容不可缺少。

+ **操作步骤**

步骤 1　新建文档并保存

（1）启动 WPS Office。

（2）新建"空白"演示文稿。

（3）单击"保存"按钮或按"F12"键，弹出"另存为"对话框，以"自己所在班级+姓名"为文件名，将文档保存在桌面上。

步骤 2　应用模板

微课 29　历史名城——北京 1

应用模板之前，至少再新建一张幻灯片，因为演示文稿模板的封面页和内容页的背景图案一般是不同的。

（1）单击"开始"选项卡中的"新建幻灯片"下拉按钮，在下拉列表中选择"本机版式"列表中的"空白"版式，新建一张空白版式幻灯片。

（2）单击"新建幻灯片"按钮，继续新建 4 张空白版式幻灯片。

（3）选择"设计"选项卡，从中选择适合主题的设计模板，单击该模板，即可将所选模板应用到当前演示文稿。

WPS 演示提供的模板在不断更新，故找出以前的模板比较困难。这里采用导入模板的方法来调用本幻灯片中使用的模板（被保存为 POT 格式的模板文件）。单击"设计"选项卡"母版"下拉列表中的"导入模板"按钮，打开"应用设计模板"对话框，选择本演示文稿使用的模板"huabiao"，单击"打开"按钮即可将其应用到当前演示文稿。

步骤 3　制作幻灯片

1．制作标题幻灯片

（1）选择第 1 张幻灯片，插入"故宫.png"图片，调整大小及位置。

（2）选择艺术字样式"填充-白色，轮廓-着色 2,清晰阴影-着色 2"，输入"历史名城——北京"，设置文字字体为"华文中宋"，加粗，文字大小错落有致。

（3）选中输入的艺术字，切换到"文本工具"选项卡，在"文本效果"下拉列表中选择"倒影"效果中的"半倒影，接触"，调整艺术字的位置。

微课 30　历史名城——北京 2

2．制作第 2 张幻灯片

（1）选中第 2 张幻灯片。

（2）插入矩形形状，使矩形占满整张幻灯片，将矩形填充为素材库中的"背景"图片。

（3）插入圆角矩形，调整圆角弧度，再复制出 4 个圆角矩形。选择"绘图工具"选项卡中"对齐"下拉列表的"横向分布"命令，调整圆角矩形的相对位置。

（4）先选中矩形形状，再分别选中 5 个圆角矩形，选择"绘图工具"选项卡中"合并形状"下拉列表的"剪除"命令，将矩形剪出 5 个圆角矩形形状。

（5）插入素材中的"颐和园"图片，单击"图片工具"选项卡中的"下移"按钮，将其移动到矩形下方，调整位置和大小。

（6）在页面右侧插入横向文本框，输入文字内容，设置字体为"微软雅黑"，字号为20，行距为2.5倍行距。选中段首"北京"两个字，设置其字体为"行楷"，字号为32，字体颜色为红色，并添加倒影效果。

3. 制作第3张幻灯片

（1）选中第3张幻灯片。

（2）插入艺术字"古都风韵—红色图迹"，设置其字体为"行楷"，"古都风韵"字号为56，"红色图迹"字号为40。设置全部艺术字的"效果"为"阴影"→"左上角对角透视"，调整艺术字到合适位置。

（3）将艺术字分别复制到第4、5张幻灯片中，并将第4张幻灯片中的艺术字修改为"艺术之旅"，第5张修改为"今日北京"。

（4）绘制正方形形状，填充图片"沙峪抗日纪念碑"，调整其大小和位置；在"图片工具"选项卡中设置描边颜色为白色，宽度为6磅，添加阴影效果。

（5）复制出两个正方形形状，修改其中的图片。

（6）分别在图片下方插入横向文本框，输入文字内容并格式化文本。

微课31　历史名城——北京3

4. 制作第4张幻灯片

（1）选中第4张幻灯片。

（2）在幻灯片页面上方插入横向文本框，输入文本内容并格式化。

（3）在文本框下方绘制2列2行的表格，输入表格内容，设置表格中文字的对齐方式，选择合适的表格样式。

5. 制作第5张幻灯片

（1）选中第5张幻灯片。

（2）在幻灯片中插入一个正六边形，并调整好其大小和位置；选中正六边形，在"绘图工具"选项卡中设置"填充""轮廓""线型"；沿正六边形各边分别复制出一个正六边形；分别在每个正六边形中填充不同的图片；用鼠标框选所有正六边形，将其组合为一个图形；选中组合图形，按住"Shift"键，拖动右下角的控制点，调整组合图形的大小。

（3）在图片右侧插入竖向文本框，输入文字内容并格式化。

6. 制作第6张幻灯片

（1）选中第6张幻灯片。

（2）插入横向文本框，输入文字内容，设置字体、字号和行间距等；插入艺术字"北京欢迎您！"，设置其字体、字号等。

（3）插入本地素材文件夹中的"飞鸽""huabiao"等图片，设置其大小和位置。

步骤4　演示文稿的放映

按"F5"键从第1张幻灯片开始播放，或者单击状态栏右侧的 ▶ 按钮，从当前幻灯片开始播放。

步骤5　保存文档

单击快速访问工具栏中的"保存"按钮或按"Ctrl+S"组合键保存文档。

任务 5.2　母版和超链接

制作演示文稿时，经常需要幻灯片有统一的外观，但其中部分幻灯片又有别于其他幻灯片而具有某种格式或图案，这时，可通过设置幻灯片母版轻松完成，以提高制作效率。要注意的是，母版和母版版式具有密不可分的关系。

5.2.1　幻灯片母版

幻灯片母版是一种自定义模板。用户可以自己制作母版，也可以对已有模板进行再编辑，如加上自己的企业 Logo 等。同模板一样，母版将影响整个演示文稿的外观。

使用幻灯片母版的好处是用户可以对演示文稿中的每张幻灯片（包括以后添加到演示文稿中的幻灯片）进行统一的样式设置和更改。使用幻灯片母版后，无须在每张幻灯片上输入相同的信息，因此节省了时间。

在开始制作幻灯片之前，应该首先创建幻灯片母版。创建好幻灯片母版后，则添加到演示文稿中的所有相关联版式的幻灯片都会基于该母版进行编辑。更改母版时，也必须在幻灯片母版视图下进行。母版创建完成后，新建的幻灯片也都自动基于相关联版式的母版。

由于多母版的使用，演示文稿的可视性也越来越好。要在一个演示文稿中使用多个母版，在新建幻灯片时就要在"本机版式"中选择多个母版版式。相同母版的幻灯片选择相同的母版版式，不同母版的幻灯片选择不同的母版版式。

创建幻灯片母版的步骤如下。

（1）新建一个空白演示文稿。

（2）相同母版的幻灯片选择相同的母版版式，不同母版的幻灯片选择不同的母版版式。

（3）在"设计"选项卡中单击"母版"按钮，进入母版编辑状态。

（4）将鼠标指针移动到任意母版时，会显示"××版式：由幻灯片 n 使用"或"无幻灯片使用"。

（5）对选择的母版进行编辑，如在母版中插入企业 Logo 等。

（6）母版设置完成后，单击"幻灯片母版"选项卡中的"关闭"按钮，退出母版编辑状态，返回幻灯片普通视图模式编辑幻灯片。

5.2.2　超链接

在 WPS 演示中可以创建超链接，实现与演示文稿中的某张幻灯片、另一份演示文稿、其他文档或是 Internet 地址之间的跳转。

选择需要设置超链接的对象，单击鼠标右键，在弹出的快捷菜单中选择"超链接"命令，弹出"插入超链接"对话框，如图 5-6 所示。

可以设置超链接到原有文件或网页上，也可以超链接到本文档中的某张幻灯片，还可以超链接到指定的电子邮件或附件。设置完成后，放映该幻灯片时，单击已设置超链接的对象即可跳转到与之对应的内容。

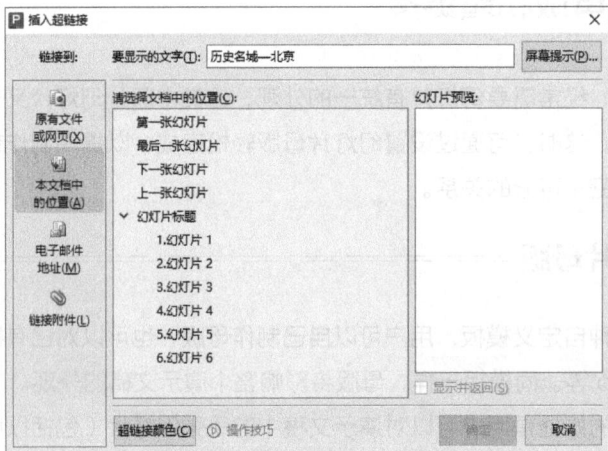

图 5-6 "插入超链接"对话框

5.2.3 音乐和视频

幻灯片中除了可以插入文字、图片等对象外，还可以插入视频、音频等多媒体对象，极大地丰富了演示文稿的表现效果，受到广大用户的喜爱。

（1）音频：音频只能在当前页中播放。嵌入音频后，音频文件成为演示文稿的一部分，删除原音频文件后，演示文稿还可以继续播放音频；链接到音频后，只是保持音频文件和演示文稿之间的链接关系，删除原音频文件后，演示文稿的音频便不可播放。

（2）背景音乐则是在放映幻灯片的整个过程中都在播放的音乐。嵌入背景音乐和链接到背景音乐的含义与嵌入音频和链接到音频相同。

（3）视频：可以嵌入本地文件夹中的视频文件或链接到本地文件夹中的视频文件。

（4）屏幕录制：选择"插入"选项卡"视频"下拉列表中的"屏幕录制"命令，弹出图 5-7 所示的"屏幕录制"对话框，可以选择进行全屏录制或区域录制，还可以选择录制摄像头拍摄的内容。

图 5-7 "屏幕录制"对话框

5.2.4 智能图形

智能图形可以通过直观的方式表达信息，是信息和观点的视觉表示形式。可以通过创建智能图形快速、轻松、有效地传达信息。

单击"插入"选项卡中的"智能图形"按钮，打开"智能图形"对话框，如图 5-8 所示。

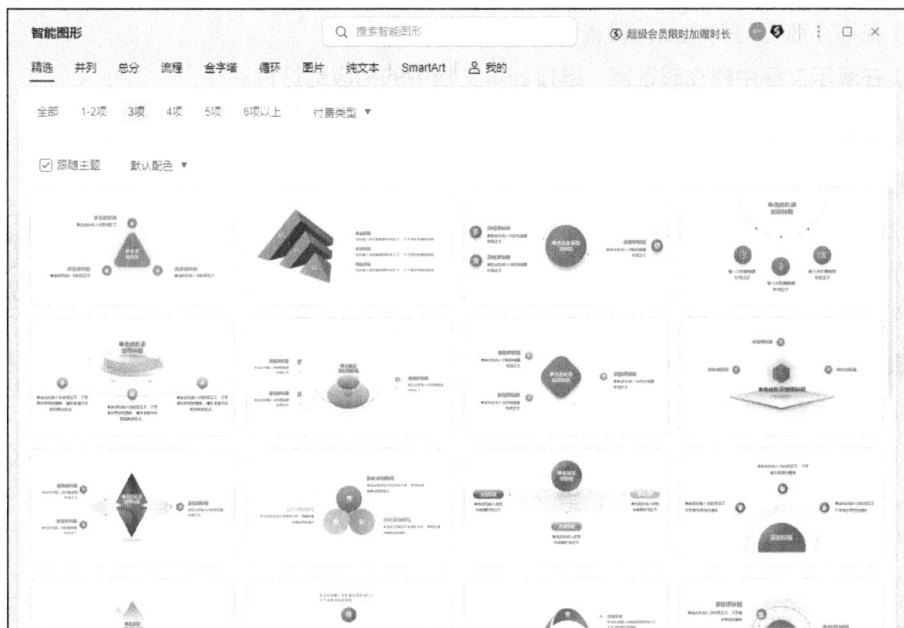

图 5-8 "智能图形"对话框

智能图形包括并列、总分、流程、金字塔、循环、图片、纯文本、SmartArt 等八大类，每一类又包含若干个布局，用户可根据需要选择合适的布局。

选择合适的智能图形布局后，在演示文稿编辑区会自动生成初始的智能图形。用户可以继续在"设计"选项卡中根据需要添加项目或修改布局，在"格式"选项卡中进行格式设置。

【教学案例 2】我的七彩大学生活

本案例要制作一个主题为"我的七彩大学生活"的演示文稿。制作过程中主要用到了多母版设置、超链接设置、智能图形、多媒体对象等，整体效果如图 5-9 所示。

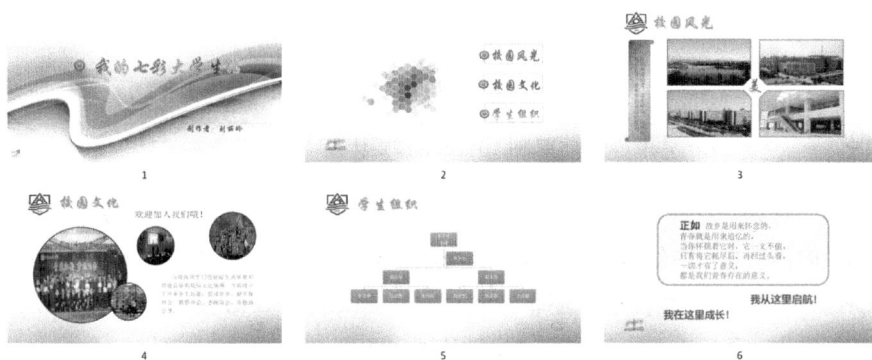

图 5-9 演示文稿整体效果

（1）制作多母版的演示文稿。

（2）在第1张幻灯片中嵌入背景音乐。

（3）在演示文稿中建立超链接，链接到本文档中的相应幻灯片。

步骤1　新建文档并保存

（1）启动WPS Office。

（2）新建空白演示文稿。

（3）以"自己所在班级+姓名"为文件名，将文档保存在桌面上。

步骤2　设计幻灯片母版

微课32　我的七彩
大学生活1

（1）新建5张"空白"版式幻灯片，并给幻灯片选择合适的模板。

（2）将第2张和第6张幻灯片的版式转换为"标题和内容"版式。此时应用了3种幻灯片版式，第1张幻灯片为"标题"版式，第2张和第6张幻灯片为"标题和内容"版式，第3~5张幻灯片为"空白"版式。

（3）单击"设计"选项卡中的"母版"按钮，进入母版编辑状态，如图5-10所示。这时导航区有多张幻灯片母版。

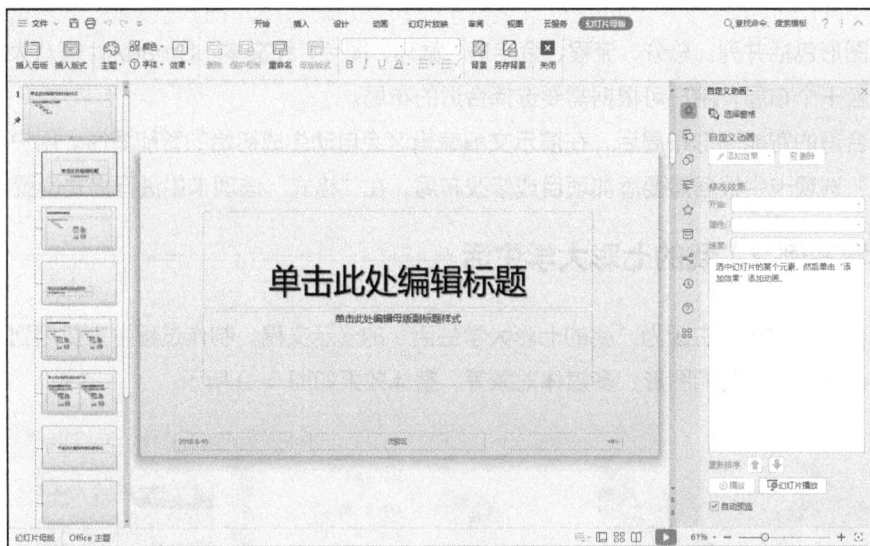

图5-10　母版编辑状态

（4）选择"标题幻灯片版式：由幻灯片1使用"母版，插入"背景1"图片并调整其大小；选择"标题和内容版式：由幻灯片2,6使用"母版，插入"背景2"图片并调整其大小，再插入图片BOOK并调整到左下角位置；选择"空白版式：由幻灯片3-5使用"母版，插入"背景2"图片并调整其大小，再插入校徽Logo，并调整其大小和位置。

（5）单击"幻灯片母版"选项卡中的"关闭"按钮，退出母版编辑状态。

步骤 3　制作幻灯片

1. 制作标题幻灯片

（1）选中第 1 张幻灯片。

（2）插入艺术字"我的七彩大学生活"，设置其字体字号，并调整到合适的位置。

（3）选择"文本工具"选项卡中"填充"下拉列表的"渐变"命令，在右侧弹出的"对象属性"任务窗格中，设置渐变填充的颜色和角度，如图 5-11 所示。

（4）插入"按钮"图片及文本框，在文本框中输入"制作者：刘丽玲"，调整其位置及大小。

微课 33　我的七彩大学生活 2

2. 制作第 2 张幻灯片

（1）选中第 2 张幻灯片。

（2）插入"插图"图片，调整其大小及位置。

（3）绘制超链接按钮。绘制圆角矩形，设置填充颜色为无填充，轮廓颜色为灰色，线型为 1.5 磅；插入艺术字"校园风光"，设置其字体、字号及填充颜色；插入素材库中的"按钮"图片。

图 5-11　"对象属性"任务窗格

（4）调整圆角矩形、艺术字及"按钮"图片的大小及相对位置，将三者组合为一个超链接按钮。

（5）复制出两个超链接按钮，调整相对位置，将第 2 个按钮中的文字修改为"校园文化"，填充颜色为粉色，将第 3 个按钮中的文字修改为"学生组织"，填充颜色为青色。

3. 制作第 3 张幻灯片

（1）选中第 3 张幻灯片。

（2）插入艺术字"校园风光"，设置字体、字号及颜色，并将其调整到合适位置。

（3）将艺术字分别复制到第 4 张和第 5 张幻灯片中，将第 4 张幻灯片中的艺术字修改为"校园文化"，将第 5 张幻灯片中的艺术字修改为"学生组织"。

（4）在幻灯片中绘制"竖卷轴"形状，设置"线性渐变"填充，角度为 45°"红-黄-蓝"渐变样式；在竖卷轴上叠加竖向文本框，并输入文字。

（5）绘制"剪去单角的矩形"形状，调整大小，复制出 3 个"剪去单角的矩形"，调整其相对位置。利用"绘图工具"选项卡中"旋转"下拉列表的"水平翻转"和"垂直翻转"命令，调整其方向。

（6）分别给 4 个剪去单角的矩形填充图片。在"对象属性"任务窗格的"填充"选项组中取消勾选"与形状一起旋转"复选框。

（7）插入艺术字"美"，设置字体、颜色及倒影效果，调整其大小及位置。

微课 34　我的七彩大学生活 3

4. 制作第 4 张幻灯片

（1）选中第 4 张幻灯片。

（2）绘制 4 个圆形形状，并调整其大小及相对位置。

（3）给每个圆形填充所需图片。

（4）插入艺术字"欢迎加入我们哦！"，调整位置和大小，再插入横向文本框，输入文本内容并调整其位置和大小。

5．制作第 5 张幻灯片

（1）选中第 5 张幻灯片。

（2）单击"插入"选项卡中的"智能图形"按钮，在打开的对话框中选择"SmartArt"选项卡中"层次结构"的组织结构图，自动生成的初始组织结构图如图 5-12 所示。

（3）选择第 2 行左侧的文本框，单击"设计"选项卡中的"从右向左"按钮。

（4）选择第 3 行第 3 个文本框，按"Delete"键将其删除，结果如图 5-13 所示。

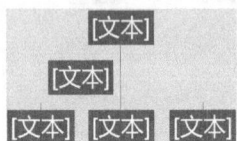

图 5-12　初始组织结构图　　　　　　　　　　　图 5-13　编辑组织结构图

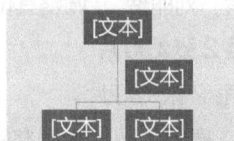

（5）选中第 3 行第 1 个文本框，单击"设计"选项卡中的"添加项目"下拉按钮，在下拉列表中选择"在下方添加项目"，在其下方添加一个新项目。使用同样的方法，再添加两个新项目。

（6）选择第 3 行第 1 个文本框，单击"设计"选项卡中的"布局"下拉按钮，在下拉列表中选择"标准"。使用同样的方法，在第 3 行第 2 个文本框下方添加 3 个新项目，并设置布局为"标准"，结果如图 5-14 所示。

（7）单击各文本框，输入相应的文字内容，如图 5-15 所示。

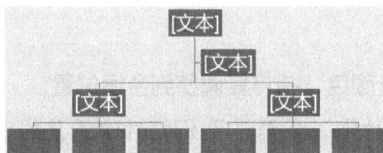

图 5-14　添加项目　　　　　　　　　　　图 5-15　输入文字

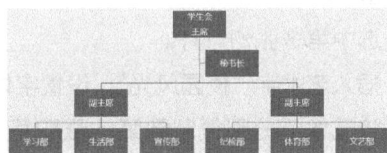

6．制作第 6 张幻灯片

（1）选中第 6 张幻灯片。

（2）绘制"圆角矩形"，设置填充颜色和线条颜色，输入文本内容"正如故乡是用来怀念的，……都是我们青春存在的意义。"并设置文字的字体、字号。

（3）插入两个横向文本框，分别输入"我从这里启航！"和"我在这里成长！"，调整其大小和位置。

步骤 4　设置超链接

（1）定位到第 2 张幻灯片。

（2）选中第 1 个按钮"校园风光"，单击鼠标右键，在弹出的快捷菜单中选择"超链接"命令，打开"编辑超链接"对话框，在左侧"链接到"栏中

微课 35　我的七彩大学生活 4

选择"本文档中的位置"，在右侧"请选择文档中的位置"栏中选择第 3 张幻灯片，如图 5-16 所示。

图 5-16　设置超链接

（3）选择按钮中的"校园文化"艺术字，将其链接到第 4 张幻灯片。

（4）选择按钮中的"学生组织"艺术字，将其链接到第 5 张幻灯片。

（5）定位到第 3 张幻灯片，绘制"返回按钮"形状，将其链接到第 2 张幻灯片。

（6）选择"返回按钮"形状，将其分别复制到第 4 张和第 5 张幻灯片中。

（7）设置完成后，放映该幻灯片，单击超链接按钮即可跳转到与之对应的幻灯片。

步骤 5　插入背景音乐

（1）选中第 1 张幻灯片。

（2）单击"插入"选项卡中的"音频"下拉按钮，从下拉列表中选择"嵌入背景音乐"，弹出"从当前页插入背景音乐"对话框，选择音频文件，插入背景音乐。

步骤 6　保存文档

单击快速访问工具栏中的"保存"按钮或按"Ctrl+S"组合键保存文档。

任务 5.3　动画设置与幻灯片切换

WPS 演示拥有强大的动画效果处理能力。演示文稿中的各张幻灯片制作完成后，可以对其进行自定义动画、幻灯片切换和放映方式等设置，以突出主题、丰富版面，提高演示文稿的趣味性和专业性。

5.3.1　幻灯片大小

这里的幻灯片大小其实是指幻灯片的显示比例。

根据放映幻灯片时投影屏的宽高比例不同，需设置制作演示文稿时的幻灯片显示比例。

系统默认幻灯片显示比例为 16∶9。单击"设计"选项卡中的"幻灯片大小"下拉按钮，从下拉列表中可以选择"标准(4∶3)"或者"宽屏(16∶9)"，还可以选择"自定义大小"。

5.3.2　幻灯片背景

当每张幻灯片的背景图案各不相同时，可以采用自定义背景的方法。WPS 演示提供了丰富的背景设置方案，可以使用颜色、纹理或图案作为幻灯片的背景，还可以使用图片作为幻灯片的背景。

（1）单击"设计"选项卡中的"背景"下拉按钮，在弹出的下拉列表中选择"背景"命令，窗口右侧出现"对象属性"任务窗格。

（2）填充的类型有纯色填充、渐变填充、图片或纹理填充及图案填充 4 种。选中"图片或纹理填充"单选按钮，可选择图片来源，还可改变图片的不透明度。

5.3.3　自定义动画

WPS 演示可以为演示文稿的各种对象（文字、图片、艺术字、表格、形状等）添加动画，使演示文稿更具动感效果。

用户可以使用"自定义动画"命令根据自己的要求定义幻灯片中各对象的动画效果和动画顺序。自定义动画包括进入、强调、退出、动作路径和绘制自定义路径 5 种动画效果。进入动画可以用于设置放映幻灯片时，让指定对象以某种特定效果进入幻灯片；强调动画可以用于设置放映幻灯片时，突出显示幻灯片中的指定对象的内容；退出动画可以用于设置放映幻灯片时，幻灯片对象的退场效果；动作路径可以用于设置放映幻灯片时，让对象以用户定义的路径出现在演示文稿中；自定义路径可以手绘动作路径，让对象沿手绘路径出现。

为对象设置自定义动画的步骤如下。

（1）选择要设置动画效果的对象。

（2）单击"动画"选项卡中的"自定义动画"按钮 ⭐，右侧出现自定义动画的任务窗格，如图 5-17 所示。

（3）在自定义动画的任务窗格中单击"添加效果"下拉按钮，选择所需的动画。

（4）给指定对象添加动画后，还可以在自定义动画的任务窗格中对该动画效果进行具体的设置，如设置开始方式、运动方向、运动速度等。

图 5-17　自定义动画的任务窗格

（5）对同一张幻灯片中的多个对象添加动画效果后，在自定义动画的任务窗格中就会显示动画效果列表，可通过下方的"重新排序"按钮更改动画的顺序。

5.3.4 幻灯片切换

播放幻灯片时，为了使前后幻灯片之间的切换平滑、自然，可以设置相邻两张幻灯片之间的切换效果。WPS 演示自带多种切换效果，可以使演示效果更加精彩。

为幻灯片添加切换效果的步骤如下。

（1）单击"切换"选项卡中的"切换效果"按钮 🗗，右侧出现"幻灯片切换"任务窗格，如图 5-18 所示。

图 5-18 "幻灯片切换"任务窗格

（2）在幻灯片切换列表中单击选择一种切换方案，则该切换效果将应用于当前幻灯片。若单击"应用于所有幻灯片"按钮，则该切换效果将应用于当前演示文稿的所有幻灯片。

（3）在"修改切换效果"栏中可以改变幻灯片的切换方式、速度及换片时的声音效果。

（4）幻灯片放映时，默认的幻灯片切换方式为"单击鼠标时换片"，若勾选"自动换片"复选框，并在其后输入间隔时间，则幻灯片会按指定时间自动切换幻灯片。两种切换方式可同时存在。

（5）单击"排练当前页"按钮，可以展示当前页的播放效果。

如果要取消已设置的切换效果，可以设置切换效果为"无切换"。

【教学案例3】古诗赏析

本案例通过制作"古诗赏析"演示文稿，介绍幻灯片母版设计、幻灯片制作、动画设置、幻灯片切换等操作方法。整体效果如图5-19所示。

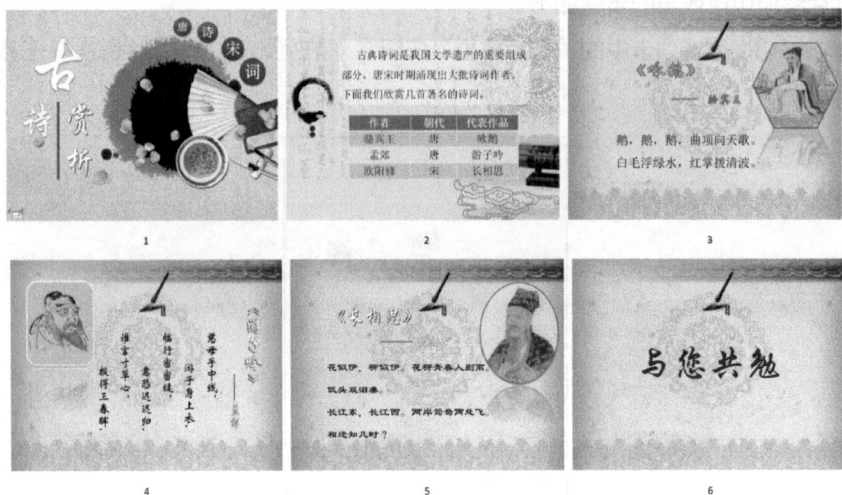

图5-19 演示文稿整体效果

操作要求

（1）幻灯片的显示比例为"标准(4∶3)"。

（2）制作多母版的演示文稿。

（3）全部幻灯片中的每个对象都须采用动画方式进入或显示。

（4）第1页和第6页的动画效果和给定幻灯片一致，其余各页的对象可以自选动画。

（5）设置幻灯片的切换方式，实现幻灯片自动放映。

操作步骤

步骤1 新建文档并保存

（1）启动WPS Office。

（2）新建空白演示文稿。

（3）以"自己所在班级+姓名"为文件名，将文档保存在桌面上。

步骤2 设置幻灯片大小

（1）单击"设计"选项卡中的"幻灯片大小"下拉按钮，在下拉列表中选择"标准(4∶3)"。

（2）在弹出的"页面缩放选项"对话框中选择"确保适合"。

步骤3 设计幻灯片母版

（1）新建一张"标题和内容"版式幻灯片，再新建4张"空白"版式幻灯片。

（2）单击"设计"选项卡中的"母版"按钮，进入母版编辑状态。

微课36 古诗
赏析1

（3）在导航区选择"标题幻灯片版式：由幻灯片 1 使用"母版，单击"幻灯片母版"选项卡中的"背景"按钮，打开"对象属性"任务窗格，选择填充的图片来源为本地文件中的"背景1"。

（4）使用同样的方法选择"标题和内容版式：由幻灯片2使用"母版，设置填充背景图片"背景2"；选择"空白版式：由幻灯片3-6使用"母版，设置填充背景图片"背景3"。

（5）单击"幻灯片母版"选项卡中的"关闭"按钮，退出母版编辑状态。

步骤4　制作幻灯片

1．制作标题幻灯片

（1）选中第1张幻灯片，删除幻灯片中的文本占位符。

（2）插入艺术字"古"，设置字体为行楷，大小为160磅，填充颜色为白色，轮廓颜色为浅蓝。使用同样的方法输入"诗"和"赏析"艺术字，并设置其字体、大小、填充、轮廓等效果。

微课37　古诗
赏析2

（3）绘制竖向直线，设置线型及颜色，并调整长度及位置。

（4）绘制圆形，并在"对象属性"任务窗格中设置"中心辐射"的渐变方式及渐变填充颜色。

（5）右击圆形，在快捷菜单中选择"编辑文字"命令，输入文字"唐"，调整其大小。

（6）选择圆形，复制出3个副本，调整3个圆形的大小并放置到合适位置。修改3个圆形中的文字分别为"诗""宋""词"，调整文字大小。

2．制作第2张幻灯片

（1）选中第2张幻灯片。

（2）绘制圆角矩形，设置填充颜色为白色，不透明度为50%，调整其大小及位置。

（3）插入和圆角矩形同样大小的横向文本框并输入文本内容，设置文本的字体和字号。

（4）单击"插入"选项卡中的"表格"按钮，插入4行3列的表格，设置表格样式，输入文字内容，调整其大小及位置。

3．制作第3~6张幻灯片

（1）选中第3张幻灯片。

（2）绘制六边形并填充"骆宾王"素材图片，设置边框及倒影。

（3）插入艺术字，输入"《咏鹅》""骆宾王"，设置大小及位置。

（4）绘制水平直线并设置线型及颜色，放置到合适位置。

微课38　古诗
赏析3

（5）插入文本框并输入《咏鹅》诗词内容，调整好位置和大小。

（6）用同样的方法完成第4张和第5张幻灯片的制作。

（7）选择第6张幻灯片，插入文本框并输入"与您共勉"，设置其大小和位置。

步骤5　插入背景音乐

（1）选中第1张幻灯片。

（2）在"插入"选项卡中单击"音频"下拉按钮，从下拉列表中选择"嵌入背景音乐"命令，插入"春江花月夜.mp3"音频文件。

步骤6 动画设置

1. 标题幻灯片的动画设置

（1）选中第1张幻灯片。

（2）单击"动画"选项卡中的"动画窗格"按钮 ✿，右侧出现"动画窗格"任务窗格。

（3）选择艺术字"古"，在"动画窗格"任务窗格中单击"添加效果"按钮。选择"进入"动画效果中的"更多选项"，在弹出的动画列表中选择"下降"动画，并设置其开始方式为"与上一动画同时"，速度为"快速"。

（4）设置艺术字"诗"的动画效果为"进入"→"上升"，开始方式为"之后"，速度为"快速"。

（5）设置线条形状的动画效果为"进入"→"擦除"，开始方式为"之后"，方向为"自顶部"，速度为"快速"。

（6）设置艺术字"赏析"的动画效果为"进入"→"擦除"，开始方式为"之后"，方向为"自顶部"，速度为"快速"。

（7）分别设置"唐""诗""宋""词"4个字所在的圆的动画效果为"进入"→"圆形扩展"，开始方式为"之后"，方向为"外"，速度为"中速"。

2. 第2张幻灯片的动画设置

（1）选中第2张幻灯片。

（2）选择圆角矩形，设置动画效果为"进入"→"渐变式缩放"，开始方式为"与上一动画同时"，速度为"快速"。

（3）选择文本框，设置动画效果为"进入"→"颜色打字机"，开始方式为"之后"，速度为"非常快"。

（4）选择表格，设置动画效果为"进入"→"渐变缩放"，开始方式为"之后"，速度为"快速"。

3. 第3~5张幻灯片的动画设置

（1）定位到第3张幻灯片。

（2）设置六边形图片的动画效果为"进入"→"渐变式缩放"，开始方式为"与上一动画同时"，速度为"中速"。

（3）设置艺术字《咏鹅》的动画效果为"进入"→"弹跳"，开始方式为"同时"，速度为"中速"。

（4）设置直线的动画效果为"进入"→"渐变"，开始方式为"之后"，速度为"中速"。

（5）设置艺术字"骆宾王"的动画效果为"进入"→"渐变式缩放"，开始方式为"之后"，速度为"快速"。

（6）设置文本框的动画效果为"进入"→"擦除"，开始方式为"之后"，方向为"自左侧"，速度为"中速"。

（7）使用同样的方法对第4张和第5张幻灯片中的每个对象设置动画。

4. 第6张幻灯片的动画设置

（1）选中第6张幻灯片。

微课39 古诗赏析4

微课40 古诗赏析5

（2）将"与您共勉"文本框拖动到幻灯片下方。

（3）设置文本框的动画效果为"动作路径"→"向上"，路径中的绿色三角形代表对象出现的初始位置，而红色三角形代表对象的最终到达位置，单击绿色或红色三角形，拖动三角形可以改变对象出现的初始位置或最终到达的位置。

步骤 7　幻灯片切换

（1）切换到"切换"选项卡，单击"动画窗格"下拉按钮，在下拉列表中选择"幻灯片切换"，打开"幻灯片切换"任务窗格。

（2）在幻灯片切换列表中选择"菱形"切换方案，单击"应用于所有幻灯片"，将该切换效果应用到演示文稿的所有幻灯片。

（3）勾选换片方式中的"单击鼠标时换片"和"自动换片"两个复选框，并在"自动换片"后面的文本框中输入 5，即每隔 5 秒幻灯片自动切换到下一张幻灯片，不足 5 秒时单击也可以切换到下一张幻灯片。

微课 41　古诗
赏析 6

步骤 8　保存文档

单击快速访问工具栏中的"保存"按钮或按"Ctrl+S"组合键保存文档。

任务 5.4　触发器的使用

默认情况下，在放映演示文稿时，通常有 3 种方法激活动画：单击鼠标出现（单击时）、与上一个动画同时出现（同时）、在上一个动画之后出现（之后）。

除了上述 3 种常用的激活动画效果的方法之外，WPS 演示还提供了一种功能更强的激活动画的方式——触发器。

5.4.1　触发器是什么

触发器是 WPS 演示中激活对象的重要工具，它相当于一个按钮，通过单击该按钮可以触发演示文稿中已设定动画的执行。用于制作触发器按钮的对象可以是图形、图像、文本框等。在 WPS 演示中设置好触发器功能后，单击触发器会触发一个操作，操作对象可以是动画、音乐、影片等。

利用触发器可以更灵活地控制动画、音乐、影片等对象，实现许多特殊效果，让演示文稿具有一定的交互功能，极大地丰富演示文稿的应用领域。

5.4.2　触发器的设置

下面以一个实例来说明触发器的基本设置过程。

（1）选择一张幻灯片，在其中绘制一个圆形。

（2）插入一个文本框并输入文本"向右移动"。

（3）在编辑区中选定圆形，为其定义动画方式"动作路径"→"向右"，设置动画为"单击时、解除锁定、中速"。

（4）在任务窗格的动画列表中选择已定义动画"椭圆"，单击其右侧的下拉按钮，从下拉列表中选择"计时"命令，打开"向右"对话框，如图5-20所示。

（5）单击"触发器"的下拉按钮，选择"单击下列对象时启动效果"单选按钮，单击其右侧的下拉按钮，从下拉列表中选择用于启动效果的对象"文本框×"，如图5-21所示。

图5-20　"向右"对话框　　　　图5-21　选择用于启动效果的对象

触发器设置完成后，添加了触发器的对象左上角会出现⚡标志。播放幻灯片，当鼠标指针移到文本框"向右移动"时，鼠标指针变为手形，单击后圆形从原来位置向右侧移动。

从本例中可以看出，设置触发器时要注意"让谁动，给谁加"的原则，即要让哪个对象有动作，就给哪个对象添加动画和触发器。

【教学案例4】元旦晚会

本实例用WPS演示制作元旦晚会的演示文稿，利用演示文稿的红色背景和背景音乐烘托元旦晚会的热闹气氛。在演示文稿中使用触发器，可以加强晚会的组织者和现场观众的互动，增加观众的参与热情。幻灯片的整体效果如图5-22所示。

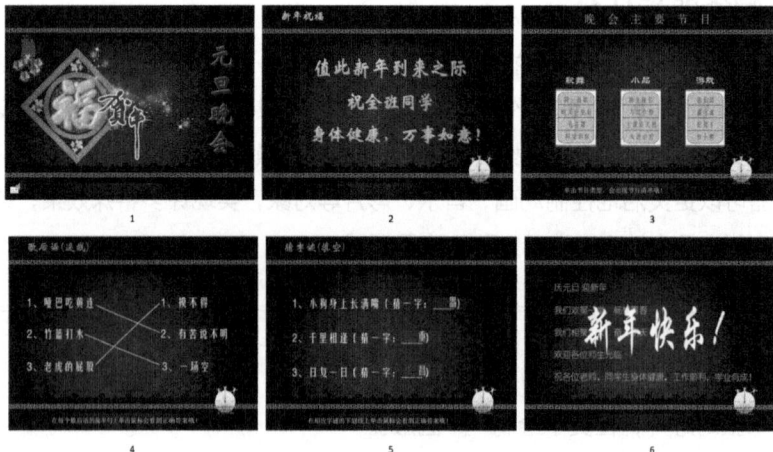

图5-22　演示文稿整体效果

操作要求

（1）幻灯片的显示比例为"标准(4∶3)"。

（2）在第 1 张幻灯片中嵌入背景音乐。

（3）全部幻灯片中每个对象都采用动画方式进入或显示。

（4）在演示文稿的第 3~5 张幻灯片中合理使用触发器。

（5）设置幻灯片的切换方式，幻灯片放映方式为手动放映。

⊕ 操作步骤

步骤 1　新建文档并保存

（1）启动 WPS Office。

（2）新建空白演示文稿。

（3）以"自己所在班级+姓名"为文件名，将文档保存在桌面上。

步骤 2　设置幻灯片大小

（1）单击"设计"选项卡中的"幻灯片大小"下拉按钮，在打开的下拉列表中选择"标准(4 : 3)"。

微课 42　元旦晚会 1

（2）在弹出的"页面缩放选项"对话框中选择"确保适合"。

步骤 3　设计幻灯片母版

（1）新建 5 张"空白"版式幻灯片。

（2）单击"设计"选项卡中的"母版"按钮，进入母版编辑状态。

（3）选择"标题幻灯片版式：由幻灯片 1 使用"母版，单击"幻灯片母版"选项卡中的"背景"按钮，打开素材文件夹中提供的"背景 1"图片；选择"空白版式：由幻灯片 2-6 使用"母版，设置填充的背景图片为"背景 2"。

（4）单击"幻灯片母版"选项卡中的"关闭"按钮，退出母版编辑状态。

步骤 4　制作幻灯片

1. 制作标题幻灯片

（1）选中第 1 张幻灯片，删除幻灯片中的文本占位符。

（2）插入竖向文本框"元旦晚会"，设置字体为新魏、大小为 80 磅，调整其位置，并在"文本效果"选项卡中设置其阴影效果。

微课 43　元旦晚会 2

2. 制作第 2 张幻灯片

（1）定位到第 2 张幻灯片。

（2）分别插入"新年祝福"等文本框，调整它们的大小及位置。

3. 制作第 3~6 张幻灯片

（1）选中第 3 张幻灯片。

（2）插入文本框并输入文本，设置"晚会主要节目""单击节目类型，会出现节目清单哦！"的颜色为黄色，"晚会为大家准备了以下节目，希望大家喜欢！"的颜色为深红色，调整字符间距及其大小和位置。

（3）绘制圆形形状，填充黄色射线渐变，设置其透明度为 50%。

（4）插入素材库中的"表格图片"，调整其大小。

（5）插入4个文本框，分别输入4首歌曲的名称，调整其位置。

（6）将表格图片和文本框全部选中，将所有对象组合成一个节目单整体。

（7）选中组合对象，复制出两个副本，修改其中的文字内容，调整其相对位置。

（8）输入其他幻灯片中的文字和连线，并调整其相对位置。

步骤5　动画设置

1. 标题幻灯片的动画设置

（1）选定第1张幻灯片中的文本框"元旦晚会"，设置动画效果为"进入"→"渐变式缩放"，开始方式为"之后"，速度为"快速"。

（2）在任务窗格的动画列表中找到"元旦晚会"，单击其右侧下拉按钮，从下拉列表中选择"计时"命令，打开"渐变式缩放"对话框，在该对话框的"计时"选项卡中设置重复次数为3。

微课44　元旦
晚会3

2. 第2张幻灯片的动画设置

（1）选定第2张幻灯片，选择"新年祝福"文本框，设置动画效果为"进入"→"颜色打字机"，开始方式为"同时"，速度为"快速"。

（2）选择文本框"值此新年到来之际"，设置动画效果为"进入"→"渐变式缩放"，开始方式为"之后"，速度为"快速"。

（3）将其余两个文本框的动画效果也设置为"渐变式缩放"，开始方式为"之后"，速度为"快速"。

3. 第3张幻灯片的动画设置

（1）选定第3张幻灯片。

（2）选择文本框"单击节目类型，会出现节目清单哦！"，设置动画效果为"强调"→"忽明忽暗"，开始方式为"与上一动画同时"，速度为"中速"，并设置重复次数为2，如图5-23所示。

（3）设置圆形形状的动画效果为"动作路径"→"向右"，开始方式为"之后"，路径为"解除锁定"，速度为"非常慢"，调整动作路径长度。

（4）单击动画列表中"圆形"的下拉按钮，从下拉列表中选择"效果选项"命令，弹出"向右"对话框，从"动画播放后"下拉列表中选择"播放动画后隐藏"，如图5-24所示。

图5-23　"忽明忽暗"动画对话框　　　　图5-24　"向右"对话框

（5）选中圆形，在"绘图工具"选项卡中单击"置于底层"按钮。

（6）设置文本框"晚会为大家准备了以下节目，希望大家喜欢！"的动画效果为"强调"→

"更改字体颜色",开始方式为"之后",文字颜色为橙色,速度为"中速"。

(7)使用同样的方式设置第4张及第5张幻灯片中文本框的动画效果。

4. 第4张和第5张幻灯片的动画设置

给第4张和第5张幻灯片下方的提示文字设置开始方式为"同时"、速度为"中速"、重复次数为2的"忽明忽暗"动画效果。

5. 第6张幻灯片的动画设置

(1)定位到第6张幻灯片。

(2)选定文本框"庆元旦 迎新年……学业有成!",设置动画效果为"进入"→"字幕式",开始方式为"同时",速度为13秒。

(3)选定艺术字"新年快乐!",设置动画效果为"进入"→"渐变式缩放",开始方式为"之后",速度为"中速"。

步骤6 触发器的设置

本演示文稿中,第3张、第4张、第5张幻灯片中都用到了触发器。

1. 第3张幻灯片中触发器的设置

(1)定位到第3张幻灯片。

(2)选择"歌舞"下方的节目单组合对象,设置动画效果为"进入"→"切入",开始方式为"单击时",方向为"自顶部",速度为"非常快"。在自定义动画的任务窗格的动画列表中单击对应动画右侧的下拉按钮,选择"计时"命令,打开"切入"对话框,单击"触发器"的下拉按钮,选择"单击下列对象时启动效果",在右侧的下拉列表中选择歌舞节目单,单击"确定"按钮。

微课45 元旦晚会4

(3)再次选择"歌舞"下方的节目单组合对象,设置动画效果为"退出"→"切出",开始方式为"单击时",方向为"到顶部",速度为"非常快"。在自定义动画的任务窗格中设置"触发器"的启动方式为"单击下列对象时启动效果",选择对象为歌舞节目单。

(4)用同样的方法分别设置"游戏"和"小品"对应的节目单,"触发器"动画列表如图5-25所示。

| 触发器: 文本框 39: 歌舞 |
| 1 组合 40 |
| 2 组合 40 |
| 触发器: 文本框 70: 游戏 |
| 1 组合 71 |
| 2 组合 71 |
| 触发器: 文本框 55: 小品 |
| 1 组合 56 |
| 2 组合 56 |

图5-25 "触发器"动画列表

2. 第4张幻灯片中触发器的设置

(1)定位到第4张幻灯片。

(2)选择"1.哑巴吃黄连"文本框对应的直线,设置动画效果为"进入"→"擦除",开始方式为"单击时",方向为"自左侧",速度为"非常快"。在自定义动画的任务窗格中设置"触发器"的启动方式为"单击下列对象时启动效果",选择对象为对应歇后语前半句文本框的名称。

微课46 元旦晚会5

(3)用同样的方法分别设置其他直线形状的触发器。

3. 第5张幻灯片中触发器的设置

(1)定位到第5张幻灯片。

(2)选择文本框"器",设置动画效果为"进入"→"棋盘",开始方式为"单击时",方向

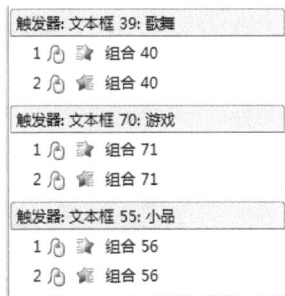

为"跨越"，速度为"非常快"。

（3）插入与第1个谜底下划线同样宽度的空白文本框。

（4）在自定义动画的任务窗格动画列表中单击文本框"器"右侧的下拉按钮，设置"触发器"的启动方式为"单击下列对象时启动效果"，选择对象为对应空白文本框的名称。

微课47 元旦
晚会6

（5）用同样的方法分别设置其他对象的触发器。

步骤7 插入背景音乐

（1）选定第1张幻灯片。

（2）单击"插入"选项卡中"音频"下拉列表的"嵌入背景音乐"命令，弹出"从当前页插入背景音乐"对话框，选择素材中的"春节序曲.mp3"音频文件。

步骤8 保存文档

单击快速访问工具栏中的"保存"按钮或按"Ctrl+S"组合键保存文档。

【项目自测】

为了迎接即将到来的文化节，要做一个关于运城旅游文化节的宣传演示文稿，向游客展现运城的风土人情。利用WPS演示制作一个生动活泼、图文并茂的演示文稿，整体效果如图5-26所示。

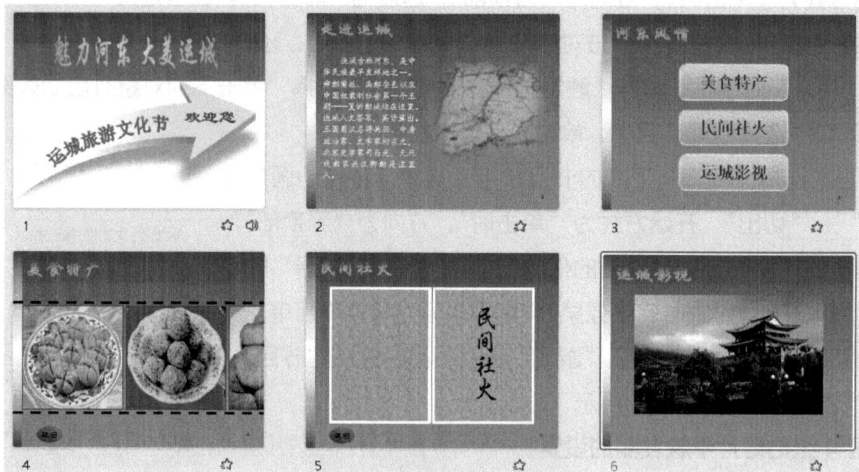

图5-26 演示文稿的整体效果

操作要求

（1）制作演示文稿时可以自选模板。

（2）可以自己重新布局页面进行创意排版，但样稿中的文字、图片等内容不可缺少。

（3）幻灯片"美食特产"需要有自左向右的滚动效果。

（4）幻灯片"民间社火"需采用"翻页"动画效果播放。

（5）在第3张幻灯片中添加跳转至第4张幻灯片和第5张幻灯片的超链接。

（6）在第6张幻灯片中插入一个具有地方特色的短视频。

项目六
WPS表格

WPS 表格是 WPS Office 套装软件的重要组成部分，它是一个灵活、高效的电子表格制作工具，不仅具有强大的数据组织、计算、分析和统计功能，还可以通过图表等多种形式将数据形象地展示出来。WPS 表格广泛应用于财经、金融、统计、管理等众多领域，也普遍应用于我们的日常生活、工作中。

利用 WPS 文字中的表格工具也可以绘制表格，但两者有明显区别：WPS 文字中的表格侧重表格的表现形式，可以制作任意复杂程度的不规则表格，但只能对表格中的数据进行一些简单的统计计算；WPS 表格是电子表格软件，更擅长表格数据的计算和分析，还可以根据数据生成图表，但制表功能相对较弱。

任务 6.1　WPS 表格的基本操作

利用 WPS 表格，用户可以轻松、高效地制作各种专业水准的电子表格，可以利用内置的函数和自定义公式对表格内的数据进行统计运算，可以利用排序、筛选、分类汇总、合并计算、数据透视表和数据透视图等功能进行数据处理，还可以创建各种实用的图表，增加数据的可读性。

6.1.1　WPS 表格的工作界面

双击桌面上的 WPS Office 快捷图标，或单击"开始"→"WPS Office"→"WPS Office"，均可启动 WPS Office。

启动 WPS Office 后，进入 WPS 首页，单击上方的"新建"按钮，接着单击"表格"按钮，即可创建表格文档。WPS 表格的工作界面如图 6-1 所示。

WPS 表格的工作界面包含文档标签、选项卡、功能区、名称框、公式编辑栏、工作表区、工作表标签、状态栏等内容。

文档标签：通过单击工作簿标签可以在打开的多个工作簿之间进行切换，单击工作簿标签右侧的"新建"按钮，可以创建新的工作簿。

选项卡：WPS 表格将用于文档的各种操作分为"开始""插入""页面""公式""数据""审阅""视图""工具""会员专享"和"效率"等 10 个默认的选项卡，每一个选项卡分别包含相应的功能组和命令按钮。

文档标签　　　　　　　　　　　　　　选项卡

图 6-1　WPS 表格的工作界面

功能区：功能区是选项卡大类下面的功能分组，单击选项卡名称，可以看到该选项卡下对应的功能区。每个功能区又包含若干个命令按钮。

名称框：显示当前被激活的单元格的名称或选中单元格区域左上角的单元格名称。

公式编辑栏：在此区域内可编辑选定单元格的函数、公式或数值。

工作表区：显示正在编辑的工作表，可以对当前工作表进行各种编辑操作。

工作表标签：通过单击工作表标签可以在打开的多个工作表之间进行切换，单击工作表标签右侧的"新建"按钮 ➕，可以创建新的工作表。

状态栏：显示正在编辑的工作表的相关状态信息。

6.1.2　工作簿、工作表及单元格

WPS 表格的工作簿由一张或多张工作表按一定的顺序排列组成，同一工作簿的各张工作表之间既相互独立，又相互关联。如果将工作簿比作一个账簿，则每张工作表相当于一个账页。每个工作表由若干个单元格构成，单元格是构成工作表的基本单位。

1. 工作簿

工作簿是用来存储、运算、分析数据的 WPS 表格文档。一个工作簿就是一个 WPS 表格文档。默认情况下，每个工作簿包含一张名为 Sheet1 的工作表。用户可以根据需要在工作簿中新建、删除工作表，以及重命名工作表。

在一个工作簿中，无论有多少张工作表，在使用"保存"命令时都会将其全部保存在一个工作簿中，而无须逐个对工作表进行保存。

2．工作表

工作表又被称为电子表格，是 WPS 表格完成一项工作的基本单位，用于对数据进行组织和分析。每张工作表最多由 16384 列和 1048576 行组成。行由上到下从 1 到 1048576 进行编号；列由左到右，用字母按照 A ~ Z、AA ~ AZ、BA ~ BZ、……、AAA ~ XFD 顺序编号。

WPS 表格中的工作表类似于数据库中的表。通常把表中的每一行叫作一条记录，行编号作为表中的记录序号；每一列叫作一个字段，列标题作为表中的字段名。

3．单元格

工作表中行、列交汇处的方格被称为单元格，它是存储数据的基本单位。在工作表中，每个单元格都有自己唯一的名称，这就是单元格的地址。单元格的地址由单元格所在的列号和行号组成，例如，C3 就表示单元格在第 C 列的第 3 行。

一个工作簿中可能有多张工作表，为了区分不同工作表的单元格，可在单元格地址前面增加工作表名称，工作表与单元格地址之间用"！"分开。例如 Sheet3 工作表中的 B5 单元格可表示为 Sheet3!B5。

6.1.3　输入数据

当用户选定某个单元格后，即可在该单元格内输入数据。

1．单元格数据的输入

数据类型主要有文本、数值、日期、时间、逻辑值等。

（1）文本

文本型数据是由字母、汉字或其他字符开头的数据，如表格中的标题、名称等。默认情况下，文本型数据沿单元格左对齐。

有些数据虽全部由数字组成，如学号、身份证号等，其形式表现为数值，但这些数值无须参加任何运算，WPS 表格可将其作为文本型数据处理，输入时应在其前面加上半角单引号（如'0032）。

（2）数值

在 WPS 表格中，数值型数据使用最多，它由数字 0 ~ 9、正号、负号、小数点等组成。输入数值型数据时，WPS 表格自动将其沿单元格右对齐。

输入数字时需要注意两点。

① 输入分数时（如 1/5），应先输入 0 和一个空格，然后输入分数（如 1/5），输入形式应为"0 1/5"。

② 输入的数值超过 10 位时，数值自动转换为文本形式显示。若输入的数据无法完整显示，则显示为####，可以通过调整列宽使之完整显示。

（3）日期和时间

输入日期时，要用斜杠(／)或连接符(－)隔开年、月、日，例如"2024/5/10"或"2024-5-10"。输入时间时，要用冒号（：）隔开时、分、秒，例如"9:30 am"和"9:30 pm"（am 代表上午，pm 代表下午，am 可以省略不写）。

在 WPS 表格中，时间分 12 小时制和 24 小时制，如果要基于 12 小时制输入时间，需要在时间后输入"am"或"pm"，用来表示上午或下午。否则，WPS 表格将默认以 24 小时制计算时间。

默认情况下，日期和时间型数据在单元格中右对齐。

（4）逻辑值

逻辑值只有 True（真）和 False（假）两种。一般是在比较运算中产生的结果，多用于进行逻辑判断。默认情况下，逻辑值在单元格中居中对齐。

2. 智能填充数据

在行或列的相邻单元格中输入按规律变化的数据时，WPS 表格提供的自动填充功能可以实现快速输入。自动填充功能通过"填充柄"来实现。

填充柄是位于选定区域右下角的小方块。当鼠标指针移动到填充柄时，鼠标指针变为＋形状，这时拖动鼠标就可在相应单元格进行自动填充。

（1）步长为 1 的数据的自动填充

① 在选定的单元格中输入数值，如 1。

② 将鼠标指针移动到选定单元格右下角的填充柄，此时鼠标指针变成＋形状。

③ 按行或列的方向拖动鼠标，即可在相应的单元格内生成依次递增的数值。

（2）按等差数列自动填充

① 在连续的两个单元格中分别输入等差数列的前两个数值，如 1 和 3。

② 选定这两个单元格，将鼠标指针移动到选定单元格右下角的填充柄。

③ 按填充数据的方向拖动鼠标，即可在相应的单元格内生成按等差数列产生的数值。

（3）按等比数列自动填充

① 在连续的 3 个单元格中分别输入等比数列的前三个数值，如 2、4、8。

② 选定这 3 个单元格，将鼠标指针移动到选定单元格右下角的填充柄。

③ 按填充数据的方向拖动鼠标，即可在相应的单元格内生成按等比数列产生的数值。

6.1.4 冻结窗格

利用 WPS 表格编辑表格的过程中，如果表格行、列数较多时，向下（或向右）滚屏，则上面（或左边）的标题行也会跟着滚动，这样在处理数据时往往难以分清各行（或各列）数据对应的标题，这时可以使用 WPS 表格的"冻结窗格"功能。这样在滚屏时，被冻结的标题行（列）固定显示在表格的最顶端（或最左侧），大大增强了表格编辑的直观性。

（1）选定需要冻结的标题行（一行或多行）的下一行或标题列（一列或多列）的下一列的单元格。

（2）单击"开始"选项卡中的"冻结"下拉按钮，在下拉列表中选择合适的冻结命令。

也可以直接利用"冻结首行"或"冻结首列"命令冻结工作表的首行或首列。

如果窗格已被冻结，选择"取消冻结窗格"命令可取消冻结。

6.1.5 条件格式

所谓条件格式，是指当单元格内容满足给定条件时，自动应用指定条件的对应格式，例如文字颜色或单元格底纹。如果想突出显示所关注的单元格或单元格区域，可通过使用 WPS 表格提供的"条件格式"命令来实现。

1. 设置条件格式

（1）选择数据单元格区域。

（2）单击"开始"选项卡中的"条件格式"下拉按钮，在下拉列表中可以选择"突出显示单元格规则""项目选取规则""数据条""色阶""图标集"等条件规则，还可以选择"新建规则""清除规则"和"管理规则"，如图 6-2 所示。

图 6-2　"条件格式"下拉列表

（3）选择级联子菜单中的对应命令或在子菜单中选择"其他规则"命令，在对应的对话框中设定条件，完成条件格式的设置。

2. 清除条件格式

（1）选择已设置条件格式的数据单元格区域。

（2）单击"开始"选项卡中的"条件格式"下拉按钮，在下拉列表中选择"清除规则"命令，根据需要选择"清除所选单元格的规则""清除整个工作表的规则""清除此表的规则"。

6.1.6　表格样式

表格样式是 WPS 表格内置的表格格式方案，方案中已经对表格中的各个组成部分定义了特定的格式，如单元格的字体、字号、边框、底纹等。表格样式用于对表格外观进行快速设置，将制作的表格格式化，产生美观、规范的表格。

（1）选择需要套用表格样式的单元格区域。

（2）单击"插入"选项卡中的"表格"按钮，弹出"创建表"对话框，根据需要确定是否勾选"表包含标题"和"筛选按钮"复选框，单击"确定"按钮，表格自动套用默认样式，同时出现新的选项卡"表格工具"。

（3）单击"表格样式"下拉按钮，弹出表格样式列表，如图 6-3 所示。在其中可以选择套用其他的表格样式，也可以单击下拉列表中的"清除"命令清除已应用的表格样式。

图 6-3　表格样式列表

【教学案例 1】公司员工信息表

图 6-4 所示为某公司员工信息表。要求创建一张工作表，在工作表中输入原始数据并完成相应的操作。

▲	A	B	C	D	E	F	G	H
1	××公司员工基本信息							
2	编号	姓名	性别	参加工作时间	学历	基本工资	部门	职务
3	0001	郭志向	男	2015/5/21	硕士	5867		经理
4	0002	王宝强	男	2018/9/15	本科	4274	市场部	主任
5	0003	陈晓芳	女	2015/12/2	本科	5718	企划部	主任
6	0004	史文清	女	2016/6/18	本科	4759	市场部	职员
7	0005	刘志宏	男	2017/10/16	专科	4236	企划部	职员

图 6-4 "公司员工信息"工作表

操作要求

（1）输入图 6-4 所示工作表中的数据，并设置全部单元格数据居中显示。

（2）将单元格 A1:H1 合并后居中，并将标题字体改为楷体，将字号改为 16 磅。

（3）设置表格标题行高度为 25 磅，其余各行高度为 15 磅，各列宽度根据需要调整。

（4）将工资格式设置为"货币"，货币符号为¥，小数位数为 2 位。

（5）在史文清之前插入下列新记录并重新编号。

　　　　0004　　李永进　　男　　2019/6/18　　本科　　4726　　市场部　　职员

（6）设置表格线：内框为细实线，外框为粗实线，表头下方为双细线。

（7）利用"条件格式"命令将基本工资用"渐变填充：红色数据条"标识。

（8）将工作表 Sheet1 前 2 行和前 2 列窗格冻结。

（9）将工作表标签 Sheet1 重命名为"员工基本信息"。

（10）将工作簿以"班级+姓名"命名保存。

操作步骤

步骤 1　建立工作簿

（1）启动 WPS Office，新建一个空白工作簿。

（2）以"班级+姓名"为文件名保存工作簿。

步骤 2　在工作表 Sheet1 中输入数据并格式化工作表

（1）在工作表 Sheet1 相应单元格中输入数据，并使内容居中。

微课 48　公司员工信息表

输入编号时，在第 1 个编号前需先输入一个半角单引号，以表明输入的数据是文本型数据，输入第 2 个编号后用鼠标拖动填充柄向下填充其余编号。

（2）选择 A1:H1 单元格区域，单击"开始"选项卡中的"合并及居中"按钮凸；选择标题文字，设置其字体为楷体、字号为 16 磅。

步骤 3　调整行高和列宽

（1）右击工作表第 1 行行号，在弹出的快捷菜单中选择"行高"命令，在打开的"行高"对话框中输入数值 25；使用同样的方法，选择第 2~7 行，设置行高为 15。

（2）将鼠标指针置于两个列号之间，当鼠标指针变为 ✛ 形状时双击，设置最适合的列宽。

步骤 4　设置工资格式

选择 F3:F7 单元格区域，右击，在弹出的快捷菜单中选择"设置单元格格式"命令，然后在弹出的"单元格格式"对话框中设置数字类型为"货币"，货币符号为 ¥，小数位数为 2 位，负数形式为红色 ¥-1,234.10，单击"确定"按钮。格式化后的工资数据如图 6-5 所示。

若基本工资格式化后显示"####"，说明现有的列宽不足以显示格式化后的数据内容，可通过调整列宽使之完整显示。

	A	B	C	D	E	F	G	H
1	××公司员工基本信息							
2	编号	姓名	性别	参加工作时间	学历	基本工资	部门	职务
3	0001	郭志向	男	2015/5/21	硕士	¥5,867.00		经理
4	0002	王宝强	男	2018/9/15	本科	¥4,274.00	市场部	主任
5	0003	陈晓芳	女	2015/12/2	本科	¥5,718.00	企划部	主任
6	0004	史文清	女	2016/6/18	本科	¥4,759.00	市场部	职员
7	0005	刘志宏	男	2017/10/16	专科	¥4,236.00	企划部	职员

图 6-5　格式化后的工资数据

步骤 5　添加记录

（1）右击第 6 行行号，在弹出的快捷菜单中单击"在上方插入行"命令，设置行数为 1 行，在第 6 行之前插入一个空行。

（2）在空行中对应单元格输入"李永进"的记录内容。

（3）利用填充柄对编号列重新序列填充，结果如图 6-6 所示。

	A	B	C	D	E	F	G	H
1	××公司员工基本信息							
2	编号	姓名	性别	参加工作时间	学历	基本工资	部门	职务
3	0001	郭志向	男	2015/5/21	硕士	¥5,867.00		经理
4	0002	王宝强	男	2018/9/15	本科	¥4,274.00	市场部	主任
5	0003	陈晓芳	女	2015/12/2	本科	¥5,718.00	企划部	主任
6	0004	李永进	男	2019/6/18	本科	¥4,726.00	市场部	职员
7	0005	史文清	女	2016/6/18	本科	¥4,759.00	市场部	职员
8	0006	刘志宏	男	2017/10/16	专科	¥4,236.00	企划部	职员

图 6-6　添加记录

步骤 6　设置表格线

（1）选中 A2:H8 单元格区域，在"开始"选项卡中单击"边框"下拉按钮 ⊞ ˅，在弹出的框线列表中选择"所有框线"，这时被选中的单元格区域就加上了细的框线。

（2）设置 A2:H8 单元格区域的外边框线为"粗匣框线"。

（3）单击"边框"→"线条样式"→"双细线"，弹出铅笔工具，在 A2:H2 单元格区域下方绘制一条双细线，按"Enter"键取消选择铅笔工具，结果如图 6-7 所示。

	A	B	C	D	E	F	G	H
1	××公司员工基本信息							
2	编号	姓名	性别	参加工作时间	学历	基本工资	部门	职务
3	0001	郭志向	男	2015/5/21	硕士	¥5,867.00		经理
4	0002	王宝强	男	2018/9/15	本科	¥4,274.00	市场部	主任
5	0003	陈晓芳	女	2015/12/2	本科	¥5,718.00	企划部	主任
6	0004	李永进	男	2019/6/18	本科	¥4,726.00	市场部	职员
7	0005	史文清	女	2016/6/18	本科	¥4,759.00	市场部	职员
8	0006	刘志宏	男	2017/10/16	专科	¥4,236.00	企划部	职员

图 6-7　设置表格线

161

步骤 7　利用"条件格式"标识工资

（1）选择 F3:F8 单元格区域。

（2）单击"开始"选项卡中的"条件格式"下拉按钮，在下拉列表中选择"数据条"→"渐变填充"→"红色数据条"，效果如图 6-8 所示。

编号	姓名	性别	参加工作时间	学历	基本工资	部门	职务
			××公司员工基本信息				
0001	郭志向	男	2015/5/21	硕士	¥5,867.00		经理
0002	王宝强	男	2018/9/15	本科	¥4,274.00	市场部	主任
0003	陈晓芳	女	2015/12/2	本科	¥5,718.00	企划部	主任
0004	李永进	男	2019/6/18	本科	¥4,726.00	市场部	职员
0005	史文清	女	2016/6/18	本科	¥4,759.00	市场部	职员
0006	刘志宏	男	2017/10/16	专科	¥4,236.00	企划部	职员

图 6-8　设置条件格式后的效果

步骤 8　冻结窗格

（1）选定 C3 单元格。

（2）单击"开始"选项卡中的"冻结"下拉按钮，在下拉列表中选择"冻结至第 2 行 B 列"。此时上下或左右拖动滚动条，会发现前 2 行及前 2 列已被冻结。若要解冻被冻结的窗格，选择"取消冻结窗格"命令即可。

步骤 9　重命名工作表

双击工作表标签 Sheet1，将工作表重命名为"员工基本信息"，如图 6-9 所示。

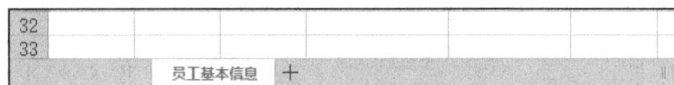

图 6-9　重命名工作表

步骤 10　保存工作簿

单击快速访问工具栏中的"保存"按钮 或按"F12"键保存工作簿。

任务 6.2　公式与函数

公式与函数是 WPS 表格的核心内容。WPS 表格不仅可以创建表格，还具有强大的计算和分析功能，其计算和分析功能主要依赖于公式和函数。利用公式和函数可以对表格中的数据进行各种计算和处理操作，从而提高对大量数据进行统计分析的效率和准确率。

6.2.1　公式

WPS 表格中的公式就是用户自定义的，用于对工作表中的数据进行各种计算和操作的表达式，它可以对工作表中的数值进行加、减、乘、除等运算。公式可以由数值、单元格引用、函数及运算符组成，它可以引用同一张工作表中的单元格或同一个工作簿不同工作表中的单元格，也可以引用不同工作簿的工作表中的单元格。

1. 输入与编辑公式

输入公式时必须以等号"="开头。对公式中包含的单元格或单元格区域的引用，可以从键盘输入单元格名称，也可以直接单击要引用的单元格。例如，选中 D3 单元格，然后在其中输入等式"=A3+B3-C3"，表示将 A3 和 B3 单元格的数值求和后减去 C3 单元格的数值，并将结果放入 D3 单元格中。

公式有助于分析工作表中的数据。当改变了工作表内与公式有关的数据时，WPS 表格会自动更新计算结果。输入公式的步骤如下。

（1）选定要输入公式的单元格。

（2）在单元格或公式编辑栏中输入"="。

（3）在"="后输入计算公式。

（4）按"Enter"键，或单击公式编辑栏前的"√"按钮。

2. 公式中的运算符

运算符用于对公式中的数据进行特定类型的运算。常用的运算符有算术运算符、字符连接符和关系运算符 3 种类型。算术运算符是最常用的运算符。公式中常用的运算符及其功能如表 6-1 所示。

表 6-1　公式中常用的运算符及其功能

运算符	功能	示例
–	负号	-8、-A1
%	百分号	20%
^	乘方	3^2（即 3^2）
*、/	乘、除	3*3、3/3
+、–	加、减	3+3、3-1
&	文本连接符	"Nor"&"th"等于"North"
=、<、>、<=、>=、<>	比较运算符	A1=B1、A1>=B1、A1<>B1

3. 公式的复制

公式是可以复制的。例如在工资表中，只需使用公式计算出第 1 位员工的工资，其余员工的工资就可以使用填充柄复制公式得到。操作步骤如下。

（1）选中第 1 个放置计算结果的单元格。

（2）使用函数或公式计算出结果。

（3）重新选定已计算出结果的单元格，将鼠标指针移动到其右下角的填充柄。

（4）按行或列的方向拖动鼠标，即可在拖过的单元格内得到相应的结果。

4. 单元格引用

单元格引用是对工作表的一个或一组单元格进行标识，它告诉 WPS 表格公式使用哪些单元格的值。通过引用，可以在一个公式中使用工作表不同部分的数据，或者在几个公式中使用同一单元格中的数据。同样，可以对工作簿的其他工作表中的单元格进行引用，也可对其他工作簿中的单元格进行引用。

单元格的引用可分为相对地址引用、绝对地址引用以及混合地址引用3种。

相对地址：形如 A1、B2 的地址。在公式中使用相对地址引用，则公式复制过程中引用的地址随位置而变，即相对引用在公式复制时，"横向复制变列号，纵向复制变行号"。

绝对地址：形如$A$1、$B$2 的地址。在公式中使用绝对地址引用，则公式复制过程中引用的地址始终保持不变。比如将 C1 中的 "=$A$1" 复制到任何位置都是 "=$A$1"。

混合地址：形如$A1、B$2 的地址。在公式中使用混合地址引用，则只有在纵向复制公式时$A1 的行号会改变，如将 C1 中的 "=$A1" 复制到 C2，公式改变为 "=$A2"，而复制到 D1 则仍然是 "=$A1"，也就是说形如$A1、$A2 的混合引用 "行号纵变横不变"。而 B$2 在公式复制中 "列号横变纵不变"。

编辑公式时，反复按 "F4" 键，可以在引用单元格的相对地址、绝对地址和混合地址之间进行切换。

6.2.2 函数

函数是预定义的内置公式。它有特定的格式与用法，通常每个函数由一个函数名和相应的参数组成。函数名是定义函数功能的名称，参数位于函数名的右侧并用括号括起来，它是一个函数用以生成新值或进行运算的基础数据。

1. 函数的分类与常用函数

在 WPS 表格中，函数按功能可分为财务、日期与时间、数学与三角函数、统计、查找与引用、数据库、文本、逻辑、信息以及工程十大类，共计 300 多个函数。这里介绍几个常用函数的功能和用法，如表 6-2 所示。

表 6-2 常用函数的功能和用法

函数	格式	功能
求和函数	=SUM(参数 1, 参数 2, …)	计算单元格区域中所有数值的和
平均值函数	=AVERAGE(参数 1, 参数 2, …)	计算单元格区域中所有数值的平均值
计数函数	=COUNT(参数 1, 参数 2, …)	计算区域中包含数字的单元格的个数
条件函数	=IF(测试条件, 真值, 假值)	判断是否满足某个条件，满足时返回真值，不满足时则返回假值
条件求和函数	=SUMIF(条件数据区, 条件, 求和数据区)	对单元格区域中满足条件的数值求和
条件平均值函数	=AVERAGEIF(条件数据区, 条件, 平均值数据区)	对单元格区域中满足条件的数值求平均值
条件计数函数	=COUNTIF(条件数据区, 条件)	计算区域中满足条件的单元格的个数
排位函数	=RANK(数值, 引用数据区, 排位方式)	返回一个数字在数字列表中的排名
纵向查找函数	=VLOOKUP(查找值, 数据表, 列序数, 匹配条件)	返回该列所需查询列序所对应的值
日期函数	=TODAY( )	返回当前日期
日期时间函数	=NOW( )	返回当前日期和时间
最大值函数	=MAX(参数 1, 参数 2, …)	求出并显示一组参数的最大值
最小值函数	=MIN(参数 1, 参数 2, …)	求出并显示一组参数的最小值
四舍五入函数	=ROUND(参数, 小数位数)	对小数型参数进行四舍五入

2. 应用函数

在 WPS 表格中，可以直接输入函数，也可以用"插入函数"的方法输入函数。

若用户对函数非常熟悉，可采用直接输入法。首先单击要存放计算结果的单元格，然后依次输入等号、函数名、具体参数，并按"Enter"键或单击 ✔ 按钮确认。

若用户对函数不太熟悉，则可利用插入函数的方法输入函数。操作步骤如下。

（1）选定要存放计算结果的单元格。

（2）单击"开始"选项卡中的"求和"下拉按钮，从弹出的下拉列表中选择所需函数；若没有，则选择"其他函数"，弹出"插入函数"对话框。

（3）单击"或选择类别"下拉按钮，从下拉列表中选择函数类别，下方"选择函数"列表中显示对应类别的全部函数。

（4）从列表中选定所需函数并单击"确定"按钮，弹出"函数参数"对话框。在该对话框中确定该函数的参数，单击"确定"按钮。

【教学案例 2】学生成绩表

统计学生的学习成绩是每位老师经常要进行的一项工作。图 6-10 所示为一张某大学的学生成绩表，根据所学知识，完成下列操作。

	A	B	C	D	E	F	G	H	I	J
1				××大学学生成绩表						
2	学号	姓名	性别	大学语文	高等数学	计算机基础	总分	平均分	名次	等级
3	0001	张成祥	男	75	80	91				
4	0002	王红艳	女	86	85	89				
5	0003	龙志伟	男	57	62	56				
6	0004	唐 娜	女	85	53	84				
7	0005	马小承	男	74	81	69				
8	0006	田云龙	男	89	93	90				
9	0007	李芳芳	女	68	76	62				
10	0008	周春霞	女	71	86	71				
11	0009	张 强	男	79	58	87				
12	0010	杨 柳	女	82	84	86				
13	学科平均分									
14	学科最高分									

图 6-10　学生成绩表

操作要求

（1）用函数计算出每个学生的总分和平均分（平均分保留一位小数）。

（2）用函数计算出各学科的平均分（平均分保留一位小数）和最高分。

（3）用排位函数 RANK 按总分由高到低排出名次。

（4）用条件函数 IF 给"等级"赋值：平均分在 80 分及以上者为"优秀"，60 分及以上者为"合格"，60 分以下者为"不合格"。

（5）新建两张工作表 Sheet2 和 Sheet3，将工作表 Sheet1 中 A1:J12 单元格区域的数据分别复制到工作表 Sheet2 和 Sheet3 中 A1 单元格开始的区域。

（6）在工作表 Sheet2 中分别用统计函数 COUNT 和条件统计函数 COUNTIF 统计总人数和各科不及格人数，并利用公式计算各科的不及格率。

（7）在工作表 Sheet3 中利用纵向查找函数 VLOOKUP 提取王红艳、唐娜及王强的名次。

操作步骤

步骤1　建立工作簿并输入数据

（1）启动 WPS Office，新建一个空白工作簿。

（2）以"班级+姓名"为文件名，保存工作簿。

（3）在工作表 Sheet1 中输入原始数据，并对工作表 Sheet1 进行格式化。

微课 49　学生
成绩表 1

步骤2　计算每个学生的总分和平均分

（1）选择 G3 单元格，单击"开始"选项卡中的"求和"下拉按钮，在下拉列表中选择"求和"命令。G3 单元格中显示求和函数"=SUM(D3:F3)"，确定求和数据范围正确后，按"Enter"键，计算出第 1 个学生的"总分"。

（2）重新选定 G3 单元格，向下拖动填充柄至 G12 单元格处释放鼠标，利用填充柄完成公式的复制，计算出其余学生的总分，如图 6-11 所示。

	A	B	C	D	E	F	G	H	I	J
1				××大学学生成绩表						
2	学号	姓名	性别	大学语文	高等数学	计算机基础	总分	平均分	名次	等级
3	0001	张成祥	男	75	80	91	246			
4	0002	王红艳	女	86	85	89	260			
5	0003	龙志伟	男	57	62	56	175			
6	0004	唐　娜	女	85	53	84	222			
7	0005	马小承	男	74	81	69	224			
8	0006	田云龙	男	89	93	90	272			
9	0007	李芳芳	女	68	76	62	206			
10	0008	周春霞	女	71	86	71	228			
11	0009	张　强	男	79	58	87	224			
12	0010	杨　柳	女	82	84	86	252			
13	学科平均分									
14	学科最高分									

图 6-11　求出全部学生的总分

（3）选择 H3 单元格，单击"求和"下拉按钮，在下拉列表中选择"平均值"命令。H3 单元格中显示求平均值函数。由于默认的函数取值范围不正确，在公式编辑栏修改取值范围，按"Enter"键，计算出第 1 个学生的平均分。

（4）重新选定 H3 单元格，向下拖动填充柄至 H12 单元格处释放鼠标，利用填充柄完成公式的复制，计算出其他学生的平均分。

（5）单击"开始"选项卡中的"增加小数位数"按钮和"减少小数位数"按钮，使每个学生平均分保留一位小数，如图 6-12 所示。

	A	B	C	D	E	F	G	H	I	J
1				××大学学生成绩表						
2	学号	姓名	性别	大学语文	高等数学	计算机基础	总分	平均分	名次	等级
3	0001	张成祥	男	75	80	91	246	82.0		
4	0002	王红艳	女	86	85	89	260	86.7		
5	0003	龙志伟	男	57	62	56	175	58.3		
6	0004	唐　娜	女	85	53	84	222	74.0		
7	0005	马小承	男	74	81	69	224	74.7		
8	0006	田云龙	男	89	93	90	272	90.7		
9	0007	李芳芳	女	68	76	62	206	68.7		
10	0008	周春霞	女	71	86	71	228	76.0		
11	0009	张　强	男	79	58	87	224	74.7		
12	0010	杨　柳	女	82	84	86	252	84.0		
13	学科平均分									
14	学科最高分									

图 6-12　使学生的平均分保留一位小数

步骤 3　计算各学科平均分和最高分

（1）选择 D13 单元格，在函数下拉列表中选择"平均值"命令，求出大学语文的平均分。

（2）重新选定 D13 单元格，利用填充柄完成公式的复制，计算出各学科的平均分。

（3）使各学科平均分保留一位小数。

（4）选择 D14 单元格，在函数下拉列表中选择"最大值"命令，由于默认函数取值范围不正确，修改函数取值范围，统计出大学语文成绩中的最高分。

（5）重新选定 D14 单元格，利用填充柄完成公式的复制，统计出高等数学和计算机基础的最高分，如图 6-13 所示。

	A	B	C	D	E	F	G	H	I	J
1	××大学学生成绩表									
2	学号	姓名	性别	大学语文	高等数学	计算机基础	总分	平均分	名次	等级
3	0001	张成祥	男	75	80	91	246	82.0		
4	0002	王红艳	女	86	85	89	260	86.7		
5	0003	龙志伟	男	57	62	56	175	58.3		
6	0004	唐　娜	女	85	53	84	222	74.0		
7	0005	马小承	男	74	81	69	224	74.7		
8	0006	田云龙	男	89	93	90	272	90.7		
9	0007	李芳芳	女	68	76	62	206	68.7		
10	0008	周春霞	女	71	86	71	228	76.0		
11	0009	张　强	男	79	58	87	224	74.7		
12	0010	杨　柳	女	82	84	86	252	84.0		
13	学科平均分			76.6	75.8	78.5				
14	学科最高分			89	93	91				

图 6-13　计算各学科的平均分和最高分

步骤 4　用排位函数排出名次

（1）选中 I3 单元格。

（2）在函数下拉列表中选择"其他函数"，弹出"插入函数"对话框。

（3）单击"或选择类别"下拉按钮，选择"全部"或"统计"，再从函数列表中选择排位函数 RANK，单击"确定"按钮，弹出"函数参数"对话框。

微课 50　学生成绩表 2

（4）在该对话框中单击"数值"文本框右侧的按钮，再单击工作表中的 G3 单元格；单击"引用"文本框右侧的按钮，选择 G3:G12 单元格区域，然后按"F4"键切换到绝对地址\$G\$3:\$G\$12；"排位方式"忽略，如图 6-14 所示。

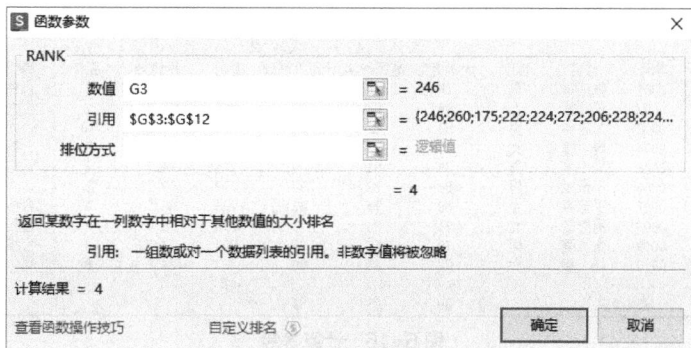

函数参数		×
RANK		
数值	G3	= 246
引用	\$G\$3:\$G\$12	= {246;260;175;222;224;272;206;228;224...
排位方式		= 逻辑值
		= 4

返回某数字在一列数字中相对于其他数值的大小排名

引用：一组数或对一个数据列表的引用。非数字值将被忽略

计算结果 = 4

查看函数操作技巧　　自定义排名　　　　　　　确定　　取消

图 6-14　"函数参数"对话框

（5）单击"确定"按钮，单元格 I3 中显示张成祥的名次为 4。

> **提示** 在输入"引用"范围时，一定要用绝对地址锁定引用地址的范围，否则排序结果将是错误的。因为如果引用的是相对地址，则张成祥的引用地址为（G3:G12），用填充柄向下复制公式后，王红艳的引用地址为（G4:G13），龙志伟的引用地址为（G5:G14）……，排名引用的地址范围将发生变化，导致排名结果错误。

（6）利用填充柄复制公式，给每个学生排出名次，如图 6-15 所示。

	A	B	C	D	E	F	G	H	I	J
1					××大学学生成绩表					
2	学号	姓名	性别	大学语文	高等数学	计算机基础	总分	平均分	名次	等级
3	0001	张成祥	男	75	80	91	246	82.0	4	
4	0002	王红艳	女	86	85	89	260	86.7	2	
5	0003	龙志伟	男	57	62	56	175	58.3	10	
6	0004	唐 娜	女	85	53	84	222	74.0	8	
7	0005	马小承	男	74	81	69	224	74.7	6	
8	0006	田云龙	男	89	93	90	272	90.7	1	
9	0007	李芳芳	女	68	76	62	206	68.7	9	
10	0008	周春霞	女	71	86	71	228	76.0	5	
11	0009	张 强	男	79	58	87	224	74.7	6	
12	0010	杨 柳	女	82	84	86	252	84.0	3	
13		学科平均分		76.6	75.8	78.5				
14		学科最高分		89	93	91				

图 6-15　排名结果

步骤 5　计算等级

（1）选中 J3 单元格。

（2）在公式编辑栏中输入条件函数"=IF(H3>=80,"优秀",IF(H3>=60,"合格","不合格"))"，按"Enter"键后显示第 1 个学生的成绩等级。

（3）重新选定 J3 单元格，利用填充柄计算其他学生的成绩等级，结果如图 6-16 所示。

输入函数时要注意。

① 必须以等号"="开始。

② 除汉字以外，其他所有字母、数字及符号一律在英文状态下输入。

③ 函数名称不区分大小写字母。

④ 如果公式或函数输入错误，可直接在公式编辑栏中进行修改。

	A	B	C	D	E	F	G	H	I	J
1					××大学学生成绩表					
2	学号	姓名	性别	大学语文	高等数学	计算机基础	总分	平均分	名次	等级
3	0001	张成祥	男	75	80	91	246	82.0	4	优秀
4	0002	王红艳	女	86	85	89	260	86.7	2	优秀
5	0003	龙志伟	男	57	62	56	175	58.3	10	不合格
6	0004	唐 娜	女	85	53	84	222	74.0	8	合格
7	0005	马小承	男	74	81	69	224	74.7	6	合格
8	0006	田云龙	男	89	93	90	272	90.7	1	优秀
9	0007	李芳芳	女	68	76	62	206	68.7	9	合格
10	0008	周春霞	女	71	86	71	228	76.0	5	合格
11	0009	张 强	男	79	58	87	224	74.7	6	合格
12	0010	杨 柳	女	82	84	86	252	84.0	3	优秀
13		学科平均分		76.6	75.8	78.5				
14		学科最高分		89	93	91				

图 6-16　计算等级

步骤 6　新建工作表并复制数据

（1）单击工作表标签栏中的 + 按钮，新建两张工作表 Sheet2 和 Sheet3。

（2）复制 Sheet1 中 A1:J12 单元格区域的数据，将其分别粘贴到 Sheet2 和 Sheet3 中 A1 开始的单元格区域。

步骤 7　统计人数并计算不及格率

（1）切换到工作表 Sheet2。

（2）合并 A13:B13，输入文本"总人数"。

（3）合并 A14:B14，输入文本"各科不及格人数"。

（4）合并 A15:B15，输入文本"各科不及格率"。

微课 51　学生
成绩表 3

1. 统计总人数

（1）选中 D13 单元格。

（2）单击"开始"选项卡中"求和"下拉按钮，在下拉列表中选择"计数"命令，D13 单元格显示"=COUNT(D3:D12)"，确认函数取值范围正确，按"Enter"键，求出"总人数"。

2. 统计各科不及格人数

（1）选中 D14 单元格。

（2）单击"开始"选项卡中"求和"下拉按钮，在下拉列表中选择"其他函数"，弹出"插入函数"对话框。

（3）在该对话框中单击"或选择类别"下拉按钮，从下拉列表中选择"全部"，从"选择函数"列表中选择条件计数函数 COUNTIF，单击"确定"按钮，弹出"函数参数"对话框。单击"区域"文本框右侧的按钮，选择 D3:D12 单元格区域，在"条件"文本框中输入"<60"，如图 6-17 所示。

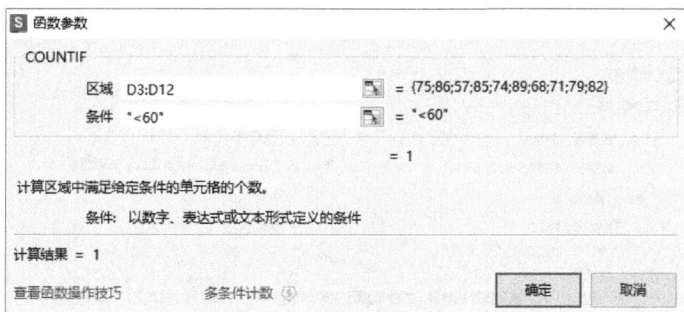

图 6-17　"函数参数"对话框

（4）单击"确定"按钮，统计出大学语文的不及格人数。

（5）使用填充柄，统计出高等数学和计算机基础的不及格人数。

3. 计算各科不及格率

不及格率=不及格人数÷总人数×100%。

（1）选中 D15 单元格。

（2）在公式编辑栏中输入公式"=D14/10"，按"Enter"键，计算出大学语文的不及格率。使用填充柄统计出高等数学和计算机基础的不及格率。将数字格式设置为"百分比"，如图 6-18 所示。

图 6-18　计算各科不及格率

步骤 8　提取王红艳等人的名次

当数据量很大的时候，如果一个一个地查找所需记录将会十分烦琐，WPS 表格因此提供了专门的查找函数 VLOOKUP。VLOOKUP 函数是一个纵向查找函数，该函数主要用于在表格的垂直方向（即列方向）查找特定信息，并返回同一行中所查找的另一列数据。

（1）切换到工作表 Sheet3。

（2）在 B14:B16 单元格区域中分别输入所要查找的学生姓名：王红艳、唐娜、王强。

（3）选中 C14 单元格。

（4）在函数列表中选择纵向查找函数 VLOOKUP，弹出"函数参数"对话框。在该对话框的"查找值"文本框中输入要查找的单元格名称 B14；在"数据表"文本框中输入查找范围的绝对地址，且将"查找值"所在列作为起始列，查找的内容所在列为最后列，即$B$2:$I$12；在"列序数"文本框中输入查找结果在"数据表"中的列序数 8；匹配条件为精确匹配，所以在"匹配条件"文本框中输入 FALSE，如图 6-19 所示。

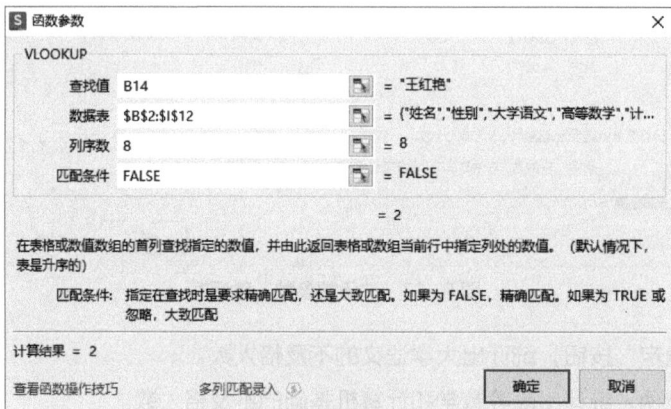

图 6-19　"函数参数"对话框

（5）单击"确定"按钮，C14 单元格中显示王红艳的名次为"2"。使用填充柄向下拖动，查找其他学生的名次。若找不到匹配的值，则返回错误信息"#N/A"，如图 6-20 所示。

VLOOKUP 函数的使用说明如下。

- "查找值"为要查找内容所在的单元格名称，即找什么。
- "数据表"为查找范围的绝对地址，且将"查找值"所在列作为第 1 列，即在哪找。

	A	B	C	D	E	F	G	H	I	J
1	××大学学生成绩表									
2	学号	姓名	性别	大学语文	高等数学	计算机基础	总分	平均分	名次	等级
3	0001	张成祥	男	75	80	91	246	82.0	4	优秀
4	0002	王红艳	女	86	85	89	260	86.7	2	优秀
5	0003	龙志伟	男	57	62	56	175	58.3	10	不合格
6	0004	唐　娜	女	85	53	84	222	74.0	8	合格
7	0005	马小承	男	74	81	69	224	74.7	6	合格
8	0006	田云龙	男	89	93	90	272	90.7	1	优秀
9	0007	李芳芳	女	68	76	62	206	68.7	9	合格
10	0008	周春霞	女	71	86	71	228	76.0	5	合格
11	0009	张　强	男	79	58	87	224	74.7	6	合格
12	0010	杨　柳	女	82	84	86	252	84.0	3	优秀
13										
14		王红艳	2							
15		唐　娜	8							
16		王　强	#N/A							

图 6-20　显示所要查找学生的名次

- “列序数”为查找结果在“数据表”中的第几列（而非工作表中的第几列）。
- “匹配条件”指定在查找时是精确匹配还是大致匹配，精确匹配输入 FALSE 或 0，大致匹配输入 TRUE 或 1 或忽略。
- 若“查找值”在数据表中多次出现，函数只返回第 1 个查找到的结果。
- 若找到匹配的值，则显示结果；若找不到匹配的值，则返回错误信息“#N/A”。

步骤 9　保存工作簿

单击快速访问工具栏中的“保存”按钮或按“F12”键保存工作簿。

任务 6.3　排序与筛选

排序和筛选是进行数据统计和分析的两个常用操作。数据排序是按照一定的规则对数据进行重新排列，便于浏览或为进一步处理数据做准备（如分类汇总）；数据筛选是筛选出数据中符合条件的记录，其他数据则被过滤掉，便于浏览。

6.3.1　排序

数据排序是指以一个或多个关键字为依据，按一定顺序对工作表中的数据进行重新排列。排序后的工作表成为按指定关键字排列的有序工作表，便于浏览、查询和统计相关的数据。可以按升序进行排序，也可以按降序进行排序。

排序有快速排序和自定义排序两种。如果按单列字段进行排序，可采用快速排序的方法；如果按多列字段进行排序，则可采用自定义排序的方法。

要注意的是，排序的数据区域不能含有合并的单元格，否则不能进行正常的排序。

1. 快速排序

（1）单击要排序的字段所在列的任意非空单元格。

（2）单击“开始”选项卡中的“排序”下拉按钮，从下拉列表中选择“升序”或“降序”命令。

2. 自定义排序

（1）单击工作表中任意单元格或选中整张数据清单（若标题行是合并的单元格，则选择的数据区域不能包含标题行）。

（2）单击"开始"选项卡的"排序"下拉按钮，从下拉列表中选择"自定义排序"命令，打开图6-21所示的"排序"对话框。

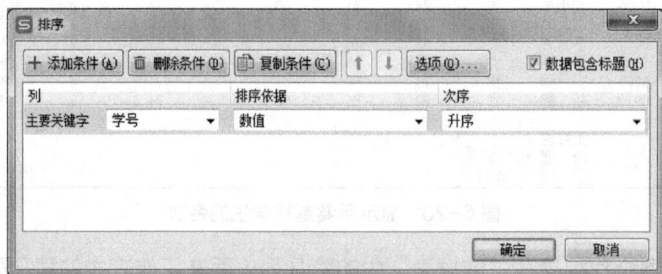

图6-21 "排序"对话框

（3）在该对话框中确定"主要关键字""排序依据""次序"。

（4）根据需要可以单击"添加条件"按钮，增加多个排序关键字。

（5）根据所选区域有无表头，勾选或取消勾选"数据包含标题"复选框。

（6）单击"确定"按钮，完成排序。

大多数排序操作都是按列排序。单击"选项"按钮，可以设置排序方向为"按行排序"。

6.3.2 筛选

数据筛选是指在工作表中快速提取出满足指定条件的记录的方法。筛选后的数据清单只包含符合条件的记录，便于浏览和查询。不符合条件的记录暂时被隐藏起来而不会被删除。

可以使用"筛选"和"高级筛选"两个命令进行数据的筛选。一般来说，当筛选条件仅涉及一个字段时，使用"筛选"命令即可完成筛选操作；当筛选条件涉及多个字段时，通常需要使用"高级筛选"命令来完成筛选操作。

1. 筛选

对数据进行筛选的步骤如下。

（1）选中整张数据清单（选择的数据区域中不能包含标题行）。

（2）单击"开始"选项卡中的"筛选"下拉按钮，从下拉列表中选择"筛选"命令。这时可以看到，在工作表中的每个字段名右侧都会出现一个"自动筛选"控制按钮，如图6-22所示。

	A	B	C	D	E	F	G	H	I
1	7月份工资表								
2	姓名	部门	基本工资	岗位津贴	工龄工资	水电费	应发工资	扣除	实发工资
3	张爱华	市场部	2589	500	300	126	3263	261.04	3001.96
4	李诗纯	市场部	3647	500	300	86	4361	348.88	4012.12
5	王亚莉	人力资源部	2894	300	500	95	3599	287.92	3311.08
6	张丽丽	企划部	3562	400	600	105	4457	356.56	4100.44
7	魏海燕	企划部	2349	400	400	132	3017	241.36	2775.64
8	陈小晓	市场部	2698	500	200	84	3314	265.12	3048.88
9	李国芬	企划部	3312	400	300	76	3936	314.88	3621.12
10	刘圆圆	市场部	2636	500	400	108	3428	274.24	3153.76

图6-22 "自动筛选"控制按钮

（3）单击要筛选字段的下拉按钮，则出现该字段对应的下拉列表选择条件，根据需要选择筛选条件即可得出筛选结果。

若在弹出的列表中选择"自定义筛选"命令，则会弹出"自定义自动筛选方式"对话框，可在该对话框中设置筛选条件。

2．高级筛选

对数据进行高级筛选的步骤如下。

（1）将数据表字段名复制到数据区域中距原有数据区域至少空出一行或一列的位置。

（2）在新复制的表头下方对应位置输入筛选条件，属于"并且"关系的条件要放在同一行，属于"或者"关系的条件要放在不同行。

（3）单击"筛选"下拉按钮，从下拉列表中选择"高级筛选"命令，弹出"高级筛选"对话框，如图 6-23 所示。

（4）定义筛选结果显示位置。在"方式"区域中，可根据需要选择"在原有区域显示筛选结果"或"将筛选结果复制到其他位置"。

（5）定义源数据区域。单击"列表区域"文本框右侧的按钮，在工作表中选择要筛选的源数据区域。

（6）定义条件区域。单击"条件区域"文本框右侧的按钮，在工作表中选择已输入的条件区域。

图 6-23　"高级筛选"对话框

（7）定义筛选结果区域。单击"复制到"文本框右侧的按钮，在工作表中条件区域下方单击选择放置筛选结果的开始单元格位置。

（8）单击"确定"按钮。

【教学案例3】图书管理

在工作表中输入数据，如图 6-24 所示，并按要求完成对工作表的操作。

序号	书名	出版社	类别	单价	数量	金额
			图书管理			
0001	智慧社区	电子工业出版社	科普	58.00	10	
0002	大学计算机基础	人民邮电出版社	教材	52.00	5	
0003	开车是一场修行	广东科技出版社	生活	36.00	8	
0004	寻找时间的边缘	海南出版社	科普	32.00	7	
0005	恐龙星球	人民邮电出版社	科普	55.20	9	
0006	数据库技术与应用	清华大学出版社	教材	52.00	6	
0007	智慧城市	清华大学出版社	科普	56.00	6	
0008	荒野求生秘技	人民邮电出版社	生活	39.20	8	
0009	物联网	清华大学出版社	科普	48.00	12	
0010	网络工程CAD	清华大学出版社	教材	49.80	9	
	清华大学出版社图书					
	清华大学出版社科普类图书					

图 6-24　图书管理

操作要求

（1）计算每种图书的金额（保留 2 位小数）。

（2）计算清华大学出版社图书总数量和总金额，分别填入 F13 和 G13 单元格。

（3）计算清华大学出版社科普类图书总数量和总金额，分别填入 F14 和 G14 单元格。

（4）新建6张工作表Sheet2～Sheet7，将工作表Sheet1中A1:G12单元格区域的数据分别复制到Sheet2～Shee7中A1单元格开始的区域内。

（5）在工作表Sheet2中，按图书单价由高到低对记录进行排序（单价相同时按书名的拼音升序排列）。

（6）在工作表Sheet3中，按图书类别"科普""教材""生活"排序。

（7）在工作表Sheet4中，按书名首个汉字笔画多少升序排列。

（8）在工作表Sheet5中，筛选出科普类别的图书。

（9）在工作表Sheet6中，筛选出单价大于50的科普类图书，并将筛选结果存放在A18单元格开始的区域。

（10）在工作表Sheet7中，筛选出书名中包含"智慧"二字的图书。

操作步骤

步骤1　建立工作簿并输入数据

（1）启动WPS Office，新建一个空白工作簿。

（2）以"班级+姓名"为文件名，保存工作簿。

（3）在工作表中输入数据并编辑格式。

步骤2　计算每种图书的金额

（1）选择G3单元格。

（2）在公式编辑栏中输入公式"=E3*F3"。

微课52　图书
管理1

（3）单击公式编辑栏左侧的√按钮或按"Enter"键，G3单元格中显示图书《智慧社区》的金额，并设置小数位数为2位。

（4）使用填充柄向下拖动，计算出其他图书的金额，如图6-25所示。

	A	B	C	D	E	F	G
1			图书管理				
2	序号	书名	出版社	类别	单价	数量	金额
3	0001	智慧社区	电子工业出版社	科普	58.00	10	580.00
4	0002	大学计算机基础	人民邮电出版社	教材	52.00	5	260.00
5	0003	开车是一场修行	广东科技出版社	生活	36.00	8	288.00
6	0004	寻找时间的边缘	海南出版社	科普	32.00	7	224.00
7	0005	恐龙星球	人民邮电出版社	科普	55.20	9	496.80
8	0006	数据库技术与应用	清华大学出版社	教材	52.00	6	312.00
9	0007	智慧城市	清华大学出版社	科普	56.00	6	336.00
10	0008	荒野求生秘技	人民邮电出版社	生活	39.20	8	313.60
11	0009	物联网	清华大学出版社	科普	48.00	12	576.00
12	0010	网络工程CAD	清华大学出版社	教材	49.80	9	448.20
13		清华大学出版社图书					
14	清华大学出版社科普类图书						

图6-25　求出每种图书的金额

步骤3　计算清华大学出版社图书的总数量和总金额

本步骤中只统计清华大学出版社图书的总数量和总金额，而不是所有出版社图书的总数量和总金额，即比统计函数多了一个条件，所以应使用条件求和函数。

（1）选择F13单元格。

（2）单击"开始"选项卡中的"求和"下拉按钮，在弹出的函数下拉列表中选择"其他函数"，在弹出的"插入函数"对话框中输入或选择条件求和函数SUMIF，单击"确定"按钮，弹出"函数参数"对话框。

（3）单击"区域"文本框右侧的按钮，选择 C3:C12 单元格区域，按"F4"键，将引用地址切换为绝对地址$C$3:$C$12；在"条件"文本框中输入"清华大学出版社"；单击"求和区域"文本框右侧的按钮，选择 F3:F12 单元格区域，具体设置如图 6-26 所示。

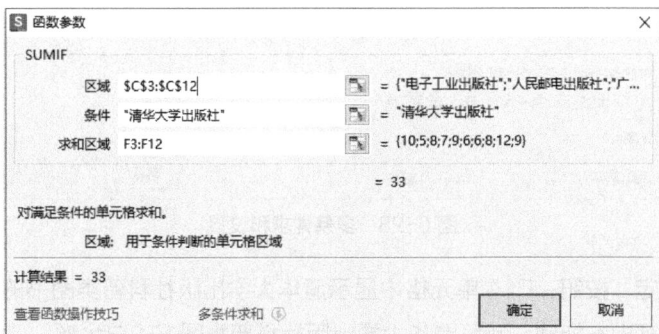

图 6-26　条件求和设置

（4）单击"确定"按钮，F13 单元格中显示清华大学出版社图书的总数量。

（5）使用填充柄向右拖动，计算清华大学出版社图书的总金额，如图 6-27 所示。

图 6-27　计算清华大学出版社图书的总数量和总金额

步骤 4　计算清华大学出版社科普类图书的总数量和总金额

本步骤中统计的是清华大学出版社科普类图书的总数量和总金额，即使用了多个条件，所以应使用多条件求和函数。

（1）选择 F14 单元格。

（2）单击"开始"选项卡中的"求和"下拉按钮，在下拉列表中选择"其他函数"，弹出"插入函数"对话框，选择多条件求和函数 SUMIFS，单击"确定"按钮，弹出"函数参数"对话框。

（3）单击"求和区域"文本框右侧的按钮，选择 F3:F12 区域；单击"区域 1"文本框右侧的按钮，选择 C3:C12 单元格区域，按"F4"键，将引用地址切换为绝对地址$C$3:$C$12；单击"条件 1"文本框，在文本框中输入"清华大学出版社"；单击"区域 2"文本框右侧的按钮，选择 D3:D12 单元格区域，按"F4"键，将引用地址切换为绝对地址$D$3:$D$12；单击"条件 2"文本框，在文本框中输入"科普"，具体设置如图 6-28 所示。

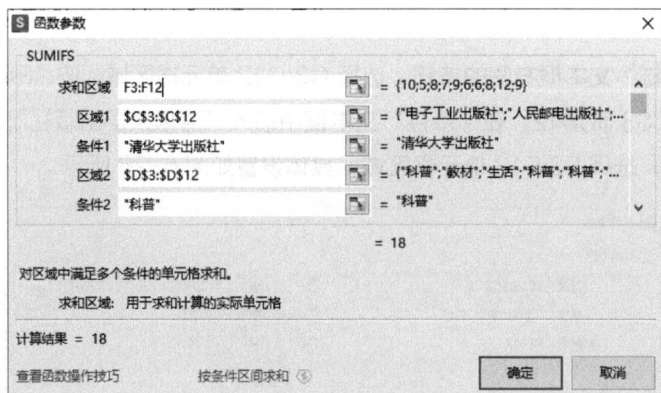

图 6-28　多条件求和设置

（4）单击"确定"按钮，F14 单元格中显示清华大学出版社科普类图书的总数量。

（5）使用填充柄向右拖动，计算清华大学出版社科普类图书的总金额。

（6）选定任意金额单元格（如 G12），单击格式刷，用格式刷刷过 G13 和 G14 单元格，使所有金额格式一致，如图 6-29 所示。

图 6-29　多条件求和结果

步骤 5　新建工作表并复制数据

（1）单击工作表标签栏中的新建工作表按钮 ，新建 6 张工作表 Sheet2 ~ Sheet7。

（2）复制工作表 Sheet1 中的 A1:G12 单元格区域，将其中的数据分别粘贴到工作表 Sheet2 ~ Sheet7 中 A1 单元格开始的区域。

步骤 6　在 Sheet2 中按图书单价进行排序

（1）切换到工作表 Sheet2。

（2）选择 A2:G12 单元格区域。

（3）单击"开始"选项卡中的"排序"下拉按钮，从下拉列表中选择"自定义排序"命令，弹出"排序"对话框。

微课 53　图书管理 2

（4）选择主要关键字为"单价"，次序为"降序"。

（5）单击对话框中的"添加条件"按钮，显示"次要关键字"条件行。选择次要关键字为"书名"，次序为"升序"，如图 6-30 所示。

（6）单击"确定"按钮，显示排序结果，如图 6-31 所示。

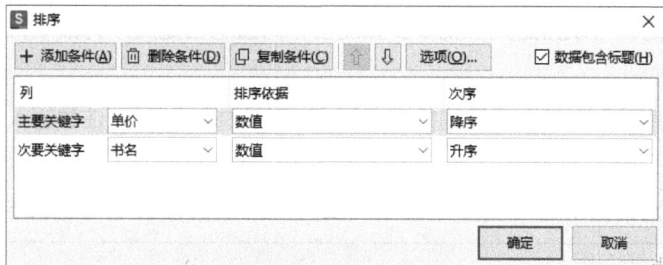

图 6-30　"排序"设置

图 6-31　按图书单价排序

步骤 7　在 Sheet3 中按图书类别排序

（1）切换到工作表 Sheet3。

（2）选中 A2:G12 单元格区域。

（3）单击"开始"选项卡中的"排序"下拉按钮，从下拉列表中选择"自定义排序"命令，弹出"排序"对话框。

（4）选择主要关键字为"类别"，次序为"自定义序列"，打开"自定义序列"对话框，如图 6-32 所示。

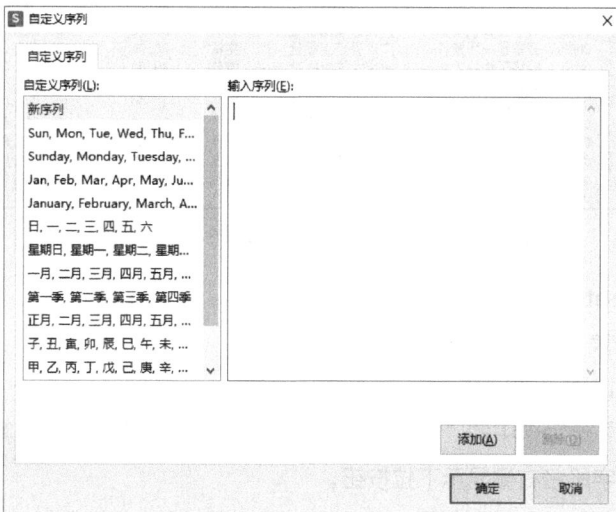

图 6-32　"自定义序列"对话框

该对话框左侧是软件内置的自定义序列，如果自定义序列符合需求的，可以直接选择使用。

如果没有符合需求的，可以自定义。就本步骤而言，内置的自定义序列都不符合需求，所以需要
自定义。

（5）在"输入序列"中输入需要的排序序列"科普,教材,生活"。注意输入逗号时要在英文状
态下输入。

（6）依次单击对话框中的"添加""确定"按钮，显示排序结果，如图6-33所示。

	A	B	C	D	E	F	G
1			图书管理				
2	序号	书名	出版社	类别	单价	数量	金额
3	0001	智慧社区	电子工业出版社	科普	58.00	10	580.00
4	0004	寻找时间的边缘	海南出版社	科普	32.00	7	224.00
5	0005	恐龙星球	人民邮电出版社	科普	55.20	9	496.80
6	0007	智慧城市	清华大学出版社	科普	56.00	6	336.00
7	0009	物联网	清华大学出版社	科普	48.00	12	576.00
8	0002	大学计算机基础	人民邮电出版社	教材	52.00	5	260.00
9	0006	数据库技术与应用	清华大学出版社	教材	52.00	6	312.00
10	0010	网络工程CAD	清华大学出版社	教材	49.80	9	448.20
11	0003	开车是一场修行	广东科技出版社	生活	36.00	8	288.00
12	0008	荒野求生秘技	人民邮电出版社	生活	39.20	8	313.60

图6-33　按图书类别排序

步骤8　在Sheet4中按书名首个汉字笔画多少排序

（1）切换到工作表Sheet4。

（2）选中A2:G12单元格区域。

（3）选择"自定义排序"命令，打开"排序"对话框，选择主要关键字为"书名"，次序为
"升序"。

（4）在"排序"对话框中单击"选项"按钮，打开"排序选项"对话框，在其中选中"笔画
排序"单选按钮。

（5）单击"确定"按钮，显示排序结果，如图6-34所示。

	A	B	C	D	E	F	G
1			图书管理				
2	序号	书名	出版社	类别	单价	数量	金额
3	0002	大学计算机基础	人民邮电出版社	教材	52.00	5	260.00
4	0003	开车是一场修行	广东科技出版社	生活	36.00	8	288.00
5	0010	网络工程CAD	清华大学出版社	教材	49.80	9	448.20
6	0004	寻找时间的边缘	海南出版社	科普	32.00	7	224.00
7	0009	物联网	清华大学出版社	科普	48.00	12	576.00
8	0008	荒野求生秘技	人民邮电出版社	生活	39.20	8	313.60
9	0005	恐龙星球	人民邮电出版社	科普	55.20	9	496.80
10	0001	智慧社区	电子工业出版社	科普	58.00	10	580.00
11	0007	智慧城市	清华大学出版社	科普	56.00	6	336.00
12	0006	数据库技术与应用	清华大学出版社	教材	52.00	6	312.00

图6-34　按笔画排序

步骤9　在Sheet5中筛选出科普类别的图书

（1）切换到工作表Sheet5。

（2）选中A2:G12单元格区域。

（3）单击"开始"选项卡中的"筛选"下拉按钮，从下拉列表中选择"筛
选"命令，这时每个字段名右侧显示下拉按钮。

（4）单击"类别"下拉按钮，在弹出的对话框中单击"文本筛选"按钮，
然后在弹出的菜单中选择"自定义筛选"命令，弹出"自定义自动筛选方式"
对话框，设置"类别"为"等于""科普"。

微课54　图书
管理3

（5）单击"确定"按钮，显示筛选结果，如图 6-35 所示。

	A	B	C	D	E	F	G
1			图书管理				
2	序号	书名	出版社	类别	单价	数量	金额
3	0001	智慧社区	电子工业出版社	科普	58.00	10	580.00
6	0004	寻找时间的边缘	海南出版社	科普	32.00	7	224.00
7	0005	恐龙星球	人民邮电出版社	科普	55.20	9	496.80
9	0007	智慧城市	清华大学出版社	科普	56.00	6	336.00
11	0009	物联网	清华大学出版社	科普	48.00	12	576.00

图 6-35　筛选结果

步骤 10　在 Sheet6 中筛选出单价大于 50 的科普类图书

（1）切换到工作表 Sheet6。

（2）将字段名（即第 2 行内容）复制到第 14 行。

（3）在对应位置输入筛选条件（字母、数字和符号应在英文状态下输入）。

（4）单击"开始"选项卡中的"筛选"下拉按钮，从下拉列表中选择"高级筛选"命令。

（5）在弹出的"高级筛选"对话框中设置筛选方式为"将筛选结果复制到其他位置"；"列表区域"为 A2:G12 单元格区域；"条件区域"为 A14:G15 单元格区域；单击"复制到"文本框右侧的按钮，在工作表中选择 A18 单元格。

（6）单击"确定"按钮，筛选结果如图 6-36 所示。

	A	B	C	D	E	F	G
1			图书管理				
2	序号	书名	出版社	类别	单价	数量	金额
3	0001	智慧社区	电子工业出版社	科普	58.00	10	580.00
4	0002	大学计算机基础	人民邮电出版社	教材	52.00	5	260.00
5	0003	开车是一场修行	广东科技出版社	生活	36.00	8	288.00
6	0004	寻找时间的边缘	海南出版社	科普	32.00	7	224.00
7	0005	恐龙星球	人民邮电出版社	科普	55.20	9	496.80
8	0006	数据库技术与应用	清华大学出版社	教材	52.00	6	312.00
9	0007	智慧城市	清华大学出版社	科普	56.00	6	336.00
10	0008	荒野求生秘技	人民邮电出版社	生活	39.20	8	313.60
11	0009	物联网	清华大学出版社	科普	48.00	12	576.00
12	0010	网络工程CAD	清华大学出版社	教材	49.80	9	448.20
13							
14	序号	书名	出版社	类别	单价	数量	金额
15				科普	>50		
16							
17							
18	序号	书名	出版社	类别	单价	数量	金额
19	0001	智慧社区	电子工业出版社	科普	58.00	10	580.00
20	0005	恐龙星球	人民邮电出版社	科普	55.20	9	496.80
21	0007	智慧城市	清华大学出版社	科普	56.00	6	336.00

图 6-36　高级筛选结果

步骤 11　在 Sheet7 中筛选出书名中包含"智慧"二字的图书

（1）切换到工作表 Shee7。

（2）选中 A2:G12 单元格区域。

（3）单击"开始"选项卡中的"筛选"下拉按钮，从下拉列表中选择"筛选"命令，这时每个字段名右侧显示下拉按钮。

（4）单击"书名"下拉按钮，在弹出的对话框中单击"文本筛选"按钮，然后在弹出的下拉列表中选择"包含"命令，弹出"自定义自动筛选方式"对话框，在"包含"文本框中输入"智慧"二字。

（5）单击"确定"按钮，筛选结果如图6-37所示。

A	B	C	D	E	F	G
			图书管理			
序号	书名	出版社	类别	单价	数量	金额
0001	智慧社区	电子工业出版社	科普	58.00	10	580.00
0007	智慧城市	清华大学出版社	科普	56.00	6	336.00

图6-37　筛选结果

任务6.4　分类汇总与分级显示

分类汇总就是把工作表中的数据按指定的字段进行分类后再进行统计，以便对数据进行分析和管理。进行分类汇总后，WPS表格直接在数据区域中插入汇总行，从而可以同时看到数据明细和汇总结果。此外，还可以分级显示列表，以便为每个分类汇总项显示或隐藏数据明细行。

6.4.1　分类汇总

分类汇总就是按指定关键字进行分类统计，包括计数、求和、求平均值、求乘积、求方差等。可以仅按一个字段进行分类汇总，即简单分类汇总；也可以按多个字段进行分类汇总，即嵌套分类汇总。

1. 简单分类汇总

对数据进行分类汇总的步骤如下。

（1）选定要进行分类汇总的数据区域，对数据按分类汇总列字段进行排序，如按部门排序。

（2）单击"数据"选项卡中的"分类汇总"按钮，打开"分类汇总"对话框，如图6-38所示。

（3）在"分类字段"下拉列表中选择用于分类汇总的字段名，选定的字段名应与排序的字段名相同。

（4）在"汇总方式"下拉列表中选择用于计算分类汇总的函数（如求和）。

（5）在"选定汇总项"列表框中，勾选需要汇总计算的字段名对应的复选框。

（6）单击"确定"按钮，即可生成分类汇总结果。

2. 嵌套分类汇总

有时需要在一组数据中，按多个字段进行分类汇总。例如需要对每个月每类物品进行分类汇总，这就是嵌套分类汇总。对于嵌套分类汇总，需要多次使用分类汇总命令。

对数据进行嵌套分类汇总的步骤如下。

图6-38　"分类汇总"对话框

（1）对数据按需要分类汇总的多个关键字进行排序。

（2）按主要关键字进行分类汇总，这时其余的设定都使用默认设定即可。

（3）按次要关键字依次进行分类汇总，这时需要取消勾选"替换当前分类汇总"复选框。

6.4.2 分级显示

分类汇总的结果可以形成分级显示。另外，还可以为数据列表自行创建分级显示，最多可分 8 级。使用分级显示可以快速显示摘要行或摘要列，或者显示每组的明细数据。

当一个数据表经过分类汇总后，在数据区域的左侧就会出现分级显示符号，例如"教学案例 4 工资表"汇总结果中，其左上角的 1 2 3 4 表示分级的级数和级别，数值越大级别越小，+ 表示可展开下级明细，- 表示可收缩下级明细。

【教学案例 4】工资表

在工作表中输入数据，如图 6-39 所示，并按要求完成对工作表的操作。

	A	B	C	D	E	F	G	H	I
1				7月份工资表					
2	编号	姓名	系别	教研室	基本工资	校龄津贴	绩效工资	扣除	实发工资
3	0001	张爱华	机电	数控	4389	300	562	325	
4	0002	李小龙	机电	电气	4892	400	692	452	
5	0003	王亚莉	经管	会计	4594	500	626	382	
6	0004	卫春燕	经管	营销	3849	300	459	300	
7	0005	李国芬	印刷	图文	4265	300	728	414	
8	0006	刘明军	机电	电气	5136	400	663	349	
9	0007	向英姿	经管	营销	4186	200	685	307	
10	0008	闫静平	印刷	包装	3685	500	564	362	
11	0009	叶晓春	经管	会计	4778	400	612	429	
12	0010	张国平	印刷	包装	4365	300	597	356	
13	0011	赵思源	机电	数控	5283	100	683	227	
14	0012	苏向前	印刷	图文	4658	300	594	335	

图 6-39 7 月份工资表

操作要求

（1）给每位员工的基本工资增加 500 元。

（2）利用公式计算每位员工的实发工资。

（3）新建两张工作表 Sheet2 和 Sheet3，将工作表 Sheet1 中 A1:H14 单元格区域的数据分别复制到工作表 Sheet2 和 Sheet3 中 A1 单元格开始的区域。

（4）在工作表 Sheet2 中按系别分类汇总，求出各系的实发工资总和。

（5）在工作表 Sheet3 中按系别和教研室分类汇总，求出各系中各教研室实发工资的总和。

操作步骤

步骤 1 建立工作簿并输入数据

（1）启动 WPS Office，新建一个空白工作簿。

（2）以"班级+姓名"为文件名，保存工作簿。

（3）在工作表中输入数据并编辑格式。

步骤2 给每位员工的基本工资增加500元

（1）在任意空白单元格中输入500。

（2）选定数字500所在单元格，复制该单元格。

（3）选定基本工资所在单元格区域 E3:E14，右击，在弹出的菜单中选择"选择性粘贴"命令，弹出"选择性粘贴"对话框，如图6-40所示。

微课55 工资表1

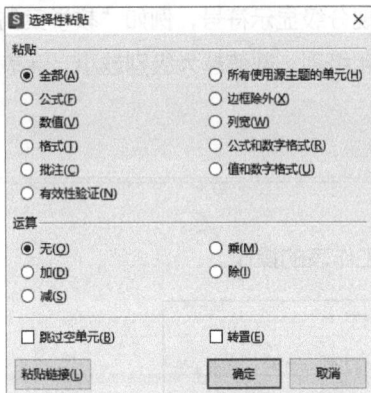

（4）选择"运算"选项组中的"加"单选按钮，单击"确定"按钮，每位员工的基本工资增加500元，如图6-41所示。

图6-40 "选择性粘贴"对话框

图6-41 每位员工基本工资增加500元

步骤3 计算实发工资

（1）选择 I3 单元格，在单元格或公式编辑栏中输入计算公式"=E3+F3+G3-H3"，按"Enter"键，计算出第1位员工的实发工资。

（2）重新选择 I3 单元格，双击填充柄完成公式的复制，计算出每位员工的实发工资，结果如图6-42所示。

图6-42 计算实发工资

步骤4 新建工作表并复制数据

新建工作表 Sheet2 和 Sheet3，选中工作表 Sheet1 中 A1:I14 单元格区域的数据并复制，分别粘贴到工作表 Sheet2 和 Sheet3 中 A1 单元格开始的位置。

步骤5 在 Sheet2 中按系别分类汇总

切换到工作表 Sheet2。

1. 按"系别"进行排序

（1）选择工作表中的数据区域 A2:I14。

（2）在"数据"选项卡中选择"排序"下拉列表中的"自定义排序"命令，在弹出的"排序"对话框中选择主要关键字为"系别"，次序为"升序"，单击"确定"按钮，得出按"系别"排序的结果。

2. 按"系别"进行分类汇总

（1）选择工作表中的数据区域 A2:I14。

（2）单击"数据"选项卡中的"分类汇总"按钮，打开"分类汇总"对话框，设置分类字段为"系别"、汇总方式为"求和"、汇总项为"实发工资"，其他选项采用默认值。

（3）单击"确定"按钮，分类汇总的结果如图 6-43 所示。

	A	B	C	D	E	F	G	H	I
1				7月份工资表					
2	编号	姓名	系别	教研室	基本工资	校龄津贴	绩效工资	扣除	实发工资
3	0001	张爱华	机电	数控	4889	300	562	325	5426
4	0002	李小龙	机电	电气	5392	400	692	452	6032
5	0006	刘明军	机电	电气	5636	400	663	349	6350
6	0011	赵思源	机电	数控	5783	100	683	227	6339
7			机电 汇总						24147
8	0003	王亚莉	经管	会计	5094	500	626	382	5838
9	0004	卫春燕	经管	营销	4349	300	459	300	4808
10	0007	向英姿	经管	营销	4686	200	685	307	5264
11	0009	叶晓春	经管	会计	5278	400	612	429	5861
12			经管 汇总						21771
13	0005	李国芬	印刷	图文	4765	300	728	414	5379
14	0008	闫静平	印刷	包装	4185	500	564	362	4887
15	0010	张国平	印刷	包装	4865	300	597	356	5406
16	0012	苏向前	印刷	图文	5158	300	594	335	5717
17			印刷 汇总						21389
18			总计						67307

图 6-43　按"系别"分类汇总的结果

步骤 6　在 Sheet3 中对各系中的教研室进行分类汇总

切换到工作表 Sheet3。

1. 按"系别"和"教研室"两个关键字进行排序

（1）选择工作表中的数据区域 A2:I14。

（2）在"数据"选项卡中选择"排序"下拉列表中的"自定义排序"命令，在弹出的"排序"对话框中设置主要关键字为"系别"、次要关键字为"教研室"，单击"确定"按钮，得出按"系别"和"教研室"排序的结果。

2. 嵌套分类汇总

（1）选择工作表中的数据区域 A2:I14。

（2）打开"分类汇总"对话框，设置"分类字段"为"系别"、"汇总方式"为"求和"、"选定汇总项"为"实发工资"。

（3）单击"确定"按钮，显示汇总结果。

（4）再次打开"分类汇总"对话框，设置"分类字段"为"教研室"、"汇总方式"为"求和"、"选定汇总项"为"实发工资"。取消勾选"替换当前分类汇总"复选框。单击"确定"按钮，分类汇总的结果如图 6-44 所示。

图6-44　按"系别"和"教研室"分类汇总的结果

任务 6.5　合并计算

若要对多张工作表进行跨表计算，就要用到"合并计算"命令。合并计算不仅可以进行求和、计数、求平均值、求最大值、求最小值的运算，还可以进行求方差、求标准差等运算。

6.5.1　合并计算的概念

合并计算，就是将多张源工作表的数据汇总到一张目标工作表中，源工作表可以与目标工作表在同一个工作簿中，也可以位于不同的工作簿中。合并计算的方法有两种：按位置合并计算和按分类合并计算。

按位置合并计算数据时，要求在所有源区域中的数据被同样排列，也就是每一个工作表中的记录名称和字段名称均在相同的位置；如果记录名称不尽相同，所放位置也不一定相同，则应使用按分类合并计算数据。

6.5.2　合并计算的方法

下面以分类合并计算为例，介绍合并计算的方法。

（1）新建一张工作表，用来存放合并后的数据。

（2）把光标定位到存放合并数据区域的第1个单元格中。

（3）单击"数据"选项卡中的"合并计算"按钮，打开"合并计算"对话框。

（4）在"函数"下拉列表中，选择希望用于合并计算数据的函数。

（5）在"引用位置"文本框中，输入希望进行合并计算的源区域的引用位置，或单击"引用位置"文本框中的红色箭头按钮，选择目标工作簿中的工作表，在工作表中选定源区域，该区域的单元格引用将出现在"引用位置"文本框中，单击"添加"按钮，该区域会被添加到"所有引用位置"文本框中。

（6）重复上述步骤，将要进行合并计算的所有源区域添加到"所有引用位置"文本框中。

（7）单击"确定"按钮，得到合并计算的结果。

如果要重新进行合并计算，必须先删除原有的引用位置再进行操作。

【教学案例 5】汇总各分店销售情况

图 6-45 显示了同一工作簿中要进行合并计算的 3 张工作表 Sheet1、Sheet2 和 Sheet3，这 3 张工作表显示了某商店的 3 个分店的产品销售情况，商品没有按相同的顺序进行排序，甚至销售的商品也不完全相同。手动汇总将是非常耗时的工作，而利用 WPS 表格的"合并计算"功能则非常方便。

图 6-45　待合并计算的 3 张工作表

操作要求

（1）在工作表 Sheet1、Sheet2、Sheet3 中分别输入 3 个分店的原始数据，并将 3 张工作表分别重命名为一分店、二分店、三分店。

（2）新建工作表 Sheet4，将其重命名为"销售总表"，并用"合并计算"功能计算 3 个分店每季度每种商品的销量总量。

操作步骤

步骤 1　建立工作簿并输入数据

（1）启动 WPS Office，新建一个空白工作簿。

（2）以"班级+姓名"为文件名，保存工作簿。

（3）创建新的工作表 Sheet2~Sheet4，并将 4 张工作表分别重命名为一分店、二分店、三分店和销售总表。

（4）在一分店、二分店和三分店的工作表中分别输入对应的数据，并使数据格式相同。

微课 57　汇总各分店销售情况

步骤 2　对 3 张工作表进行合并计算

（1）切换到销售总表，将 A1:E1 单元格区域合并，并输入标题"销售总表"。

（2）在“销售总表”工作表中选择 A2 单元格，单击“数据”选项卡中的“合并计算”按钮，弹出“合并计算”对话框。

（3）在“函数”下拉列表中选择“求和”函数。

（4）单击“引用位置”文本框右侧的按钮，选取一分店中的 A2:E7 单元格区域，单击“添加”按钮；选取二分店中的 A2:E7 单元格区域，再次单击“添加”按钮；选取三分店中的 A2:E7 单元格区域，再次单击“添加”按钮。

（5）勾选“标签位置”选项组中的“首行”和“最左列”复选框，如图 6-46 所示。

（6）单击“确定”按钮，得到的合并计算结果如图 6-47 所示。

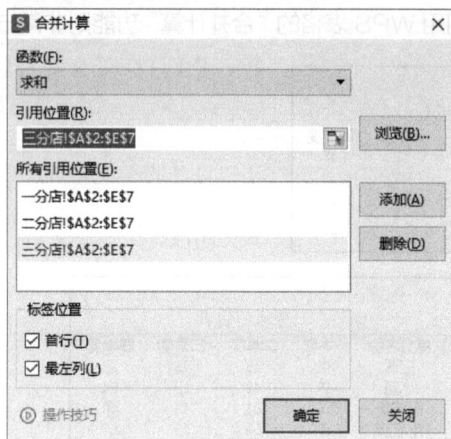

图 6-46　“合并计算”对话框

	A	B	C	D	E
1	销售总表				
2		一季度	二季度	三季度	四季度
3	冰箱	139	165	196	166
4	空调	104	160	227	124
5	洗衣机	127	124	165	145
6	电视机	179	201	195	246
7	微波炉	135	153	149	155
8	电磁炉	113	113	103	140

图 6-47　合并计算结果

（7）在 A2 单元格中输入“商品名称”4 个字。

步骤 3　保存工作簿

单击快速访问工具栏中的“保存”按钮或按“F12”键保存工作簿。

任务 6.6　创建数据图表

图表是数据的图形化表现形式，在数据呈现方面独具优势，正所谓“文不如表，表不如图”。相较于文字描述和表格数据，可视化图表可以更加清晰和直观地反映数据信息，帮助用户更好地了解数据间的对比差异、比例关系和变化趋势。

6.6.1　图表简介

先来了解图表的类型、图表的组成元素，以及图表与工作表之间的关系。

1. 图表的类型

WPS 表格提供了柱形图、折线图、饼图、条形图、面积图、XY 图（散点图）、股价图、雷达图、组合图等多种类型的图表，每一类图表又有若干个子类型。在这些图表中，最常用到的是柱形图、折线图和饼图。

柱形图用于直观展示各项之间的对比差异，如对不同对象的投票情况；折线图用于强调数值随时间变化的趋势，如一星期内的天气变化情况；饼图用于直观显示各部分在项目总和中所占的比例，如公司年度各产品的销售额分别占总销售额的比例情况。

2. 图表的组成元素

图 6-48 所示为建立完成的柱形图，图表的基本组成元素如下。

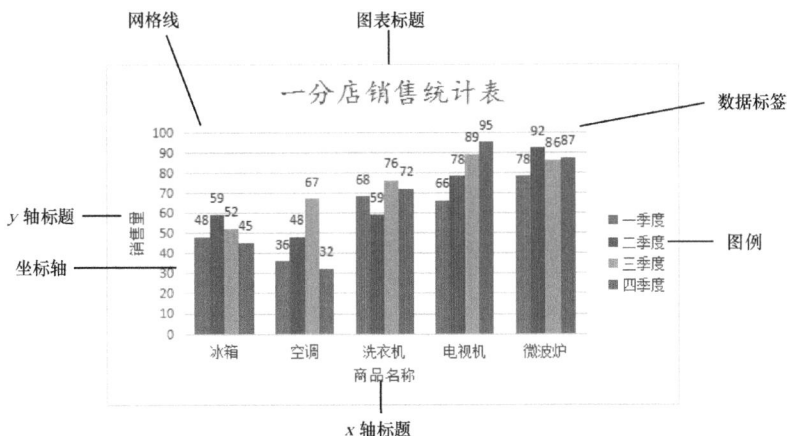

图 6-48　图表的组成元素

图表标题：对图表所表达主题的文字说明。

坐标轴：由两部分组成，即分类轴和数值轴，分类轴即 x 轴、数值轴即 y 轴。

轴标题：用于标示坐标轴所代表的字段名称。

网格线：网格线是数值轴的扩展，用来帮助用户在视觉上更方便地确定数据点的数值。

数据标签：根据不同的图表类型，数据标签可以表示数值、百分比等。

图例：用来区分不同数据系列的图形标识。

3. 图表与工作表之间的关系

图表是工作表的直观表现形式，是以工作表中的数据为依据创建的，所以要想建立图表就必须先建立好工作表。图表与工作表中的数据相关联，并随工作表中数据的变化而自动调整。图表使表格中的数据关系更加形象、直观，使数据的比较或趋势变得一目了然，从而更容易表达用户的观点。

制作完成的图表可以嵌入当前工作表中，即嵌入式图表；也可以单独占用一张工作表，即独立图表。通常情况下，用户创建的图表默认都是嵌入式图表，它以嵌入对象的方式存储在当前数据工作表中。右击插入的图表，在弹出的菜单中选择"移动图表"命令，在打开的"移动图表"对话框中选择"新工作表"单选按钮，然后单击"确定"按钮即可将图表放入一张新的工作表中。

独立图表和嵌入式图表只有图表所在位置的不同，没有其他的不同。

6.6.2　创建图表

数据是图表的基础，创建图表前，应先建立起数据表，作为创建图表的数据源，再依据数据性质确定相应的图表类型。

在 WPS 表格中，创建数据图表的步骤如下。

（1）选定要创建图表的数据区域。

（2）单击"插入"选项卡中的"创建图表"按钮，弹出"图表"对话框，如图6-49所示。

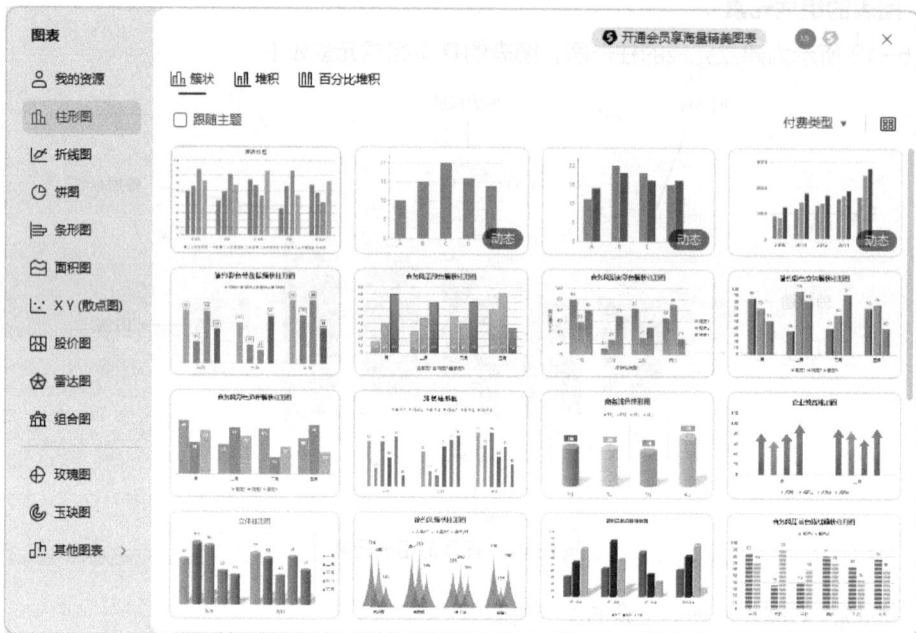

图6-49　"图表"对话框

（3）在对话框左侧选择图表类型，则会在对话框右上方显示该类型图表对应的子类型；选择一种子类型，则会在对话框右下方显示该子类型对应的各种样式的图表。

（4）选择一种合适的图表，该图表便被插入当前工作表中。

（5）将图表移动到工作表中合适的位置。

6.6.3　编辑图表

自动生成的图表，往往不能满足用户的需求，需要对自动生成的图表进行再编辑，如在柱形图上添加轴标题、在折线图上添加数据标签等。

选择生成的图表，图表右侧会出现编辑图表的属性按钮，同时弹出"绘图工具""文本工具""图表工具"3个新的选项卡，"图表工具"选项卡如图6-50所示。可以使用其中的按钮和工具对生成的图表进行编辑，以满足制作各种复杂图表的要求。

图6-50　"图表工具"选项卡

1. 快速布局

单击"图表工具"选项卡中的"快速布局"下拉按钮，从下拉列表中可以选择一种适合本图表的布局方式。一般情况下，编辑图表时，应先从"快速布局"下拉列表中选择一种接近要求的布局，再进行细节方面的调整。"快速布局"下拉列表如图 6-51 所示。

2. 添加元素

单击"图表工具"选项卡中的"添加元素"下拉按钮，从下拉列表中可以选择需要添加或去除的图表元素，如图 6-52 所示，并可在图表中对相应元素进行修改。添加元素应在快速布局之后进行。

3. 切换行列

默认情况下按行生成图表，有时需要按列生成图表。单击"图表工具"选项卡中的"切换行列"按钮，可以在按行生成的数据图表和按列生成的数据图表之间切换。

4. 更改图表类型

单击"图表工具"选项卡中的"更改类型"按钮，打开"更改图表类型"对话框，重新选择合适的图表类型，即可更改图表类型。

5. 设置图表格式

单击"图表工具"选项卡中的"设置格式"按钮，右侧出现"属性"任务窗格，如图 6-53 所示。在该任务窗格中可以调整所选图表元素的格式，包括填充与线条、效果、大小与属性等格式。

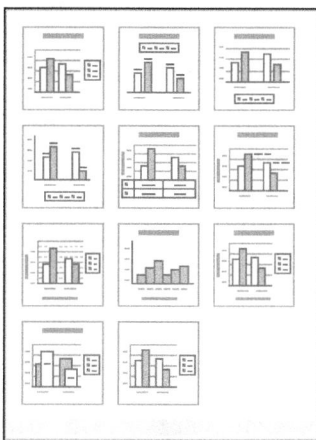

图 6-51 "快速布局"下拉列表　　图 6-52 "添加元素"下拉列表　　图 6-53 "属性"任务窗格

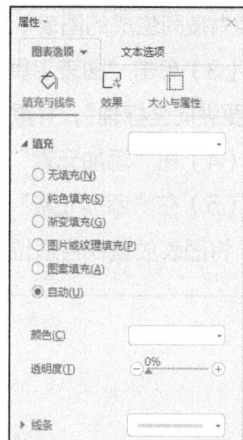

【教学案例 6】给 3 个分店创建图表

在前面的汇总各分店销售情况的教学案例中，得到了 3 个分店的 3 张销售统计表，为了使表格中的数据关系更加形象、直观，使数据的比较或变化趋势一目了然，可以创建图表。

操作要求

（1）对一分店按每个季度每种商品的销售量创建柱形图，生成的图表放置在 B10:H25 单元格区域内。

（2）对二分店按每种商品每个季度的销售量创建折线图，生成的图表放置在 B10:H25 单元格区域内。

（3）对三分店按每种商品年销售量分别占所有商品总销量的比例创建饼图，生成的图表放置在 B10:H25 单元格区域内。

操作步骤

步骤 1　为一分店创建柱形图

打开工作簿"各分店销售情况"，切换到工作表"一分店销售表"。

1. 创建图表

（1）选择 A2:E7 数据区域，在"插入"选项卡中单击"创建图表"按钮，打开"图表"对话框。

（2）在对话框左侧选择图表类型为"柱形图"，右侧上方选择子类型为"簇状"，在下方选择一种合适的图表，当前工作表中会自动生成簇状柱形图，如图 6-54 所示。

微课 58　给 3 个
分店创建图表

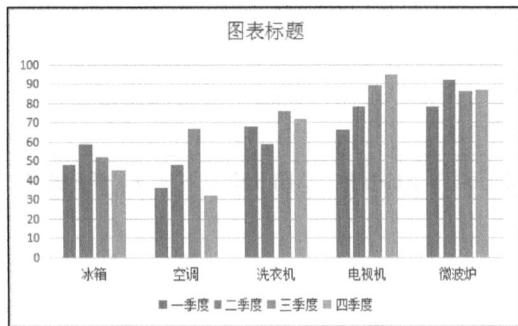

2. 编辑图表

大多数情况下，自动生成的图表并不能满足用户要求，需要进一步对图表进行编辑。

（1）选中"图表标题"，更改为"一分店销售统计表"，并设置字体为楷体、16 磅。

（2）选择自动生成的图表，单击"图表工具"选项卡中的"切换行列"按钮，使生成的图表转换为按列生成的图表。

（3）单击"图表工具"选项卡中的"添加元素"下拉按钮，在下拉列表中选择"轴标题"→"主要纵向坐标轴"，并重命名纵向坐标轴标题为"销售量"。

（4）在"添加元素"下拉列表中选择"数据标签"→"数据标签外"。

（5）在"添加元素"下拉列表中选择"图例"→"右侧"，使图例显示在图表右侧。

将图表放置在合适位置，编辑完成的柱形图如图 6-55 所示。

图 6-54　自动生成的柱形图

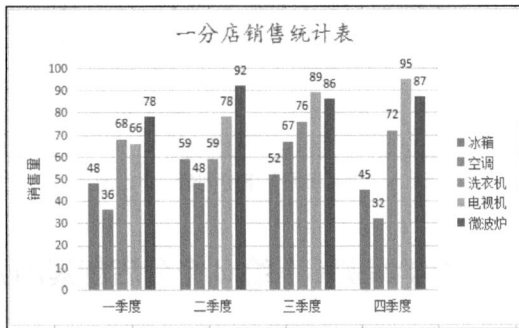

图 6-55　编辑后的柱形图

3. 更新图表中的数据

图表中的数据和工作表中的数据是密切关联的，当工作表中的源数据发生变化时，图表中对应的数据会随之发生变化。

例如，将一季度空调销量由 36 修改为 56 时，图表中相应的一季度空调销量也将自动由 36 调整为 56，如图 6-56 所示。

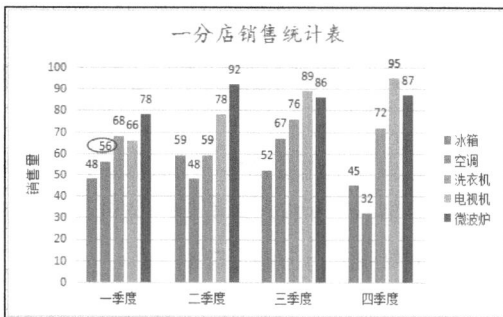

图 6-56　更新图表中的数据

步骤 2　为二分店创建折线图

与一分店创建柱形图的方法类似。

（1）选择 A2:E7 数据区域，单击"插入"选项卡中的"创建图表"按钮，打开"图表"对话框。

（2）在对话框左侧选择图表类型为"折线图"，右侧选择折线图的子类型生成折线图。

（3）选中图表，利用"图表工具"选项卡中的"快速布局"和"添加元素"工具编辑图表。建立好的折线图如图 6-57 所示，将其放到合适位置。

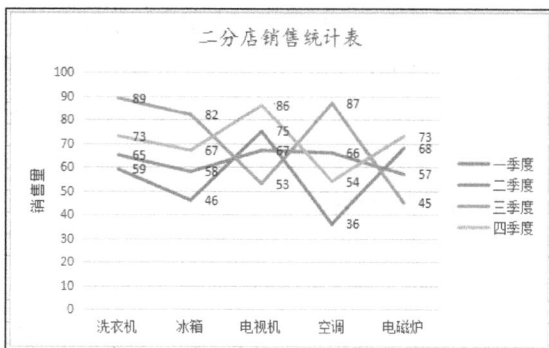

图 6-57　二分店折线图

步骤 3　为三分店创建饼图

（1）在 F 列新增"总计"字段，求出每种商品的销售总量。

（2）按住"Ctrl"键，选择"商品名称"和"总计"两列，建立三分店饼图，修改图表标题，结果如图 6-58 所示。

（3）单击"图表工具"选项卡中的"快速布局"按钮，在弹出的下拉列表中选择"布局 1"，修改后的饼图如图 6-59 所示。将其放置到合适位置。

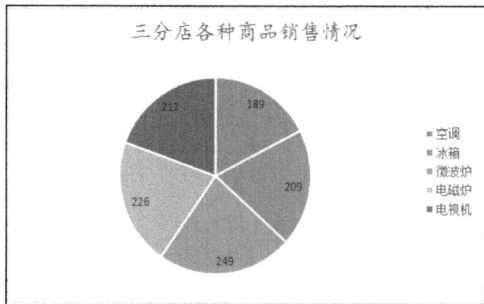

图 6-58　三分店饼图

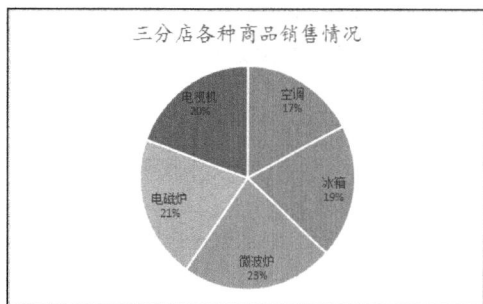

图 6-59　编辑后的饼图

步骤 4　保存工作簿

单击快速访问工具栏中的"保存"按钮或按"F12"键保存工作簿。

任务 6.7　数据透视表与数据透视图

用户建立起来的工作表只是一个流水账，如果想从一个静态的、只有原始数据的工作表中找出数据间的内在联系，挖掘出更有用的信息，就需要用到数据透视表。利用数据透视表可以快速地以不同方式对数据进行分类汇总。

数据透视图以图形形式呈现数据透视表中的汇总数据，其作用与普通图表一样，可以更为形象地对数据进行比较，反映变化趋势。

6.7.1　数据透视表

数据透视表是一种可以对大量数据快速汇总和建立交叉列表的交互式表格。之所以称为数据透视表，是因为它可以动态地改变数据的版面布置，以便按照不同的方式分析数据，也可以重新安排行号、列标和页字段。每一次改变版面布置时，数据透视表会立即按照新的布置重新计算数据。另外，如果原始数据发生更改，数据透视表会自动更新。

1. 创建数据透视表

创建数据透视表的步骤如下。

（1）选择工作表中的数据区域。

（2）单击"插入"选项卡中的"数据透视表"按钮，弹出"创建数据透视表"对话框。

（3）在对话框中选择要分析的数据和放置数据透视表的位置。

（4）单击"确定"按钮，弹出"数据透视表"任务窗格，同时工作表中出现放置数据透视表的区域。

（5）在任务窗格，分别将"字段列表"中的各字段名称拖到"数据透视表区域"中的相应位置，拖放完成后，数据区域自动生成数据透视表。

生成数据透视表后，用户可以根据自己的需要灵活拖动调整各字段在每个区域的位置，或改变数据的汇总方式、筛选方式，生成不同的数据透视表，以便以不同方式分析数据。

2. 数据透视表的组成

数据透视表主要由以下几个部分组成，如图 6-60 所示。

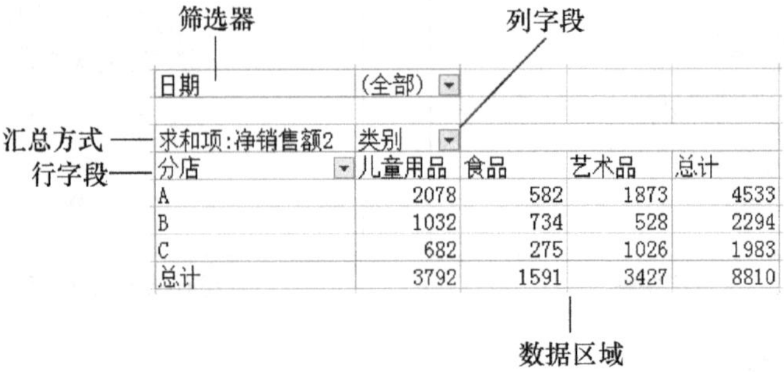

图 6-60　数据透视表的组成

筛选器：用于按照指定项进行筛选的字段。这里，"日期"就是筛选器。

行字段：在数据透视表中被指定为行方向的字段。这里，"分店"就是行字段。

列字段：在数据透视表中被指定为列方向的字段。这里，"类别"就是列字段。

汇总方式：改变汇总方式，可生成不同的数据透视表，以便以不同方式分析数据。

数据区域：数据透视表中包含汇总数据的部分。

6.7.2　数据透视图

数据透视图是数据透视表的图形展示，是一种交互式的强大数据分析和汇总工具，它把数据更形象、直观地展现给用户。在相关联的数据透视表中对字段布局和数据所做的更改，会立即反映在数据透视图中。数据透视图和相关联的数据透视表必须始终在同一工作簿中。

除了数据源自数据透视表以外，数据透视图与标准图表的组成元素基本相同，主要区别在于，当创建数据透视图时，数据透视图的图表区中将显示字段筛选器，以便对基本数据进行排序和筛选。

综上所述，数据透视图具有以下特点。

（1）数据透视图是交互式的。

（2）数据透视图和数据透视表之间是联动的，对数据透视表中的数据进行更改、添加、删除、筛选或重新布局时，这些改动将自动反映到与之关联的数据透视图中。同样，在数据透视图中进行某些改动时，如更改图表类型、添加数据系列或更改轴标签，这些改动也会自动更新到数据透视表中。

（3）创建数据透视图时，会显示数据透视图筛选窗格，可使用此筛选窗格对数据透视图的基础数据进行排序和筛选。

【教学案例 7】销售统计表

在工作表中输入图 6-61 所示的数据，并按操作要求对工作表进行操作。

⬚	A	B	C	D
1	销售统计表			
2	日期	分店	类别	净销售额
3	2023/12/1	C	食品	186
4	2023/12/1	B	食品	398
5	2023/12/1	B	食品	336
6	2023/12/1	A	艺术品	1547
7	2023/12/1	C	艺术品	385
8	2023/12/1	A	儿童用品	916
9	2023/12/1	B	儿童用品	67
10	2023/12/1	A	儿童用品	83
11	2023/12/1	C	儿童用品	682
12	2023/12/2	B	食品	74
13	2023/12/2	C	食品	89
14	2023/12/2	A	食品	582
15	2023/12/2	B	儿童用品	891
16	2023/12/2	A	儿童用品	1079
17	2023/12/2	C	艺术品	365
18	2023/12/2	A	艺术品	326
19	2023/12/2	B	艺术品	528
20	2023/12/2	C	艺术品	276

图 6-61　销售统计表

（1）在工作表 Sheet1 中输入销售统计表的原始数据，并将 Sheet1 重命名为"分类汇总表"。

（2）新建工作表 Sheet2，将工作表 Sheet1 中的数据复制到工作表 Sheet2 中 A1 单元格开始的区域内，并将 Sheet2 重命名为"数据透视表"。

（3）在"分类汇总表"中，进行下列方式的数据汇总：先按日期和分店对净销售额分类汇总，再按日期和类别对净销售额重新分类汇总。

（4）在"数据透视表"中建立数据透视表，按日期统计每个分店每种商品的净销售额。调整"字段列表"中字段在"数据透视表区域"中的位置，观察数据透视表的变化情况。

（5）在"数据透视表"中对生成的数据透视表生成"堆积柱形图"，并将生成的图表放置在 F10:I23 单元格区域内。

＋ 操作步骤

步骤 1　建立工作簿并输入数据

（1）新建一个空白工作簿，并将其以"班级+姓名"命名保存。

（2）在工作表 Sheet1 中输入数据。

（3）新建工作表 Sheet2，将工作表 Sheet1 中的数据复制到 Sheet2 中 A1 单元格开始的区域。

（4）将工作表 Sheet1 重命名为"分类汇总表"，工作表 Sheet2 重命名为"数据透视表"。

微课 59　销售统计表 1

步骤 2　创建分类汇总

1. 按日期和分店分类汇总

（1）选择"分类汇总表"中的数据区域 A2:D20。

（2）按日期和分店对"分类汇总表"进行排序。

（3）按日期和分店对"分类汇总表"中的净销售额进行求和分类汇总，结果如图 6-62 所示。

2. 按日期和类别重新进行分类汇总

（1）选择"分类汇总表"中按日期和分店汇总好的数据区域，打开"分类汇总"对话框，单击"全部删除"按钮，将数据恢复到分类汇总前的状态。

（2）按日期和类别对"分类汇总表"进行排序。

（3）按日期和类别对"分类汇总表"中的净销售额进行求和分类汇总，结果如图 6-63 所示。

微课 60　销售统计表 2

步骤 3　创建数据透视表

（1）选择"数据透视表"中的数据区域 A2:D20。

	A	B	C	D
1	销售统计表			
2	日期	分店	类别	净销售额
3	2023/12/1	A	艺术品	1547
4	2023/12/1	A	儿童用品	916
5	2023/12/1	A	儿童用品	83
6		A 汇总		2546
7	2023/12/1	B	食品	398
8	2023/12/1	B	食品	336
9	2023/12/1	B	儿童用品	67
10		B 汇总		801
11	2023/12/1	C	食品	186
12	2023/12/1	C	艺术品	385
13	2023/12/1	C	儿童用品	682
14		C 汇总		1253
15	23/12/1 汇总			4600
16	2023/12/2	A	食品	582
17	2023/12/2	A	儿童用品	1079
18	2023/12/2	A	艺术品	326
19		A 汇总		1987
20	2023/12/2	B	食品	74
21	2023/12/2	B	儿童用品	891
22	2023/12/2	B	艺术品	528
23		B 汇总		1493
24	2023/12/2	C	食品	89
25	2023/12/2	C	艺术品	365
26	2023/12/2	C	艺术品	276
27		C 汇总		730
28	23/12/2 汇总			4210
29	总计			8810

图 6-62　按日期和分店分类汇总

（2）单击"插入"选项卡中的"数据透视表"按钮，弹出"创建数据透视表"对话框，单元格区域显示当前数据区域为数据透视表!$A$2:$D$20，选择"请选择放置数据透视表的位置"区域的"现有工作表"单选按钮，然后在当前工作表中单击 F4 单元格，如图 6-64 所示。

图 6-63　按日期和类别分类汇总

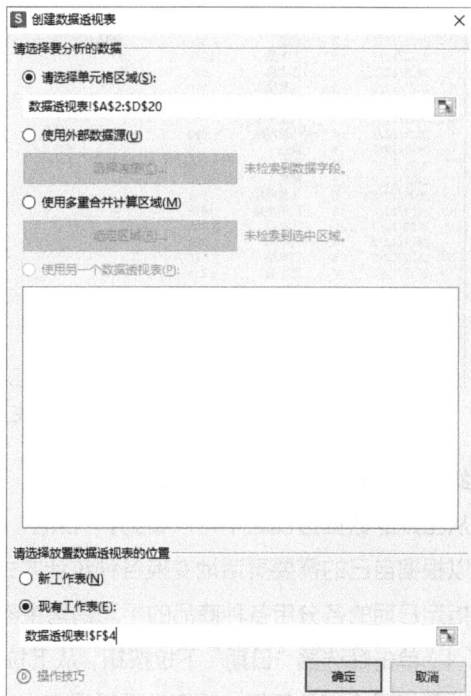

图 6-64　"创建数据透视表"对话框

（3）单击"确定"按钮，F4 单元格开始的位置出现放置数据透视表的区域，同时右侧出现"数据透视表"任务窗格，如图 6-65 所示。

图 6-65　创建数据透视表后的工作界面

（4）在任务窗格中，分别将"字段列表"中的字段拖动到"数据透视表区域"中的相应位置，如将"日期"字段拖动到"筛选器"选项框，将"类别"字段拖动到"列"选项框，将"分店"字段拖动到"行"选项框，将"净销售额"拖动到"值"选项框。工作表中数据透视表区域自动生成数据透视表，如图 6-66 所示。

图 6-66　生成的数据透视表

步骤 4　更新和维护数据透视表

从生成的数据透视表中可以看到，"日期"（全部）中各分店销售的各种商品的总金额。用户还可以根据自己的需要灵活地变换各种统计方式，例如指定日期的各分店销售的各种商品的总金额、指定日期的各分店各种商品的平均销售金额等。

（1）单击筛选器"日期"下拉按钮，从下拉列表中选择"2023/12/1"后面的"仅筛选此项"，显示结果如图 6-67 所示，观察数据透视表中数据的变化情况。筛选器、行或列的项目经过筛选后，其右侧的下拉按钮变为 形状。

图 6-67　改变筛选器后生成的数据透视表

（2）单击"类别"下拉按钮，取消勾选"艺术品"复选框，单击"确定"按钮，观察数据透视表的变化情况。

（3）在任务窗格的"数据透视表区域"，拖动鼠标交换行字段与列字段的位置，显示结果如图 6-68 所示，观察数据透视表的变化情况。

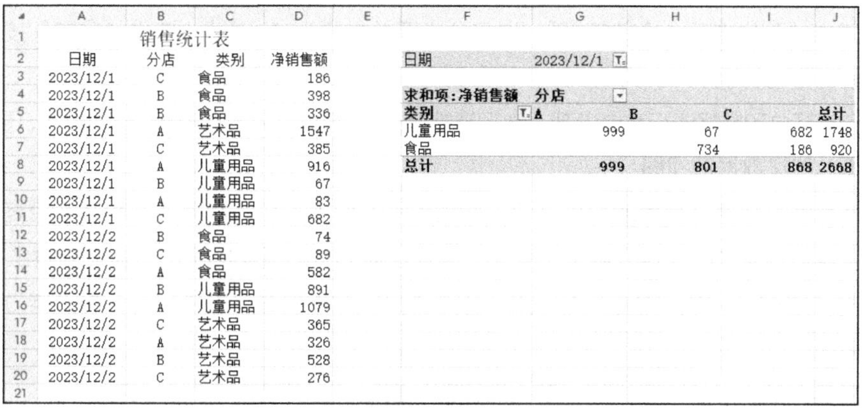

日期	分店	类别	净销售额
2023/12/1	C	食品	186
2023/12/1	B	食品	398
2023/12/1	B	食品	336
2023/12/1	A	艺术品	1547
2023/12/1	C	艺术品	385
2023/12/1	A	儿童用品	916
2023/12/1	B	儿童用品	67
2023/12/1	A	儿童用品	83
2023/12/1	C	儿童用品	682
2023/12/2	B	食品	74
2023/12/2	C	食品	89
2023/12/2	A	食品	582
2023/12/2	B	儿童用品	891
2023/12/2	A	儿童用品	1079
2023/12/2	C	艺术品	365
2023/12/2	A	艺术品	326
2023/12/2	B	艺术品	528
2023/12/2	C	艺术品	276

日期 2023/12/1

求和项:净销售额	分店			
类别	A	B	C	总计
儿童用品	999	67	682	1748
食品		734	186	920
总计	999	801	868	2668

图 6-68　交换行、列字段后生成的数据透视表

（4）双击透视表中的“求和项：净销售额”单元格，弹出“值字段设置”对话框，如图 6-69 所示。

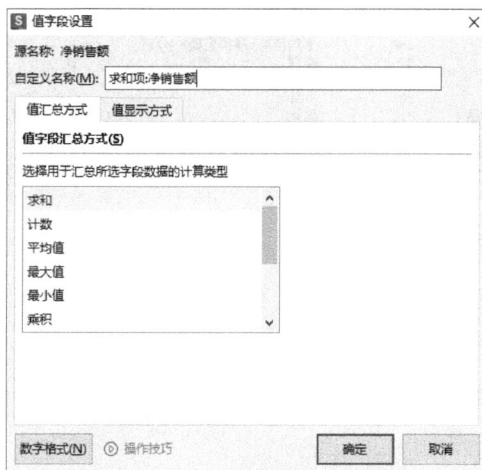

图 6-69　“值字段设置”对话框

（5）在“值字段汇总方式”中选择“平均值”。单击“确定”按钮后得到按平均值汇总的数据透视表（保留一位小数），如图 6-70 所示。

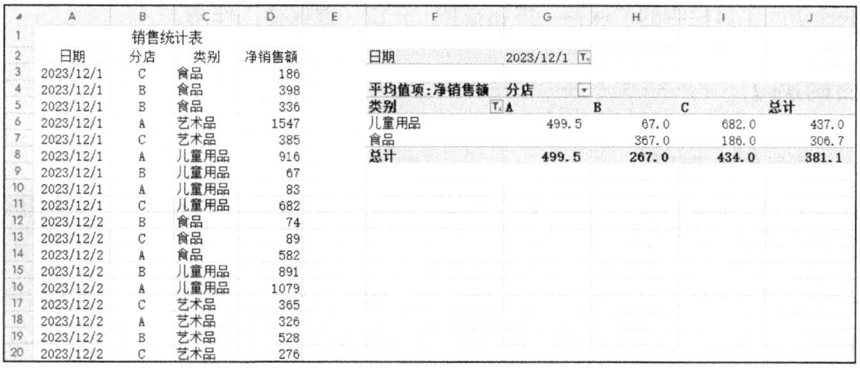

日期	分店	类别	净销售额
2023/12/1	C	食品	186
2023/12/1	B	食品	398
2023/12/1	B	食品	336
2023/12/1	A	艺术品	1547
2023/12/1	C	艺术品	385
2023/12/1	A	儿童用品	916
2023/12/1	B	儿童用品	67
2023/12/1	A	儿童用品	83
2023/12/1	C	儿童用品	682
2023/12/2	B	食品	74
2023/12/2	C	食品	89
2023/12/2	A	食品	582
2023/12/2	B	儿童用品	891
2023/12/2	A	儿童用品	1079
2023/12/2	C	艺术品	365
2023/12/2	A	艺术品	326
2023/12/2	B	艺术品	528
2023/12/2	C	艺术品	276

日期 2023/12/1

平均值项:净销售额	分店			
类别	A	B	C	总计
儿童用品	499.5	67.0	682.0	437.0
食品		367.0	186.0	306.7
总计	499.5	267.0	434.0	381.1

图 6-70　改变汇总方式后生成的数据透视表

（6）双击"平均值项：净销售额"，选择分类汇总方式为"计数"，单击"确定"按钮，观察数据透视表的变化情况。

对比分类汇总和数据透视表会发现，数据透视表在进行数据分析和统计时更加灵活、更加方便。

步骤5　创建数据透视图

数据透视图是数据透视表的图形展示，数据透视图和相关联的数据透视表必须始终在同一工作簿中。数据透视表中的数据元素发生变化，会使相应的数据透视图中的数据元素发生变化。

（1）按"Ctrl+Z"组合键返回上一步，在已创建好的数据透视表中单击，将其作为数据透视图的数据来源。

（2）单击"插入"选项卡中的"数据透视图"按钮，打开"图表"对话框。

（3）选择"柱形图"选项卡中的子类型"堆积"，选择插入预设图表，生成数据透视图。

（4）将数据透视图移动到F10:I23单元格区域，如图6-71所示。

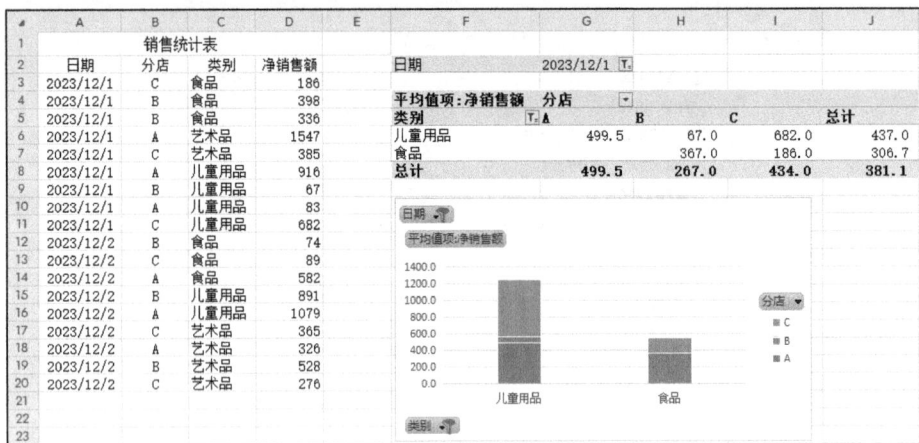

图6-71　生成的数据透视图

（5）选中数据透视图，单击"图表工具"选项卡，与普通图表一样，数据透视图也可以进行添加元素、切换行列等操作。

（6）单击图表中的字段筛选器，根据需要显示数据。

步骤6　保存工作簿

单击快速访问工具栏中的"保存"按钮或按"F12"键保存工作簿。

【项目自测】

学生成绩表制作要求如下。

（1）使用WPS表格建立工作簿，将工作表Sheet1重命名为"成绩表"，并在成绩表中建立图6-72所示的表格。

（2）设置标题为楷体、16磅，表中所有文本、数据在水平、垂直两个方向均居中对齐。

（3）用函数计算每个学生的总分、平均分，以及各科的平均分（平均分均保留一位小数），统计各科的不及格人数并利用"条件格式"命令将各科的不及格分数以红色显示。

	A	B	C	D	E	F	G	H	I
1					学生成绩表				
2	编号	姓名	语文	数学	计算机	总分	平均分	名次	等级
3	0001	孙涛	55	64	72				
4	0002	张军	89	82	91				
5	0003	刘凤	90	65	88				
6	0004	陈琴	67	57	52				
7	0005	王宁	78	76	74				
8	各科平均分								
9	各科不及格人数								

图 6-72　学生成绩表

（4）用排位函数按总分由高到低排出每个学生的名次。

（5）用条件函数为"等级"赋值：平均分在 80 分及以上者为"优秀"，60 分及以上者为"合格"，60 分以下者为"不合格"。

（6）新建工作表 Sheet2，将成绩表 A1:I7 单元格区域中的数据复制到 Sheet2 中 A1 单元格开始的区域，按总分由高到低（总分相同的情况下按数学成绩由高至低）排序，并将 Sheet2 重命名为"排序表"。

（7）新建工作表 Sheet3，将成绩表 A1:I7 单元格区域中的数据复制到 Sheet3 中 A1 单元格开始的区域，建立筛选，筛选出各科不及格的学生记录，存放于本表中合适的位置，并将 Sheet3 重命名为"筛选表"。

（8）新建工作表 Sheet4，将成绩表 A1:I7 单元格区域中的数据复制到 Sheet4 中 A1 单元格开始的区域，在"姓名"列之后加入"性别"列，在第 3、4 条记录的"性别"单元格中输入"女"，在其他记录的"性别"单元格中输入"男"，按"性别"分类汇总各科的平均分（保留一位小数），并将该表命名为"分类汇总表"。

（9）以每科的平均分为数据源创建簇状柱形图，图表标题为"各科平均分分析图"，柱形图上显示各科的平均分，放在"成绩表"的 B11:G24 单元格区域中。

项目七
Photoshop图像处理

Photoshop 是 Adobe 公司推出的专业图像处理软件，主要用来处理以像素构成的数字图像。从功能上看，Photoshop 主要包含图像编辑、图像合成、校色调色及特效制作四大功能，被广泛应用于生产生活的各个方面，如平面广告设计、网页设计、数码照片艺术处理及室内外效果图的后期处理等。不管是设计师、插画师还是普通爱好者，最常用的图像处理软件基本都是 Photoshop。

Photoshop 支持 Windows、macOS 及 Android 等多种操作系统平台。Photoshop 对计算机的配置要求（特别是对内存的要求）比较高，尤其是需要处理的图片较大时。

任务 7.1　Photoshop CC 的基本操作

Adobe Photoshop CC 是一款功能强大的图像编辑软件，具备丰富的工具与特性，适用于专业人士以及对图像编辑有较高要求的用户。

日常工作与生活中，我们经常会碰到需要对照片进行处理的情况，如裁剪照片、修复照片、合成照片、调整照片颜色、制作照片特效等，这些都可以通过 Photoshop 完成。Photoshop 的功能非常强大，集图像扫描、图像制作、编辑修改、输入与输出于一体，深受广大平面设计人员和计算机美术爱好者的喜爱。

7.1.1　图像的基础知识

在进行图像处理之前，要了解图像的基础知识，包括位图和矢量图、图像的颜色模式、常见的图像文件格式等内容。掌握这些基础知识，有助于更快、更准确地处理图像。

1. 位图与矢量图

一般来说，以数字方式记录、处理和存储的图像可以分为位图和矢量图两大类。在绘图或处理图像过程中，这两类图像可以相互交叉使用，取长补短。

（1）位图

位图又称点阵图，是由像素组成的，每个像素都有特定的位置和颜色，其图像质量是由单位长度内像素的多少来决定的。单位长度内像素越多，分辨率越高，图像的质量越好，相应地，图像文件所占的存储空间也越大。

运用位图能够制作出色彩和色调变化丰富的图像，但它的文件较大，且如果在屏幕上以较大倍数放大显示图像，或以过低的分辨率打印图像，图像会出现锯齿状的边缘，并且会丢失细节。图 7-1 和图 7-2 所示分别为位图放大前后的效果。

图 7-1　原始大小

图 7-2　放大效果

位图一般由 Photoshop、Painter 等位图软件绘制生成，另外，使用数码相机拍摄的照片和使用扫描仪扫描的图像也都以位图形式保存。

（2）矢量图

矢量图又称向量图，是一种基于图形的几何特性来描述的图像，内容以线条和色块为主。矢量图的文件较小，但矢量图的色彩表现力远逊于位图。

矢量图的显示效果与分辨率无关，将它缩放到任意大小，其清晰度不变，也不会出现锯齿状的边缘。在任何分辨率下显示或打印矢量图，都不会丢失细节。因此，矢量图在标志设计及工程绘图上占有很大的优势。图 7-3 和图 7-4 所示分别为矢量图放大前后的效果。

图 7-3　原始大小

图 7-4　放大效果

使用 Illustrator、AutoCAD 等软件绘制的图形就是矢量图。

位图和矢量图的比较如表 7-1 所示。

表 7-1　位图与矢量图的比较

比较内容	位图	矢量图
表现色彩	丰富	单调
文件大小	大	小
缩放效果	放大后模糊	无限放大不失真
显示速度	慢	快

2. 图像的颜色模式

成色原理的不同，决定了显示器、投影仪这类靠色光直接合成颜色的颜色显示设备和打印机、印刷机这类靠使用颜料的印刷设备在合成颜色方式上的区别。一般来说，一种颜色模式对应一种输入输出设备。下面介绍几种常用的颜色模式。

（1）灰度模式

灰度模式的图像有 256 个灰度级别，亮度从 0（黑）到 255（白）。灰度模式的图像没有颜色信息，色彩饱和度为 0。由于灰度图像的色彩信息已从图像文件中删除，所以灰度图像文件相对彩色图像文件来讲占用的存储空间要小得多。

（2）索引颜色

索引颜色采用一张颜色表存放并索引图像中的颜色，最多包含 256 种颜色。当彩色图像转换为索引颜色的图像时，Photoshop 会从颜色表中选出最相近的颜色来模拟这些颜色，这样可以减小图像文件的大小。索引颜色常用于制作多媒体动画或网页。

（3）RGB 模式

RGB 模式的图像是由红（Red）、绿（Green）、蓝（Blue）相叠加产生的其他颜色构成，因此该模式也叫加色模式。3 种色彩叠加可以形成 1670 多万种颜色，也就是真彩色，通过它们足以展现绚丽的世界。几乎所有显示器、电视机等显示设备都依赖这种模式来实现颜色的显示。

（4）CMYK 模式

CMYK 模式是一种印刷颜色模式。CMYK 模式的图像由印刷分色的青（Cyan）、洋红（Megenta）、黄（Yellow）和黑（Black）4 种颜色组成，分别代表印刷用的 4 种油墨的颜色。CMYK 模式主要用于打印机、印刷机等设备。

3. 常见的图像文件格式

图像文件格式是记录和存储影像信息的格式。在数字图像进行存储、处理、传播时，必须采用一定的图像格式，也就是把图像的像素按照一定的方式进行组织和存储，把图像数据存储成文件就得到图像文件。常见的图像文件格式有 PSD、TIFF、BMP、JPEG、GIF、PNG 等。

（1）PSD 格式

这是 Photoshop 的专用格式，可以存储 Photoshop 中所有的图层、通道、蒙版和颜色模式等信息。PSD 格式文件其实是 Photoshop 进行平面设计的一张"草稿图"，其中包含图层、通道等图像的所有编辑信息，以便下次打开图像时可以继续上一次的编辑。

（2）TIFF 格式

TIFF 格式是一种通用的图像文件格式，是除 PSD 格式外唯一能存储多个通道的图像文件格式。几乎所有的扫描仪和多数图像软件都支持该格式。该格式支持 RGB、CMYK、Lab 和灰度等颜色模式，它包含非压缩和无损压缩两种方式。

（3）BMP 格式

BMP 格式是 Windows 操作系统中的标准图像文件格式，能够被 Windows 应用程序所支持。这种格式的特点是包含的图像信息较丰富，几乎不进行压缩，其缺点是占用存储空间过大。所以，BMP 格式在单机上比较流行。

（4）JPEG 格式

JPEG 格式是比较常用的图像文件格式，其压缩比例可大可小，被大多数的图像处理软件所支持。JPEG 格式的图像还被广泛应用于网页制作。该格式支持 CMYK、RGB 和灰度等颜色模式，但不支持 Alpha 通道。

（5）GIF 格式

GIF 格式是能保存背景透明化的图像文件格式，并且 GIF 格式的图像文件占用存储空间比较小，但只能处理 256 种色彩，故常用于网络传输，其传输速度要比其他格式的文件快很多，还可以将多张图像存储为一个文件，并按照一定顺序和时间间隔显示，以形成动画效果。

（6）PNG 格式

PNG 格式是一种新兴的网络图像文件格式，它可以保存 24 位的真彩色图像，具有支持透明背景和消除锯齿边缘的功能，可在不失真的情况下压缩保存图像。较旧的浏览器和程序可能不支持 PNG 文件。

实际工作中，我们可以根据需要选择合适的图像文件格式。

印刷：TIFF、EPS。

Internet 图像：GIF、JPEG、PNG。

Photoshop 图像处理：PSD、TIFF。

7.1.2　Photoshop CC 的工作界面

安装 Photoshop CC 后，默认情况下在桌面上会生成一个 Photoshop CC 的快捷图标，双击该图标即可启动 Photoshop CC。

成功启动 Photoshop CC 后，将进入 Photoshop CC 的工作界面，这个界面由文档标签、图像编辑区、菜单栏、属性栏、工具箱、调板和状态栏等部分组成，如图 7-5 所示。

图 7-5　Photoshop CC 的工作界面

文档标签：通过单击文档标签可以在打开的多个图像文档之间进行切换，也可以单击文档标签右侧的关闭按钮将文档关闭。

图像编辑区：用于显示和编辑图像。

菜单栏：Photoshop CC 里的大部分命令都被分类放在菜单栏的不同菜单中，如文件、编辑、图像、图层、文字、选择、滤镜、3D、视图、窗口等。

属性栏：属性栏是工具箱中各种工具的功能扩展。通过在属性栏中设置不同的选项，可以快速地完成多样化的操作。

工具箱：Photoshop CC 的工具箱提供了强大的图像编辑工具，包括选择工具、绘图工具、图像修复工具、图像修饰工具、颜色选择工具等。

调板：Photoshop CC 有 20 多个调板，它们为用户提供了各种工具和选项，以便进行图像编辑和创作。这些调板都是浮动的，可以根据用户的需要进行移动、组合和关闭。

状态栏：位于工作界面底部，用来显示当前图像的显示比例、文档大小、当前工具、暂存盘大小等信息。

7.1.3 文件管理

Photoshop 的文件管理主要包括新建图像文件、打开图像文件、保存图像文件及关闭图像文件等操作。

1. 新建图像文件

新建图像文件的步骤如下。

（1）执行菜单命令"文件"→"新建"，弹出"新建"对话框，如图 7-6 所示。

（2）在该对话框中进行下列参数设置。

宽度、高度、分辨率：在对应的文本框中输入数值，分别设置新建图像的宽度、高度和分辨率。在这些文本框右侧的下拉列表中可以选择单位。

颜色模式：在右侧的下拉列表中可以选择新建图像文件的颜色模式和使用的通道数。

图 7-6 "新建"对话框

背景内容：在右侧的下拉列表中可以选择新建图像文件的背景颜色。

（3）设置完毕后单击"确定"按钮。

2. 保存图像文件

图像编辑完成后需要将其保存起来。

（1）执行菜单命令"文件"→"存储"，弹出"存储为"对话框。在该对话框中，可以对图像文件进行命名，选择图像文件的保存格式和保存位置。

（2）设置完成后单击"确定"按钮，软件会根据所选的不同图像文件格式弹出不同的对话框，图 7-7 所示为"JPEG 选项"对话框，在其中可以选择图像的品质和文件大小等。

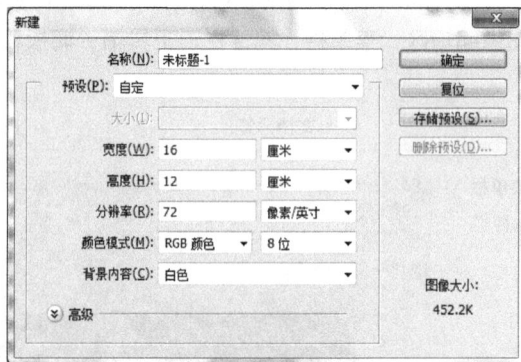

设置完成后，依次单击"确定"按钮和"保存"按钮，当前图像文件被保存起来。

3. 打开图像文件

如果要对图片进行编辑和处理，就要在 Photoshop CC 中打开需要的图片。

（1）执行菜单命令"文件"→"打开"。如果是打开第 1 张图片，那么也可以通过双击工作界面空白区域的方法将其打开。

（2）执行"打开"命令后，弹出"打开"对话框，选择文件所在位置并选择文件后，单击"打开"按钮即可打开该图像文件。

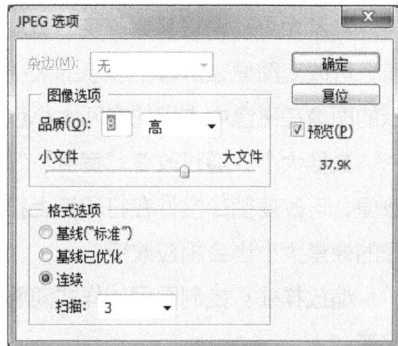

4. 关闭图像文件

常用以下两种方法关闭图像文件。

（1）执行菜单命令"文件"→"关闭"。

（2）单击图像文档标签右侧的"关闭"按钮 ⊠。

执行"关闭"命令后，若文件被修改过或者是新建的文件，则系统会弹出一个提示对话框，询问用户是否进行保存，若单击"是"按钮则进行保存，若单击"否"按钮则不保存。

图 7-7　"JPEG 选项"对话框

7.1.4　图像大小和画布大小的调整

下面分别介绍调整图像大小和调整画布大小的方法。

1. 调整图像大小

如果用数码相机拍摄出来的照片尺寸太大了，那么如何利用 Photoshop 将它调小一点呢？设置图像大小的方法如下。

（1）双击工作界面空白区域，打开一个素材图像，如图 7-8 所示。

图 7-8　素材图像

（2）执行菜单命令"图像"→"图像大小"，弹出"图像大小"对话框，如图 7-9 所示。该对话框中各参数的含义如下。

像素大小：根据需要改变"宽度"和"高度"的数值，可改变图像在屏幕上显示的大小，选项组左上角提示的图像在磁盘中占用的空间大小也会相应改变。

文档大小：通过改变"宽度""高度""分辨率"的数值，可改变图像文件在打印机上打印出来的尺寸，图像的像素大小也会相应改变。

缩放样式：控制图层的样式随着图像大小的改变而改变。

约束比例：勾选此复选框，在"宽度"和"高度"选项右侧会出现锁链标志，表示改变其中一个数值时，另一个数值会按比例相应改变。

图 7-9　"图像大小"对话框

（3）将"像素大小"栏中的宽度改为 240 像素，会发现高度相应变为 180 像素。设置完成后单击"确定"按钮，效果如图 7-10 所示。可以看出，图像尺寸按比例缩小了。

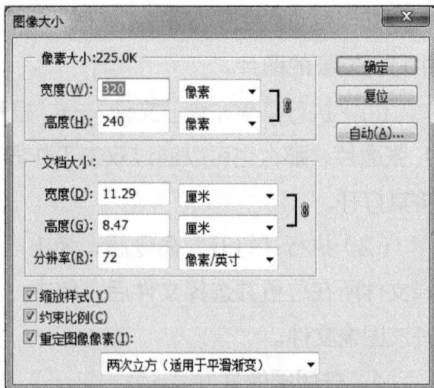

图 7-10　调整大小后的图像

2. 调整画布大小

画布大小是指图像文档工作空间的大小，类似于绘画时所用纸张的大小。调整画布大小的方法如下。

（1）打开图 7-8 所示的素材图像。

（2）执行菜单命令"图像"→"画布大小"，弹出"画布大小"对话框，如图 7-11 所示。该对话框中各参数的含义如下。

当前大小：显示了图像当前的宽度、高度以及文档的实际大小。

新建大小：通过修改"宽度"和"高度"来修改画布的大小。如果设置的宽度和高度大于图像的尺寸，Photoshop 会在原图基础上增大画布；如果小于图像的尺寸，将减小画布。减小画布会裁剪图像。

相对：勾选此复选框，则"宽度"和"高度"选项中的数值表示实际增加或者减少的区域的大小。此时，输入正值表示增大画布，输入负值表示减小画布。

定位：单击不同的方格，可以确定图像在修改后的画布中的相对位置，有 9 个位置可以选择，默认为水平、垂直都居中。

画布扩展颜色：设置扩展以后的部分画布的颜色，可以设置为背景或前景的颜色。如果图像的背景是透明的，则"画布扩展颜色"选项将不可用，添加的画布也是透明的。

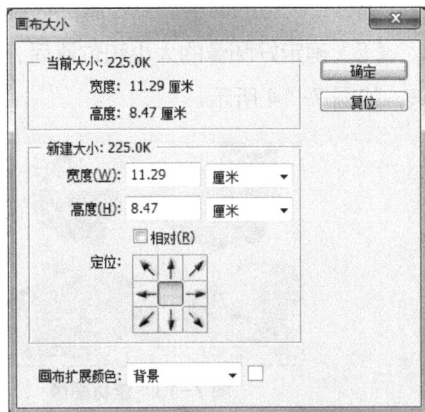

图 7-11　"画布大小"对话框

（3）如果新建画布变小，例如将宽度改为 10 厘米、高度改为 7 厘米，则会出现"新画布大小小于当前画布大小，将进行一些剪切"的提示对话框，若确认要进行剪切，单击"继续"按钮，效果如图 7-12 所示。可以看出，由于画布缩小，图像的边缘被裁了。

图 7-12　调整画布大小后的图像

7.1.5　裁剪图像

裁剪图像用于裁掉图像选区以外的部分，而只保留选区以内的部分。"裁剪工具"是非破坏性的，可以选择保留裁剪的像素以便稍后优化裁剪边界。

（1）启动 Photoshop CC。

（2）打开需要进行裁剪的素材图像，如图 7-13 所示。

（3）单击工具箱中的"裁剪工具" 。

（4）在需要裁剪的图像位置拖动鼠标，大小和位置由自己确定。如果对图像的尺寸有精确要求，那么在裁剪的时候需要在属性栏输入图像的具体尺寸值。

（5）确定好图像的大小和位置后，在图像的选定区域内双击，选区内的图像内容即被裁剪出来，如图7-14所示。

图7-13　素材图像

图7-14　裁剪效果

也可以先用"矩形选框工具"选择图像中需要保留的区域，然后执行菜单命令"图像"→"裁剪"，剪掉矩形选区以外的区域。

【教学案例1】制作1寸照片

1寸照片和2寸照片是我们工作与生活中经常会用到的照片，可是我们用数码相机拍摄的照片的尺寸一般都偏大，下面制作1寸照片。

首先大家要清楚照片的尺寸关系。

1寸对应2.5厘米×3.5厘米

2寸对应3.5厘米×5.3厘米

5寸对应12.7厘米×8.9厘米

7寸对应17.8厘米×12.7厘米

这里的"寸"实为"英寸"，1英寸=2.54厘米。

操作要求

（1）制作电子版照片：按照1寸照片的尺寸要求，对图7-15所示的原始照片进行裁剪，且裁剪后的照片文件在磁盘上占用的空间不超过30kB。

（2）制作一版8张的打印版照片，每张照片各边均留出0.2厘米的白边。

（3）电子版照片以JPEG格式保存，打印版照片以TIFF格式保存。

图7-15　原始照片

操作步骤

步骤1　启动Photoshop CC

双击桌面上的Photoshop CC快捷方式图标，或从"开始"菜单启动Photoshop CC。

步骤2　裁剪照片

（1）双击窗口空白区域，打开需要裁剪的照片。

（2）单击工具箱中的"裁剪工具"，显示"裁剪工具"属性栏，如图7-16所示。

微课61　制作1寸照片1

图 7-16　"裁剪工具"属性栏

（3）单击"原始比例"下拉按钮，显示裁剪比例列表，如图 7-17 所示。选择"大小和分辨率"选项，打开"裁剪图像大小和分辨率"对话框，如图 7-18 所示。在"宽度"和"高度"文本框中分别输入 2.5 厘米和 3.5 厘米，"分辨率"设置为 72 像素/英寸（电子版照片的分辨率一般设置为 72 像素/英寸），单击"确定"按钮。

（4）用键盘或鼠标调整裁剪范围，如图 7-19 所示。

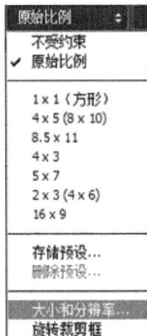

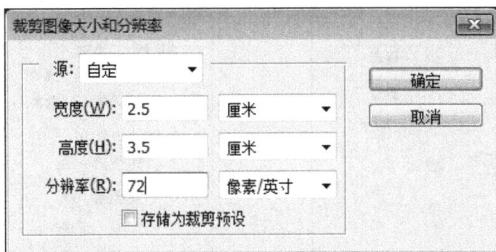

图 7-17　裁剪比例列表　　　　图 7-18　"裁剪图像大小和分辨率"对话框　　　　图 7-19　调整裁剪范围

（5）在图像的选定区域内双击，就可以裁剪出需要的部分，如图 7-20 所示。

步骤 3　查看照片尺寸是否正确

执行菜单命令"图像"→"图像大小"，弹出"图像大小"对话框，如图 7-21 所示。

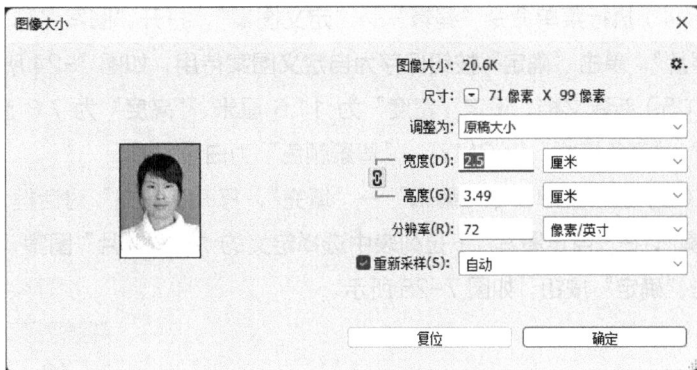

图 7-20　裁剪效果　　　　　　图 7-21　"图像大小"对话框

从该对话框中可以看出，照片裁剪后的宽度为 2.5 厘米、高度为 3.49 厘米（裁剪结果可能会有很小的误差）、分辨率为 72 像素/英寸，可知照片裁剪正确。

步骤 4　保存为电子版照片

（1）执行菜单命令"文件"→"存储为"（因为还要以该图片为素材制作一版 8 张的拼版，所以这里不使用"存储"命令），弹出"存储为"对话框。

（2）在该对话框中，可以对图像文件进行命名并选择图像文件的保存格式。电子版照片一般保存为 JPEG 格式。设置完成后单击"确定"按钮，出现图 7-22 所示的"JPEG 选项"对话框，用户可以权衡选择图像的品质和文件大小。

（3）设置完成后，单击"确定"按钮，当前图像文件被保存起来。

步骤 5　制作一版 8 张 1 寸照片的拼版

（1）重新打开原始照片。

（2）设置裁剪分辨率为 300 像素/英寸，裁剪一张 1 寸照片。

微课 62　制作 1 寸
照片 2

（3）执行菜单命令"图像"→"画布大小"，在弹出的"画布大小"对话框中勾选"相对"复选框，设置"宽度"和"高度"均为 0.4 厘米（预留的裁边），选择"画布扩展颜色"为白色，如图 7-23 所示。

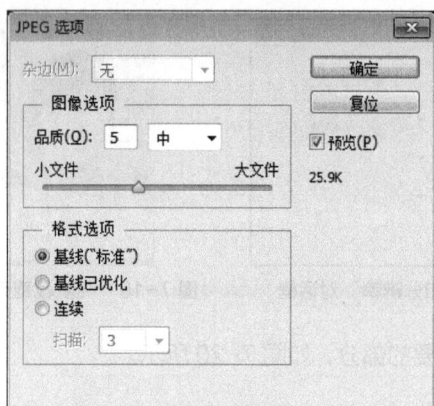

图 7-22　"JPEG 选项"对话框

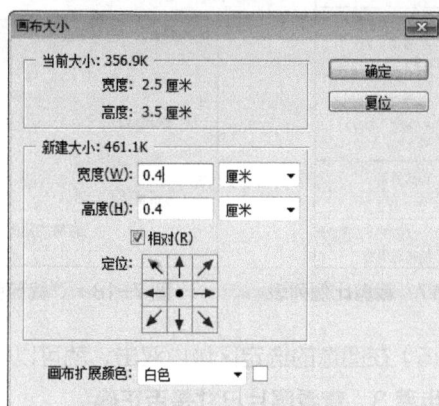

图 7-23　"画布大小"对话框

（4）执行菜单命令"编辑"→"定义图案"，打开"图案名称"对话框，输入图案名称"一寸照片"，单击"确定"按钮保存为自定义图案待用，如图 7-24 所示。

（5）新建文档，设定"宽度"为 11.6 厘米、"高度"为 7.8 厘米、"分辨率"为 300 像素/英寸、"颜色模式"为 CMYK、"背景颜色"为白色。

（6）执行菜单命令"编辑"→"填充"，打开"填充"对话框，在"使用"下拉列表中选择"图案"，在"自定图案"下拉列表中选择定义的"一寸照片"图案，选择混合"模式"为"正常"，单击"确定"按钮，如图 7-25 所示。

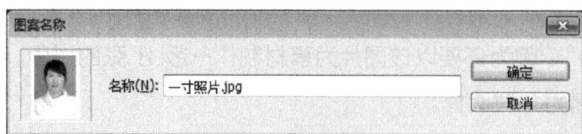

图 7-25　"填充"对话框

图 7-24　定义图案

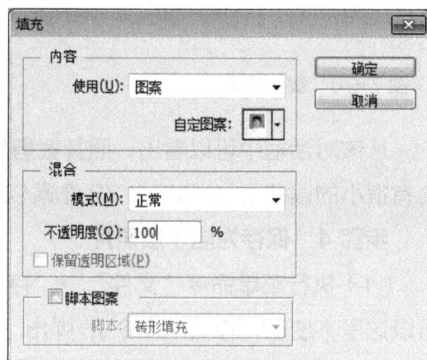

（7）填充后即得到一版 8 张 1 寸照的拼版，如图 7-26 所示。

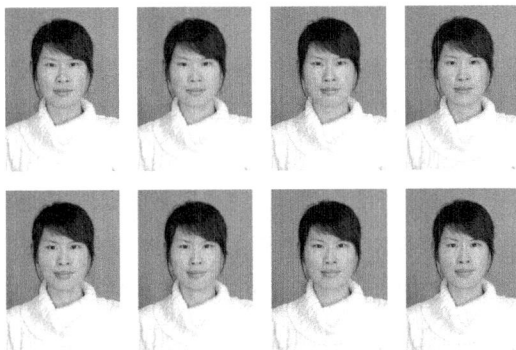

图 7-26　一版 8 张 1 寸照的拼版

（8）执行菜单命令"文件"→"存储为"，将一版 8 张 1 寸照以 TIFF 格式保存起来。

任务 7.2　Photoshop CC 的工具箱

Photoshop CC 的工具箱显示在屏幕左侧，如图 7-27 所示。如果没有出现工具箱，则可能是被隐藏了，在"窗口"菜单中选择"工具"命令即可将其显示出来。

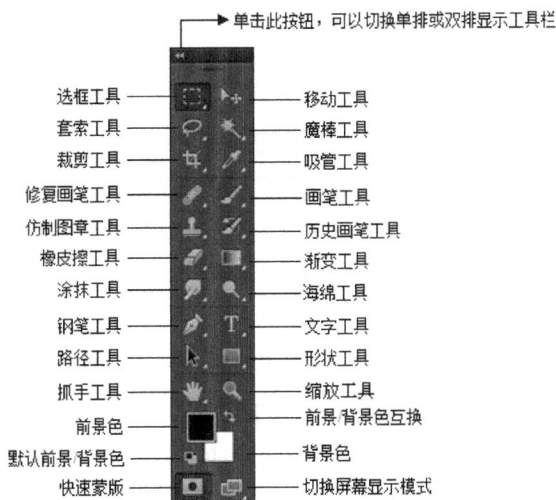

图 7-27　Photoshop CC 的工具箱

工具箱中的工具按功能分组，在所需工具组按钮上长按鼠标左键或单击鼠标右键，即可弹出该工具组的所有工具。

工具箱中的工具一般需要和工具属性栏配合使用。属性栏是工具箱中每个工具的功能扩展。选择不同的工具会出现不同的属性栏，"矩形选框工具"的属性栏如图 7-28 所示。

图 7-28　"矩形选框工具"的属性栏

7.2.1 图像选取工具

对图像进行编辑时，首先要进行选择图像的操作。快速、精确地选择图像，是提高图像处理效率的关键。图像选取工具包括选框工具、套索工具、魔棒工具等。根据需要应用合适的选择工具，可以快速选取相应的图像范围。

1. 选框工具组

选框工具组包括"矩形选框工具""椭圆选框工具""单行选框工具""单列选框工具"。

（1）矩形选框工具：选择该工具后在图像上拖动鼠标可以确定一个矩形选择区域。

（2）椭圆选框工具：选择该工具后在图像上拖动鼠标可以确定一个椭圆形的选择区域。

（3）单行选框工具：选择该工具后在图像上拖动鼠标可确定单行（一个像素高）的选择区域。

（4）单列选框工具：选择该工具后在图像上拖动鼠标可确定单列（一个像素宽）的选择区域。

建立选区后，还可以用键盘上的方向键或鼠标移动选区，使之更符合要求。

选框工具的属性栏中有一个"羽化"选项。所谓羽化，就是让选区的边缘变得模糊柔和，使选区内的图像和外面的图像自然过渡，以取得很好的融合效果。羽化半径越大，模糊的范围就越大。图 7-29 所示为图像羽化后的效果。

图 7-29　羽化图像

2. 套索工具组

套索工具组包括"套索工具""多边形套索工具"和"磁性套索工具"。

（1）套索工具：用于在图像上绘制任意形状的选取区域。

（2）多边形套索工具：用于在图像上绘制任意形状的多边形选取区域。

（3）磁性套索工具：一个智能选区创建工具，用于自动捕捉具有反差的颜色边缘并以此创建选区，当捕捉到不需要的颜色时可用"Backspace"键返回上一步。

3. 魔棒工具组

魔棒工具组包括"快速选择工具"和"魔棒工具"。

（1）快速选择工具：用于选择具有相近属性的连续像素作为选取区域。单击属性栏中的"添加到选区"与"从选区减去"可以将新选择的区域添加到原有的选区或从原有的选区中减去新的选区。

（2）魔棒工具：用于将图像上具有相近属性的像素设为选取区域，且可以是连续或不连续的选区。魔棒工具的选择区域取决于属性栏设置中的颜色容差。容差越小，颜色选择范围越小，精准度越高；容差越大，颜色选择范围越大，精准度越低。

7.2.2 图像绘制工具

使用绘图工具是绘画和编辑图像的基础。例如，使用"画笔工具"可以绘制出各种具有柔和效果的图像，使用"铅笔工具"可以绘制出各种具有硬边缘效果的图像。

1. 画笔工具组

画笔工具组包括"画笔工具""铅笔工具""颜色替换工具"和"混合器画笔工具"，它们均可用于在图像上作画。

（1）画笔工具：用于绘制具有毛笔特性的柔和线条。

（2）铅笔工具：用于绘制具有铅笔特性的硬边线条。

（3）颜色替换工具：用于将图像选区中的某种颜色替换为另一种颜色。

（4）混合器画笔工具：可以绘制出逼真的手绘效果，是较为专业的绘画工具。

下面简单介绍一下"颜色替换工具"的用法。

① 打开素材图片，如图 7-30 所示。

② 这里要将图片中的橙子变色。用"磁性套索工具"把橙子选出来，建立选区。

③ 选择工具箱中的"颜色替换工具"。

④ 单击工具箱中的"设置前景色"按钮，在打开的"拾色器（前景色）"对话框中更改前景色为"#AF06E6"，设置属性栏，在橙子上涂抹，可以看到以前的橙色被替换为新设定的颜色，如图 7-31 所示。

⑤ 按"Ctrl+D"组合键取消选区。

图 7-30　替换颜色前

图 7-31　替换颜色后

2. 历史画笔工具组

历史画笔工具组包括"历史记录画笔工具"和"历史记录艺术画笔工具"。

（1）历史记录画笔工具：用于恢复图像中被修改的部分，还原到图片的初始状态。

（2）历史记录艺术画笔工具：用于使图像中被划过的部分产生模糊的艺术效果。

3. 渐变工具组

渐变工具组包括"渐变工具""油漆桶工具"和"3D 材质拖放工具"。

（1）渐变工具：用于创建多种颜色间的渐变效果。

（2）油漆桶工具：用于在图像的选定区域内填充前景色或图案。

（3）3D 材质拖放工具：用于对三维文字和三维模型填充纹理效果。

4. 橡皮擦工具组

橡皮擦工具组包括"橡皮擦工具""背景橡皮擦工具"和"魔术橡皮擦工具"。

（1）橡皮擦工具：用于擦除图像中不再需要的部分，并使擦过的地方显示背景图层的内容。

（2）背景橡皮擦工具：用于擦除图像中不需要的部分，并使擦过的区域变透明。

（3）魔术橡皮擦工具：这是一个智能橡皮擦，可自动选择擦除区域，将颜色相近的地方一起擦除，并使擦过的区域变透明。

5. 文字工具组

文字工具组包括"横排文字工具""直排文字工具""横排文字蒙版工具"和"直排文字蒙版工具"。

（1）横排文字工具：用于在水平方向上添加文字图层或放置文字。

（2）直排文字工具：用于在垂直方向上添加文字图层或放置文字。

（3）横排文字蒙版工具：用于在水平方向上添加文字图层蒙版。

（4）直排文字蒙版工具：用于在垂直方向上添加文字图层蒙版。

下面介绍文字工具的用法。

① 打开需要在其中输入文字的图片。

② 选择工具箱中的文字工具。

③ 输入文字。

若要输入段落文本，则在图片中拖动鼠标绘制一个文本框，在文本框中输入文字。输入文字后用文字工具选择输入的文本，单击属性栏中的"切换字符和段落面板"按钮 ，打开"字符/段落"对话框，如图 7-32 所示，对输入的文本内容进行效果设置。输入段落文本后的效果如图 7-33 所示。

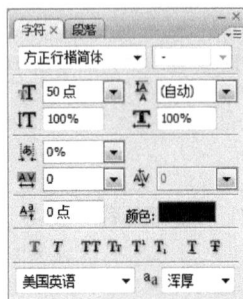

图 7-32　"字符/段落"对话框

图 7-33　输入段落文本后的效果

6. 吸管工具组

吸管工具组包括"吸管工具""3D 材质吸管工具""颜色取样器工具""标尺工具""注释工具"和"计数工具"。

（1）吸管工具：用于选取图像上单击处的颜色，并将其作为前景色。

（2）3D 材质吸管工具：用于吸取三维材质纹理以及查看和编辑三维材质纹理。

（3）颜色取样器工具：结合"信息"调板查看颜色的数值。

（4）标尺工具：测量距离及角度，结合"信息"调板查看数据。

（5）注释工具：用于在图像中添加文字注释及作者信息等内容。

（6）计数工具：数字计数工具。

7.2.3　图像修复工具

图像修复工具用于对图像进行修整，是处理图像时不可缺少的工具。

1. 仿制图章工具组

仿制图章工具组包括"仿制图章工具"和"图案图章工具"。

（1）仿制图章工具：用于对图像的瑕疵进行修复。

（2）图案图章工具：用于将图像上用图章擦过的部分复制到图像的其他区域。

2. 修复画笔工具组

修复画笔工具组包括"污点修复画笔工具""修复画笔工具""修补工具""内容感知移动工具"和"红眼工具"。

（1）污点修复画笔工具：用于对图像中的污点进行修复。

（2）修复画笔工具：要先取样（按住"Alt"键单击选择），再修复。

（3）修补工具：用一个区域对另一个区域进行修补。修补图像时可选择"源"，将需要去除的污点拖放到干净的区域以清除污点；也可以选择"目标"，将干净的区域拖放到需要去除污点的区域以清除污点。

（4）内容感知移动工具：选择图像场景中的某个部分，然后将其移动到图像中的任何位置，即可完成贴近真实的合成效果。

例如，使用"内容感知移动工具"，可以将图 7-34 所示的素材图片中的人物复制，将右上角多余的文字去掉，并使人物和原图背景很好地融为一体，如图 7-35 所示。

图 7-34　素材图片

图 7-35　处理后的图片

（5）红眼工具：用于去掉照片中人物眼睛中的红色区域。

7.2.4　图像修饰工具

图像修饰工具用于对图像进行模糊、锐化、产生涂抹效果、减淡色彩、加深色彩、改变色彩饱和度等操作。

1. 模糊工具组

模糊工具组包括"模糊工具""锐化工具"和"涂抹工具"。

（1）模糊工具：选择该工具后，可使鼠标指针划过的图像变得模糊。

（2）锐化工具：选择该工具后，可使鼠标指针划过的图像变得更清晰。

（3）涂抹工具：模拟手指绘图在图像中产生的涂抹效果，被涂抹的颜色会沿着拖动鼠标的方向展开。

2．减淡工具组

减淡工具组包括"减淡工具""加深工具"和"海绵工具"。

（1）减淡工具：通过提高图像的亮度使图像的色彩减淡。

（2）加深工具：通过降低图像的亮度使图像的色彩加深。

（3）海绵工具：可精确地更改图像的色彩饱和度，使图像的颜色变得更加鲜艳或更加灰暗。如果当前图像为灰度模式，则使用"海绵工具"可提高或降低图像的对比度。

7.2.5　路径与形状工具

1．钢笔工具组

钢笔工具组包括"钢笔工具""自由钢笔工具""添加锚点工具""删除锚点工具"和"转换点工具"。

（1）钢笔工具：用于绘制路径。选择该工具后，在要绘制的路径上依次单击，可将各单击点连成路径。

（2）自由钢笔工具：用于手绘任意形状的路径。

（3）添加锚点工具：用于在路径上增加锚点。

（4）删除锚点工具：用于删除路径上的锚点。

（5）转换点工具：使用该工具可以在平滑曲线转折点和直线转折点之间进行转换。

2．路径工具组

路径工具组包括"路径选择工具"和"直接选择工具"。

（1）路径选择工具：用于选取已有路径，然后进行整体位置调节。

（2）直接选择工具：用于选择路径上的锚点并进行位置调节。

3．形状工具组

利用形状工具组可以非常方便地绘制各种规则的几何形状或路径。

（1）矩形工具：选定该工具后，在图像工作区内拖动鼠标可绘制一个矩形图形。

（2）圆角矩形工具：选定该工具后，在图像工作区内拖动鼠标可绘制一个圆角矩形图形。

（3）椭圆工具：选定该工具后，在图像工作区内拖动鼠标可绘制一个椭圆图形。

（4）多边形工具：选定该工具后，在属性栏中指定边数，在图像工作区内拖动鼠标可绘制一个指定边数的正多边形图形。

（5）直线工具：选定该工具后，在图像工作区内拖动鼠标可绘制一条直线。

（6）自定形状工具：选定该工具后，在属性栏中选择"形状"，在图形工作区内拖动鼠标可绘制一个选定形状的图形。

使用"钢笔工具"画路径和使用"魔棒工具"等选取范围都是为了得到选区，而路径的优点是在画好路径后还可以方便地精细调整，并且路径还可以存储为选区，这也是路径在 Photoshop 里的实际用处。

【教学案例 2】修复老照片

Photoshop 在修复图像方面的功能非常强大，提供了"仿制图章工具""修复画笔工具""修补工具""污点修复画笔工具"等工具。这些工具各有所长，在修复有缺陷照片的时候经常需要配合使用，以达到最高的效率和最好的修复效果。

几种修复工具的比较如下。

使用"仿制图章工具"时，首先需要在图像中找寻最适合修复目标的像素组来对修复目标进行修复。按住"Alt"键单击，定义复制的源点，将鼠标指针移至需要修复的位置，拖动鼠标就可以修复图像了。

"修复画笔工具"的操作方法与"仿制图章工具"相同，但用这个工具修补图像中边缘线的时候会自动匹配，所以，在修复图像轮廓的边缘部分时还需要使用"仿制图章工具"。修复大面积相似颜色的部分时，"修复画笔工具"非常有优势。

"修补工具"有两种修补的方式，即使用"源"进行修补和使用"目标"进行修补。在图像中将需要修补的地方选择出来或将修补的目标源选择出来，使用"修补工具"拖动这个选区，在画面中寻找要修补的位置进行修补。

使用"污点修复画笔工具"时，不需要定义源点，只要确定好修复图像的位置，就会在确定的修复位置边缘找寻相似的像素进行自动匹配，即只要在需要修复的"污点"位置单击一次，就可完成修复。"污点修复画笔工具"只适合修补小范围内的损伤。

操作要求

修复图 7-36 所示的受损老照片，修复结果如图 7-37 所示。

图 7-36 原图

图 7-37 修复效果图

操作步骤

步骤 1 打开图片文件

（1）启动 Photoshop CC。

（2）打开图片文件"老照片"。

步骤 2　去色

由于老照片可能会发黄变色或有污点，所以翻拍的照片也会发黄和有杂色。执行菜单命令"图像"→"调整"→"去色"，得到一张黑白照片，如图 7-38 所示。

微课 63　修复老
照片 1

步骤 3　用"仿制图章工具"修复头发受损部分

（1）选择工具箱中的"仿制图章工具"。

（2）在属性栏中设置画笔的大小为 10 像素，硬度为 50%。

（3）按住"Alt"键，从受损头发的右上位置开始，在受损头发附近的某个完好位置处单击，定义复制的源点，将鼠标指针移动到需要修复的位置，拖动鼠标就可以开始修复头发了。从右上到左下进行修复，修复过程中需要多次重新定义复制的源点。

采取同样的方法，修复照片中所有受损的头发。

修复头发后照片的效果如图 7-39 所示。

图 7-38　去色

图 7-39　修复头发

步骤 4　用"修补工具"和"仿制图章工具"修复脸部大面积损伤部分

（1）选择工具箱中的"修补工具"，这时鼠标指针变成补丁状。

（2）在属性栏中选择"目标"单选按钮。

（3）按住鼠标左键，选择脸部颜色相近且完好的区域。释放鼠标，选择区域的周围出现蚂蚁线。

（4）拖动选区到需要修补的位置后，释放鼠标，源区域与目标区域颜色自动匹配，完成目标区域的修补。

（5）采取同样的方法，使用"修补工具"修补脸部的其他受损部分。

用"修补工具"时，即使修补的源颜色与目标颜色相差较大，也会自动匹配，所以不能用"修补工具"修复脸部和头发的边缘部分，这时又要用到"仿制图章工具"。

步骤 5　用"仿制图章工具"和"模糊工具"修复眼角

（1）选择工具箱中的"仿制图章工具"。

（2）在属性栏中设置画笔的大小为 2 像素，硬度为 50%。

（3）选择眼角附近颜色相近且完好的区域，向右绘制适当长度的眼角线。

（4）选择工具箱中的"模糊工具"，设置画笔大小为 10 像素，硬度为 30%。

（5）用鼠标在修补的眼角部位反复单击，直到和眼睛部位颜色平滑过渡为止。

步骤 6　用"修补工具"和"仿制图章工具"修复衣服上大面积损伤部分

（1）选择工具箱中的"修补工具"，这时鼠标指针变成补丁状。

（2）在属性栏中选择"目标"单选按钮。

（3）按住鼠标左键，选择衣服上颜色相近且完好的区域。释放鼠标，选择区域的周围出现蚂蚁线。

（4）拖动选区到需要修补的位置后，释放鼠标，源区域与目标区域颜色自动匹配，完成目标区域的修补。

（5）采取同样的方法，使用"修补工具"修补衣服上的其他受损部分，也可结合"仿制图章工具"完成修复。

步骤 7　用"污点修复画笔工具"修复脸上和衣服上的小斑点

（1）选择工具箱中的"污点修复画笔工具"。

（2）在属性栏中设置画笔的大小为 10 像素，硬度为 50%。

（3）在需修复的小斑点处单击，即可修复这些小斑点。

对眉毛、嘴角等部位的小斑点，可通过设置更小的画笔尺寸来完成修复。

修复时对准斑点处单击，最好不要涂抹。

修复过程中，可以借助以下操作。

① 为看清楚图像细节，可以按住"Alt"键同时滚动鼠标滚轮，进行图像缩放。

② 如果对修复结果不满意，可利用"Ctrl＋Alt＋Z"组合键返回上一步，重新进行修复。

修复脸部和衣服后的效果如图 7-40 所示。

图 7-40　修复脸部和衣服

步骤 8　用"磁性套索工具"和"油漆桶工具"修复背景

（1）选择工具箱中的"磁性套索工具"。

（2）在属性栏中设置羽化值为 5 像素。

（3）在照片中选择背景区域。

（4）单击拾色器（前景色），设置前景色为"#8C8C8C"，选择"油漆桶工具"，单击选区，填充背景色。

修复背景后的效果如图 7-41 所示。

步骤 9　给照片添加文字

（1）单击"默认前景色和背景色"按钮，然后单击"切换前景色和背景色"按钮。

微课 64　修复老照片 2

（2）选择工具箱中的"横排文字工具"，并在属性栏中设置文字字体为"楷体"、大小为"14 点"。

（3）在照片右下角拖动鼠标插入一个文本框，输入文字"摄于 1982 年 5 月"。

（4）单击属性栏中的"确认"按钮 ✓。

（5）使用"移动工具"将文字移动到合适位置。

至此，一张老照片修复完成，最终修复效果如图 7-42 所示。

图 7-41 修复背景

图 7-42 添加文字

步骤 10　保存照片文件

执行菜单命令"文件"→"存储为"，在弹出的"另存为"对话框中设置图片"保存类型"为 TIFF，将修复后的照片保存起来。

上述过程只是一种修复方法，这个修复过程中主要用到了"仿制图章工具""修补工具""污点修复画笔工具"等。修复过程不一样，修复的方法可能也不一样，只要熟练掌握这几种修复工具，具体的修复过程可灵活选择。

任务 7.3　图层的应用

我们可以把图层想象成一张一张叠起来的透明胶片，可以透过图层的透明区域看到下面的图层。每个图层上都有不同的画面，改变图层的顺序和属性可以改变图层的叠加效果。使用图层可以在不影响整个图像中大部分元素的情况下处理其中一个元素。通过对图层进行操作，可以创建很多具有创意的图像效果。

图层操作基本上都可以在"图层"调板中完成。"图层"调板如图 7-43 所示。"图层"调板上显示了图像中的所有图层、图层组和图层效果。可以使用"图层"调板上的各种功能来完成一些图像编辑任务，例如创建、隐藏、复制和删除图层等。还可以使用"图层"调板改变图层上图像的效果，如改变图层混合模式、不透明度、图层样式等，制作出添加阴影、外发光、浮雕等效果。

图 7-43　"图层"调板

7.3.1　图层的类型

Photoshop CC 中的图层类型包括以下几种。

背景图层：背景图层只能在最下面，不可以调节其不透明度和添加图层样式、蒙版，但可以对其使用"画笔工具""渐变工具""仿制图章工具"和"修补工具"。

普通图层：可以对其进行各种编辑操作。

调整图层：可以在不破坏原图的情况下，对图像进行色相、色阶、曲线等操作。

填充图层：填充图层也是一种带有蒙版的图层，内容为纯色、渐变和图案，可以转换成调整图层，也可以通过编辑蒙版制作融合效果。

文字图层：通过文字工具可以创建文字图层。该图层不可以进行添加滤镜、图层样式等操作。

形状图层：可以通过形状工具和路径工具来创建，内容被保存在它的蒙版中。

7.3.2　图层的混合模式

当不同的图层叠加在一起时，除了图层的不透明度以外，图层的混合模式也将影响两个图层叠加后产生的效果。

单击"图层"调板中的"设置图层的混合模式"下拉按钮，打开图层混合模式下拉列表，其中列出了图层之间的 27 种混合模式，包括正常、溶解、变暗、正片叠底、颜色加深等。

其中，"正常"模式是 Photoshop 的默认模式。要设置其他的混合模式时，只需要在"图层"调板中将不同的图层按一定的顺序排列好，选择要设置混合模式的图层，单击"图层"调板中的"设置图层的混合模式"下拉按钮，在弹出的图层混合模式下拉列表中选择合适的混合模式即可。

7.3.3　图层样式

图层样式是 Photoshop 中一个用于制作各种效果的强大工具，利用图层样式功能，可以简单、快捷地制作出各种立体投影、各种质感以及光影效果的图像特效，可以为包括普通图层、文字图层和形状图层在内的任何类型的图层应用图层样式。具体操作步骤如下。

（1）选中要添加样式的图层。

（2）单击"图层"调板下方的"添加图层样式"按钮 *fx.*，从弹出的列表中选择"混合选项"，如图 7-44 所示，打开"图层样式"对话框，如图 7-45 所示。也可以从列表中直接选择所需图层样式。

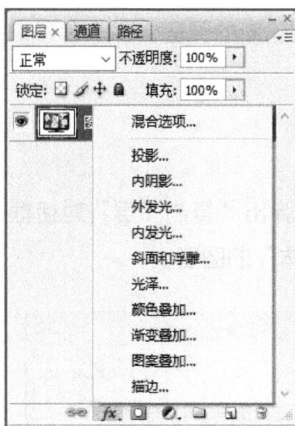

图 7-44　"添加图层样式"列表

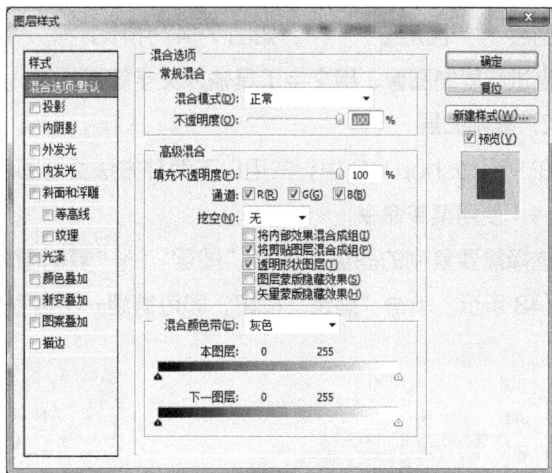

图 7-45　"图层样式"对话框

（3）从"图层样式"对话框中选择需要的图层样式，然后根据需要修改参数。

Photoshop CC 提供了 10 种图层样式。

① 投影：为图层对象、文本或形状添加阴影效果。

② 内阴影：在图层对象、文本或形状的内边缘添加阴影，让图层产生凹陷效果。

③ 外发光：在图层对象、文本或形状的边缘添加向外发光的效果。

④ 内发光：在图层对象、文本或形状的边缘添加向内发光的效果。

⑤ 斜面和浮雕：其中包含内斜面、外斜面、浮雕、枕状浮雕和描边浮面 5 种效果。

⑥ 光泽：对图层对象内部应用阴影，与对象的形状互相作用，产生磨光及金属效果。

⑦ 颜色叠加：在图层对象上叠加一种颜色，即用一层纯色填充到应用样式的对象上。

⑧ 渐变叠加：在图层对象上叠加一种渐变颜色，即用一层渐变颜色填充到应用样式的对象上。

⑨ 图案叠加：在图层对象上叠加图案，即用一致的重复图案填充对象。

⑩ 描边：使用颜色、渐变颜色或图案描绘当前图层上的对象、文本或形状的轮廓。

7.3.4 图层的操作

图层操作主要包括新建图层、复制图层、链接图层、转换图层、合并图层等操作。

1. 新建图层

常用以下两种方法新建图层。

（1）使用菜单命令

执行"图层"→"新建"→"图层"命令，弹出"新建图层"对话框，如图 7-46 所示。

在其中可以输入新图层的名称，为不同图层

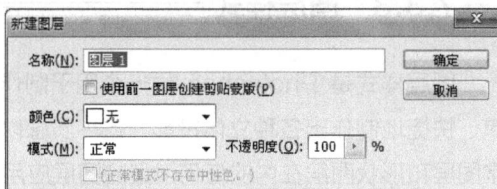

图 7-46　"新建图层"对话框

指定不同的颜色，为新图层选择图层混合模式，还可以为新图层设置不透明度。

（2）使用"图层"调板

单击"图层"调板中的"创建新图层"按钮 ，即可创建一个新的图层。新图层的默认名称为"图层 1""图层 2"……，如图 7-47 所示。

当进行复制图像、用文字工具输入文字等操作时，也会自动创建新的图层。

2. 复制图层

在 Photoshop CC 中，常用以下两种方法复制图层。

（1）使用菜单命令

选择需要复制的图层，选择"图层"→"复制图层"命令，弹出"复制图层"对话框，如图 7-48 所示，单击"确定"按钮，即可得到一个名为"背景 副本"的图层。

图 7-47　新建图层

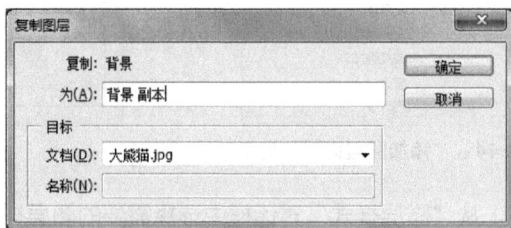

图 7-48　"复制图层"对话框

（2）使用"图层"调板

打开"图层"调板，选择一个名为"图层 1"的图层（即需要复制的图层），将其拖动至"新建图层"按钮 ◻ 上，即可得到一个名为"图层 1 副本"的图层。

3. 重命名图层

打开"图层"调板，双击需要重命名的普通图层的名称，图层名称变成可编辑状态，输入新的图层名称，按"Enter"键即可重命名图层。

4. 改变图层顺序

图像中有多个图层时，不同的排列顺序将产生不同的视觉效果。在"图层"调板中，将鼠标指针移动到需要调整顺序的图层，通过拖动鼠标的方式即可调整图层的排列顺序。

5. 链接图层

为图层建立链接关系后，移动图像时可以保持链接图层中图像的相对位置不变。当移动一个图层时，与该图层存在链接关系的图层将同时发生移动。

在"图层"调板上按住"Ctrl"键或者"Shift"键选择要建立链接的两个或多个图层，单击"图层"调板下方的"链接图层"按钮 ∞，就实现了所选图层的链接。

需要解除图层之间的链接时，可再次单击"图层"调板下方的"链接图层"按钮。当各链接图层后的链接标志 ∞ 消失后，便解除了它们之间的链接。

6. 背景图层与普通图层的转换

在 Photoshop CC 中，背景图层与普通图层是可以相互转换的。

（1）背景图层转换为普通图层

打开"图层"调板，双击"背景"图层，在弹出的"新建图层"对话框中进行设置，单击"确定"按钮即可将"背景"图层转换为名为"图层 0"的普通图层。

（2）普通图层转换为背景图层

选中普通图层，执行"图层"→"新建"→"图层背景"菜单命令，即可将普通图层转换为背景图层。

7. 显示/隐藏图层

在 Photoshop CC 中，可以对图层及图层组进行隐藏与显示处理。

（1）隐藏图层

选择需要隐藏的图层，单击"指示图层可见性"按钮 ◉，◉ 标志消失，该图层隐藏。

（2）显示图层

选择被隐藏的图层，单击"指示图层可见性"按钮 ▢，◉ 标志出现，该图层显示。

8. 合并图层

合并图层就是将两个或两个以上的图层合并为一个图层，常用方法有以下几种。

（1）向下合并图层

向下合并图层就是在"图层"调板中将当前图层与其下面的第 1 个图层进行合并。方法是在"图层"调板中选择一个图层，执行菜单命令"图层"→"向下合并"。

（2）合并可见图层

合并可见图层就是将"图层"调板中所有的可见图层合并为一个图层。方法是执行菜单命令"图层"→"合并可见图层"。

（3）拼合图层

拼合图层就是将"图层"调板中所有可见图层进行合并，而隐藏的图层将被丢弃。方法是执行菜单命令"图层"→"拼合图层"。

9．删除图层

在 Photoshop CC 中，可以将不再需要的图层删除。

打开"图层"调板，选择需要删除的图层，将其拖到"删除图层"按钮 🗑 上，即可删除该图层。也可在"图层"调板上选中需要删除的图层，单击"删除图层"按钮将其删除。

10．创建图层组

图层组是一组图层的总称，其功能类似于文件夹。使用图层组可以充分利用"图层"调板的空间，以便更容易地实现对图层的控制。

要创建一个图层组，可单击"图层"调板下方的"创建新组"按钮 📁。创建图层组后，便可以将相关的图层拖到这个图层组内。

对图层组进行复制、删除操作，可以实现对图层组中所有图层的复制、删除操作。也可以通过控制图层组的透明、移动等属性，实现对图层组中所有图层相关属性的控制。

【教学案例3】合成创意海报

图像合成是将多幅图像通过图层操作、工具应用合成为完整的、传达明确意义的图像。图像合成是处理图像时经常会用到的一种处理方式，广泛应用于婚纱摄影、广告设计、产品包装等领域，能把一些看似不相关的图像素材合成在一起，产生神奇的效果。

操作要求

利用图 7-49、图 7-50 和图 7-51 所示的 3 张素材图片，并配以变形文字和阴影，合成出图 7-52 所示的效果。

图 7-49 素材 1

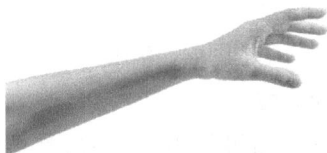

图 7-50 素材 2

图 7-51 素材 3

图 7-52 合成图像

操作步骤

步骤 1　打开并处理电视图片

（1）启动 Photoshop CC。

（2）打开"素材 1"，并将图层命名为"背景"。

（3）选择"魔棒工具"，单击白色背景区域，执行菜单命令"选择"→"反向"，选中电视。

（4）使用组合键"Ctrl+J"将电视选区复制为新的图层，命名为"电视"，如图 7-53 所示。

微课 65　合成创意海报 1

（5）去掉电视屏幕上的图案。用"矩形选框工具"选中屏幕上的图案，选择"渐变工具"，在矩形选区内从左向右填充由黑到白的渐变。

（6）按"Ctrl+D"组合键取消选区。关闭"背景"图层，选择"电视"图层，用"矩形选框工具"选中电视，执行菜单命令"编辑"→"自由变换"，将电视调整到图 7-54 所示大小和位置。

图 7-53　新建"电视"图层

图 7-54　自由变换电视

步骤 2　合成人物与电视图片

（1）打开"素材 2"，拖动文档标签使其成为一个独立窗口。

（2）用"魔棒工具"选出手臂身后的背景，执行"选择"→"反向"命令反选出手臂的轮廓，然后执行"选择"→"修改"→"羽化"命令，羽化 1 个像素。

（3）用"移动工具"将手臂拖入"素材 1"文件中，并将图层命名为"手臂"。

（4）执行菜单命令"编辑"→"自由变换"，调整手臂到图 7-55 所示的大小和位置。

微课 66　合成创意海报 2

（5）使用组合键"Ctrl+J"复制出"手臂 副本"图层备用。

（6）隐藏"手臂 副本"图层。选择"手臂"图层，用"多边形套索工具"选出手臂超出电视的部分，按"Delete"键将其删除，效果如图 7-56 所示。

图 7-55　复制并自由变换手臂

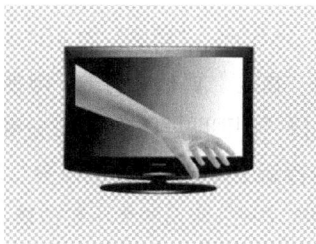

图 7-56　删除选区内容

（7）显示"手臂 副本"图层，选择"手臂 副本"图层，用"磁性套索工具"勾选出手臂超出电视机的部分，如图 7-57 所示。

（8）执行"选择"→"反向"命令进行反选，按"Delete"键删除选中的部分，然后将图层重命名为"手"，完成手臂伸出电视的效果，如图 7-58 所示。

图 7-57　绘制选区

图 7-58　手臂伸出电视的效果

步骤 3　合成鸡块与电视、人物图片

（1）打开"素材 3"并使其成为一个独立窗口。

（2）使用"磁性套索工具"选择鸡块的轮廓。

（3）使用"移动工具"将鸡块拖入"素材 1"文件中，放于手臂前方。

（4）执行菜单命令"编辑"→"自由变换"，调整其大小和位置。将图层命名为"鸡块"，如图 7-59 所示。

（5）添加背景。打开并选择"背景"图层，用"渐变工具"画出一条从上至下由黑到白的渐变直线，增加图形的空间感，如图 7-60 所示。

图 7-59　复制并自由变换鸡块

图 7-60　填充渐变效果

步骤 4　添加阴影

给电视和鸡块添加阴影，增强图形的立体感和真实感。

（1）在"图层"调板中双击"电视"图层，打开"图层样式"对话框，勾选"投影"复选框，进行图 7-61 所示的设置，"混合模式"为正片叠底，"不透明度"为 50%，"角度"为 45°。

（2）在"图层"调板中右击"电视"图层的"投影"一栏，在弹出的快捷菜单中选择"创建图层"，将投影分离成单独的图层，如图 7-62 所示。

微课 67　合成创意
海报 3

（3）选择新生成的"电视的投影"图层，使用"编辑"→"变换"菜单下的"扭曲"命令将投影调整到图 7-63 所示的大小和位置。

（4）用同样方法制作"鸡块"的投影，如图 7-64 所示。

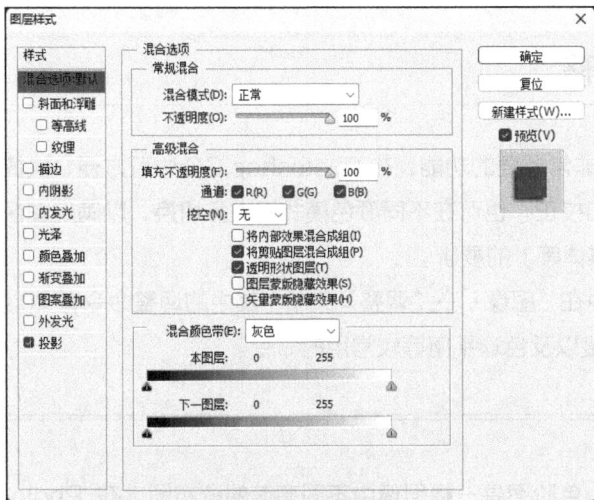

图 7-61　设置投影

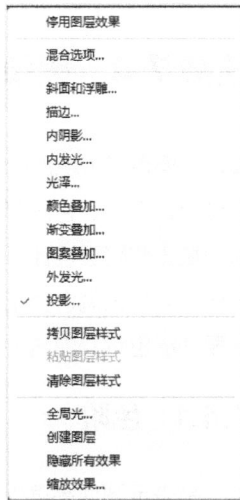

图 7-62　分离投影

图 7-63　设置电视的投影

图 7-64　设置鸡块的投影

在"图层样式"对话框中还可以通过改变图层的不透明度来调整投影的效果。

步骤 5　添加文字

（1）选择工具箱中的"横排文字工具"并在"横排文字工具"属性栏中选择合适的字体和大小。

（2）在图像中合适位置输入文字。

（3）在"横排文字工具"属性栏中单击"创建文字变形"按钮 ，弹出"变形文字"对话框，设置如图 7-65 所示。

（4）单击工具栏中的 按钮，确认所有当前文字编辑，以形成文字如香气一般飘荡的效果，如图 7-66 所示。

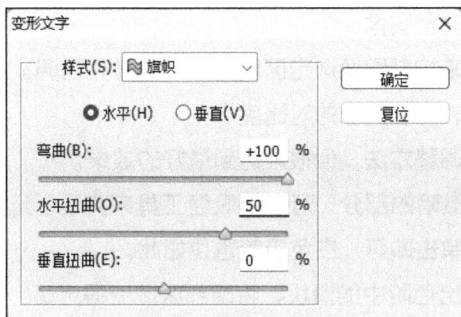

图 7-65　"变形文字"对话框

图 7-66　最终效果

任务 7.4　图像色彩调整

校色、调色是 Photoshop CC 中非常重要的功能，在 Photoshop CC 中可方便、快捷地对图像的颜色、亮度、色阶等进行调整和校正，也可在不同颜色模式间进行切换，以满足图像应用于不同领域（如网页设计、印刷、多媒体等）的要求。

图像色彩与色调调整工具主要集中在"图像"→"调整"菜单，其中的调整命令有 20 余种。下面主要介绍色阶、曲线、色相/饱和度以及色彩平衡等较常用的命令。

7.4.1　色阶

色阶是表示图像亮度强弱的参数，色阶图是一幅图像中不同亮度的分布图。在 Photoshop 中可以使用"色阶"命令调整图像的阴影、中间调和高光的强度级别，从而校正图像的色调范围和色彩平衡。图像的色彩丰满度和精细度是由色阶决定的。色阶指亮度，和颜色无关，但最亮的只有白色，最暗的只有黑色。

打开图 7-67 所示的素材图片，执行"色阶"命令，弹出"色阶"对话框，如图 7-68 所示。

图 7-67　素材图片

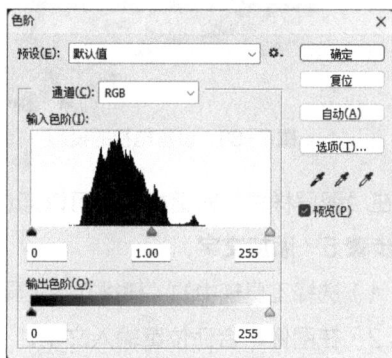

图 7-68　调整前的"色阶"对话框

该对话框中央是一个直方图，用作调整图像基本色调的直观参考。其横坐标为 0~255，表示亮度值，0 表示没有亮度、黑色，255 表示最亮、白色；而中间是各种不同级别的灰色。纵坐标表示包含特定色调的像素数目，数值越大就表示在这个色阶的像素越多。

通道：可以从其下拉列表中选择不同的通道来调整图像。

输入色阶：可以通过拖动三角滑块或输入数值来控制图像选定区域的最暗和最亮色调。

输出色阶：输出色阶的调整将增加图像的灰度，降低图像的对比度。

自动：使用"自动"工具是一种快速、有效的调整方法，但很难达到最好的效果。

　　：如果需要自己来指定图像中最亮和最暗的部分，可以用吸管工具来实现。选择左边的黑色吸管，在图像窗口中需要变成黑色的位置单击即可。白色吸管也是如此。

对打开的这幅图像来说，可调整输入色阶和输出色阶中的滑块，将暗部区域变得更暗、亮部区域变得更亮，调整后的"色阶"对话框如图 7-69 所示，调整之后的效果如图 7-70 所示。

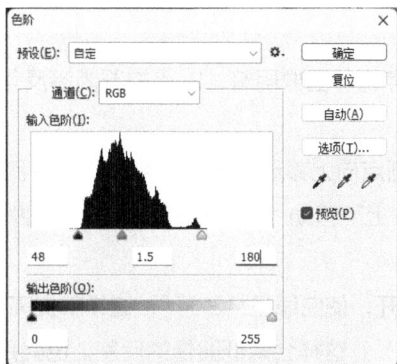

图 7-69 调整后的"色阶"对话框

图 7-70 调整之后的效果

7.4.2 曲线

使用"曲线"命令时，可以调节全部或者单独通道的对比度、局部的亮度，还可以调节图像的颜色。

打开图 7-71 所示的素材图片，执行"曲线"命令，弹出"曲线"对话框，如图 7-72 所示。

图 7-71 素材图片

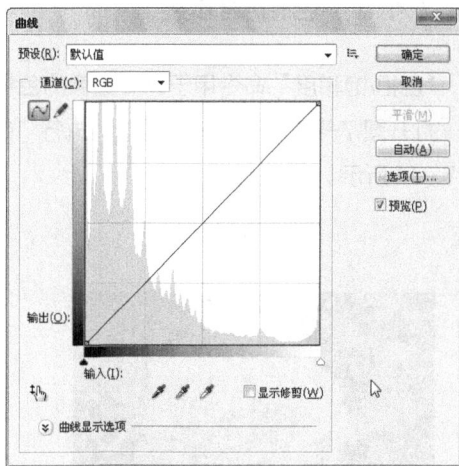

图 7-72 "曲线"对话框

曲线的 x 轴为色彩的输入值，y 轴为色彩的输出值。曲线代表了输入色阶和输出色阶的关系。在未进行任何改变时，输入和输出的色调值是相等的，因此曲线为 45° 的直线。

在曲线上单击，可以增加控制点；拖动控制点可以改变曲线的形状；拖动控制点到图表外，可删除控制点。

单击窗口左上角的"绘图工具" ，可以在图表中绘制出任意曲线；单击右侧的"平滑"按钮可使曲线变得平滑。使用"绘图工具"时按住"Shift"键可以绘制直线。输入数值和输出数值显示的是图表中鼠标指针所在位置的亮度值。

通过在曲线上增加控制点可以调节图像的对比度、亮度及颜色。移动曲线上的控制点时，要上下垂直移动，不能按住一个控制点随意斜向移动，因为这样移动时所对应的就不是这个控制点原来的灰阶关系了。

为了方便调整曲线，可以记住曲线调整的口诀：1 点调节图像明暗，2 点控制明暗反差，3 点提高暗部层次，4 点产生色调分离。具体含义如下。

在曲线的中间位置单击创建 1 个控制点，将这个控制点向上移动，可以看到图像变亮了；将这个控制点向下移动，可以看到图像变暗了。也就是说，上下移动 1 个控制点可以调节图像的明暗关系。

在曲线上创建 2 个控制点，将这 2 个控制点上下拉开，使曲线呈"S 形"，这样就提高了图像的反差；将这 2 个控制点上下拉开，使曲线呈"反 S 形"，这样会降低图像的反差。也就是说，2 个控制点控制图像的明暗反差。

在曲线上创建 3 个控制点，中间的控制点不动，将两边的两个控制点向上提一点，使曲线呈"M 形"，这样的曲线主要用来增加图像中暗部的层次，尤其适合调节以大面积暗调为主的图像。

在曲线上创建 4 个控制点，将这 4 个控制点交错拉开，可使图像色彩产生强烈、奇异的变化，这种色彩效果类似于摄影中彩色暗房的色调分离效果，这样的色调分离效果会使图像给人以特殊的视觉冲击。

7.4.3　色相/饱和度

"色相/饱和度"命令用于调节图像的色相、饱和度和明度。

打开图 7-73 所示的素材图片，执行"色相/饱和度"命令，弹出"色相/饱和度"对话框，如图 7-74 所示。

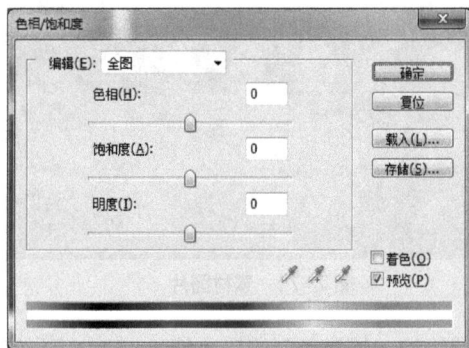

图 7-73　素材图片　　　　　图 7-74　"色相/饱和度"对话框

在中间区域，可以通过拖动各项中的滑块来调整图像的三要素——色相、饱和度和明度。

色相是色彩的首要外貌特征，是区别各种不同色彩的最准确的标准，比如红色、绿色、黄色。"色相/饱和度"对话框下方有两个色相色谱，其中上方的色谱是固定的，下方的色谱会随着色相滑块的移动而改变。这两个色谱的状态其实就是色相改变的对比。

饱和度用于控制图像色彩的鲜艳程度，也称色彩的纯度。饱和度高的色彩较为鲜艳，饱和度低的色彩较为暗淡。

明度就是色彩的明亮程度。如果将明度调至最低会得到黑色，调至最高会得到白色。对黑色和白色改变色相或饱和度都没有效果。

使用色谱条上方的"吸管工具" 🖋 在图像中单击，可以将中心色域移动到所单击的颜色区域，使用"添加到取样工具" 🖋 可以扩展目前的色域范围到所单击的颜色区域；"从取样减去工具" 🖋 与"添加到取样工具"的作用相反。

"着色"选项用于允许用户将图像中的彩色信息替换为单一颜色，同时保留原始图像的明暗度。这使得用户能够创造出独特的单色效果，同时保持图像的明暗对比。

7.4.4 色彩平衡

"色彩平衡"命令主要用于调整图像色彩失衡或是偏色的问题，控制图像颜色的分布，使图像色彩达到平衡的效果。要减少某种颜色，就应增加这种颜色的补色。"色彩平衡"命令的计算速度快，适合调整较大的图像文件。

"色彩平衡"命令能进行一般性的色彩校正，可以改变图像颜色的构成，但不能精确控制单个颜色成分（单色通道），只能作用于复合颜色通道。

打开图 7-75 所示的素材图片，执行"色彩平衡"命令，弹出"色彩平衡"对话框，如图 7-76 所示。

图 7-75 素材图片

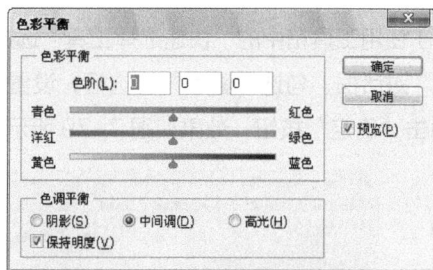

图 7-76 "色彩平衡"对话框

色阶：可将滑块拖向要增加的颜色，或将滑块拖离要在图像中减少的颜色。

色调平衡：通过选择阴影、中间调和高光可以控制图像不同色调区域的颜色平衡。

保持明度：勾选此复选框，可以防止图像的亮度值随着颜色的更改而改变。

首先在"色彩平衡"对话框下方的"色调平衡"选项组中选择想要更改的色调范围，然后在上方的"色彩平衡"选项组中的文本框输入数值或移动三角形滑块。通常，调整 RGB 模式的图像时，为了保持图像的亮度值，都要勾选"保持明度"复选框。

【教学案例 4】黑白照片上色

一张好的照片，除了要有好的内容外，色彩和层次感也一定要分明。使用"调整"菜单中的命令可以将照片调整得更加赏心悦目。

操作要求

黑白照片上色最难的地方就是皮肤，要处理出有层次感、白里透红的皮肤效果并不容易。下面以一张较清晰的黑白照片来讲解照片上色的一般过程。图 7-77、图 7-78 所示为黑白照片上色前后的效果。

图 7-77　素材图片

图 7-78　最终效果

操作步骤

步骤1　给帽子和衣服着色

（1）使用工具箱中的"快速选择工具"选取小孩的帽子区域，执行菜单命令"图像"→"调整"→"色相/饱和度"，弹出"色相/饱和度"对话框，勾选"着色"复选框，设置"色相"为 103、"饱和度"为 46，单击"确定"按钮，按"Ctrl+D"组合键取消选区。

微课68　黑白照片上色

（2）使用工具箱中的"快速选择工具"选择小孩的衣服区域，打开"色相/饱和度"对话框，勾选"着色"复选框，设置"色相"为 148、"饱和度"为 48，单击"确定"按钮，效果如图 7-79 所示。按"Ctrl+D"组合键取消选区。

图 7-79　给帽子和衣服着色

步骤2　给皮肤和嘴巴着色

（1）使用"快速选择工具"选择小孩的皮肤区域，配合"多边形套索工具"减去小孩的眼睛和嘴巴区域。执行"图像"→"调整"→"色彩平衡"命令，打开"色彩平衡"对话框，调整中间调的色阶值为+80、0、−40。按"Ctrl+D"组合键取消选区。

（2）使用"多边形套索工具"选取小孩的嘴巴区域，打开"色相/饱和度"对话框，勾选"着色"复选框，设置"色相"为 9、"饱和度"为 40，效果如图 7-80 所示。按"Ctrl+D"组合键取消选区。

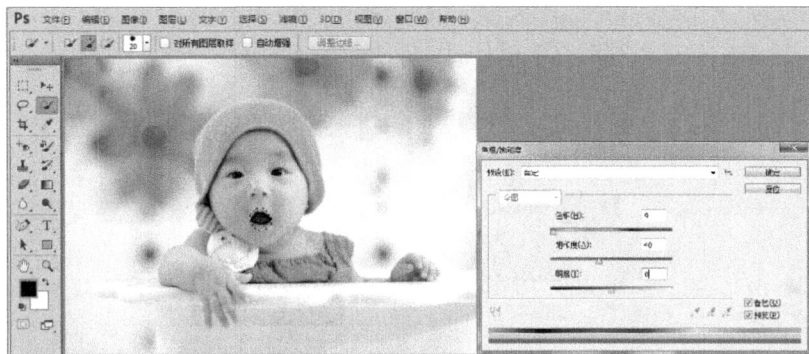

图 7-80　给皮肤和嘴巴着色

步骤 3　给玩具着色

（1）使用"多边形套索工具"选取小玩具的条纹区域，打开"色彩平衡"对话框，设置中间调的色阶值为-29、17、57。按"Ctrl+D"组合键取消选区。

（2）选择小玩具的胡须区域，打开"色相/饱和度"对话框，勾选"着色"复选框，设置"色相"为 360、"饱和度"为 60，效果如图 7-81 所示。按"Ctrl+D"组合键取消选区。

图 7-81　给玩具着色

步骤 4　给图像背景着色

（1）使用"套索工具"在图像背景中选择一朵花，按"Shift+F6"快捷键，弹出"羽化选区"对话框，设置"羽化半径"为 5。打开"色相/饱和度"对话框，勾选"着色"复选框，设置"色相"为 115、"饱和度"为 40，单击"确定"按钮。

（2）选择图像背景中第 2 朵花，设置"羽化半径"为 5。打开"色相/饱和度"对话框，勾选"着色"复选框，设置"色相"为 191、"饱和度"为 60，单击"确定"按钮。

（3）选择图像背景中第 3 朵花，设置"羽化半径"为 5。打开"色相/饱和度"对话框，勾选"着色"复选框，设置"色相"为 334、"饱和度"为 80，单击"确定"按钮。

（4）使用"套索工具"选取背景"花心"区域，设置"羽化半径"为 5。打开"色相/饱和度"对话框，勾选"着色"复选框，设置"色相"为 41、"饱和度"为 37，单击"确定"按钮。

（5）使用"横排文字工具"添加文字部分，输入"亲亲宝贝"，设置前景色的 RGB 值分别为52、203、2，单击"确定"按钮，效果如图 7-82 所示。

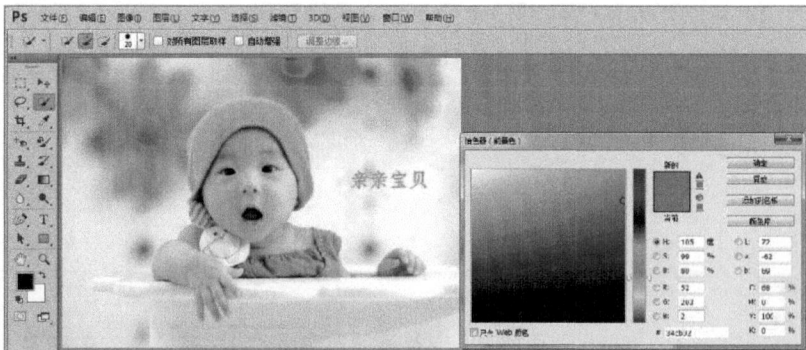

图 7-82　给图像背景着色

步骤 5　调整图像色阶

按"Ctrl+L"组合键，打开"色阶"对话框，设置色阶参数为 24、1.00、248，如图 7-83 所示。至此，为黑白照片上色制作完成。

图 7-83　调整图像色阶

任务 7.5　滤镜的应用

滤镜主要用来制作图像的各种特效，包括图像的特效创意和特效文字的制作，如油画、浮雕、石膏画、素描等都可由 Photoshop CC 滤镜来实现，滤镜在 Photoshop 中具有非常神奇的作用。

Photoshop 的内置滤镜大致可分为两类：一类是校正性滤镜，另一类是破坏性滤镜。校正性滤镜主要对图像进行一些校正与修饰，如自适应广角、镜头校正、模糊、锐化、杂色等滤镜。破坏性滤镜是指为制作特效可能会把图像处理得面目全非的滤镜，比如风格化、扭曲、渲染、素描、艺术效果等滤镜。

不是所有颜色模式的图像都可以使用滤镜，位图和索引模式图像不可使用滤镜，CMYK 模式和 Lab 模式的图像不可使用部分滤镜。滤镜的应用对象不限于图层，也可以针对选区、通道或蒙版等。

7.5.1　内置滤镜与外挂滤镜

Photoshop CC 具有上百个功能各异的内置滤镜命令，这些命令共同构成了丰富多彩的庞大的内置滤镜命令库。内置滤镜有 13 种类型，其中直接在"滤镜"菜单列出来的有 9 种，还有 4 种包含在"滤镜库"中。每种类型的滤镜又包含许多具体的滤镜。

直接在"滤镜"菜单列出来的 9 种是风格化滤镜、模糊滤镜、扭曲滤镜、锐化滤镜、视频滤镜、像素化滤镜、渲染滤镜、杂色滤镜及其他滤镜。4 种包含在"滤镜库"中的滤镜分别是艺术效果滤镜、画笔描边滤镜、纹理滤镜及素描滤镜。

滤镜的操作非常简单，一些属性的设置也比较明了，但要真正将其用得恰到好处却很难。要想用好滤镜，除了需要看用户对滤镜命令的熟悉程度和运用能力外，还需要具有扎实的美术功底，甚至需要用户具有丰富的想象力。滤镜通常需要与通道、图层等配合使用，才能取得最佳的艺术效果。

Photoshop CC 还支持第三方开发商提供的外挂滤镜。外挂滤镜是对 Photoshop 本身滤镜的补充，必须安装在 Photoshop 的 Plug-Ins 目录下才能使用。安装好的外挂滤镜出现在"滤镜"菜单的底部，可以像 Photoshop 本身的滤镜一样使用。

7.5.2 滤镜库

Photoshop CC 的"滤镜库"不是一个特定的命令，而是整合了多个常用滤镜组的设置对话框。Photoshop CC 以图层的形式使用"滤镜库"，即可以在"滤镜库"的滤镜效果区采取叠加图层的形式，对当前操作的图像应用多个滤镜或多次应用单个滤镜，还可以重新排列滤镜或更改已应用的滤镜设置，"滤镜库"对话框如图 7-84 所示。"滤镜库"对话框中提供了风格化、画笔描边、扭曲、素描、纹理和艺术效果等 6 组滤镜。

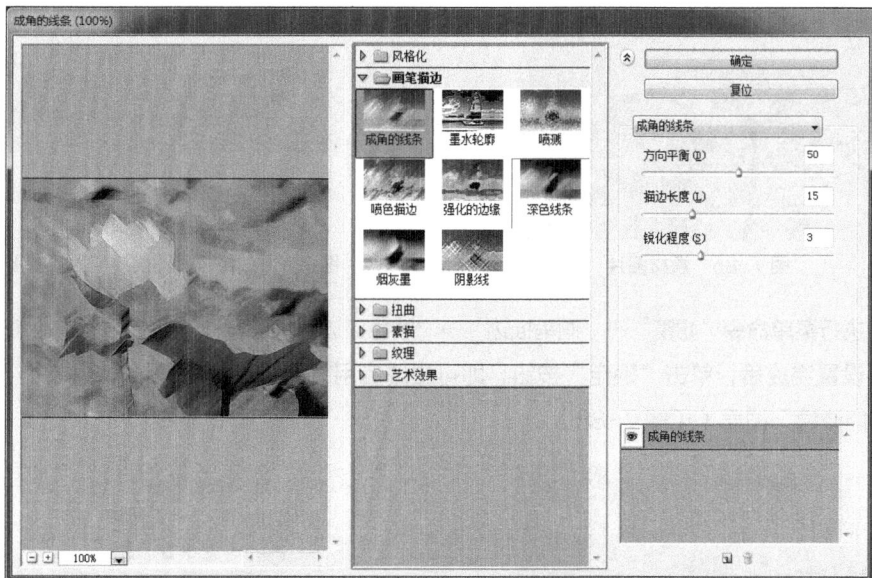

图 7-84 "滤镜库"对话框

使用"滤镜库"可以快速给图像应用多种滤镜。使用"滤镜库"应用多种滤镜的操作方法如下。

（1）打开要添加滤镜的图像或选中要添加滤镜的图层。

（2）执行"滤镜"→"滤镜库"命令。

（3）单击一个滤镜以添加第1个滤镜。单击滤镜组左边的小三角形以查看完整的滤镜列表。添加滤镜后，该滤镜名称将出现在"滤镜库"对话框右下角的滤镜列表中。

（4）为选定的滤镜设置参数。

（5）单击"滤镜库"对话框右下角的"新建效果图层"按钮 🖻，然后选取要应用的另一个滤镜。重复此过程以添加其他滤镜。

（6）对设置的滤镜结果满意后，单击"确定"按钮。

要删除应用的滤镜，可在已应用滤镜的列表中选择要删除的滤镜，然后单击"删除"按钮 🗑️。单击效果图层旁的眼睛图标，可在预览图像中隐藏滤镜效果。

7.5.3 智能滤镜

智能滤镜就是在智能对象图层上应用的滤镜。应用智能滤镜的最大好处就是不会对原图像造成破坏。智能滤镜作为图层效果被存储在"图层"调板中，并且可以修改这个滤镜的参数，以及单击滤镜的"小眼睛"图标来显示原图，还可以删除该滤镜图像数据以随时调整这些滤镜。

下面举例说明应用智能滤镜的一般操作步骤。

（1）打开图7-85所示的素材图片。

（2）执行"滤镜"→"转换为智能滤镜"命令或者在背景图层上单击鼠标右键并选择"转换为智能对象"，都可将普通图层转换为智能图层，如图7-86所示。

图7-85 素材图片

图7-86 将普通图层转换为智能图层

（3）执行菜单命令"滤镜"→"画笔描边"→"喷色描边"，在打开的对话框中设置合适的参数。

（4）设置完成后，单击"确定"按钮，即可生成应用智能滤镜后的效果（见图7-87）和对应的"智能滤镜"图层（见图7-88）。

图7-87 应用智能滤镜后的效果

图7-88 "智能滤镜"图层

应用智能滤镜之后，在应用的滤镜上单击鼠标右键，可以对其进行编辑、重新排序或删除等操作。

要展开或折叠"智能滤镜"图层，请单击"图层"调板中智能图层右侧显示的"智能滤镜"图标旁边的三角形按钮。

【教学案例 5】制作绚丽花朵

滤镜主要用来实现图像的各种特殊效果，利用 Photoshop 提供的滤镜命令，可以对已有图片进行特效处理，也可以在一张空白画布上制作出特效图片。

操作要求

制作图 7-89 所示的绚丽花朵。

图 7-89　绚丽花朵

微课 69　制作绚丽
花朵

操作步骤

步骤 1　新建文档并保存

（1）启动 Photoshop CC。

（2）单击"文件"→"新建"命令，打开"新建"对话框，进行图 7-90 所示的设置，新建一个空白图像文档。

步骤 2　填充渐变

选择工具箱中的"渐变工具"，在属性栏中选择"渐变拾色器"中的"黑、白渐变"颜色和"线性渐变"效果，然后在新建画布中绘制一条自下向上的垂直填充线，如图 7-91所示。黑白线性渐变的填充效果如图 7-92所示。

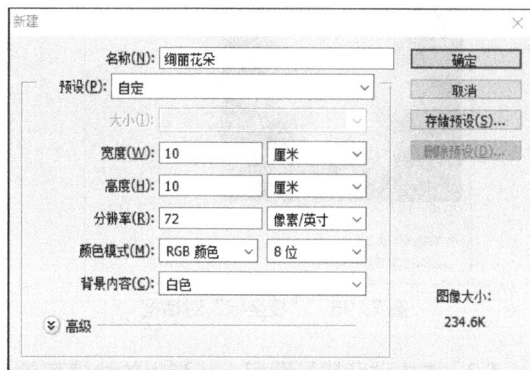

图 7-90　"新建"对话框

步骤 3　执行滤镜命令

（1）执行菜单命令"滤镜"→"扭曲"→"波浪"，打开"波浪"对话框，进行图 7-93 所示的设置，效果如图 7-94 所示。

图 7-91　绘制填充线

图 7-92　填充渐变效果

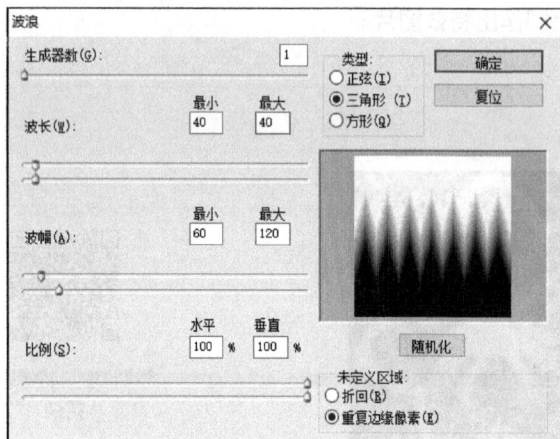

图 7-93　"波浪"对话框

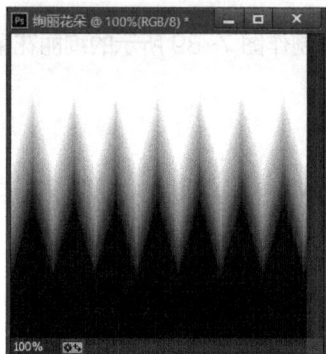

图 7-94　"波浪"效果

（2）执行菜单命令"滤镜"→"扭曲"→"极坐标"，打开"极坐标"对话框，进行图 7-95 所示的设置，效果如图 7-96 所示。

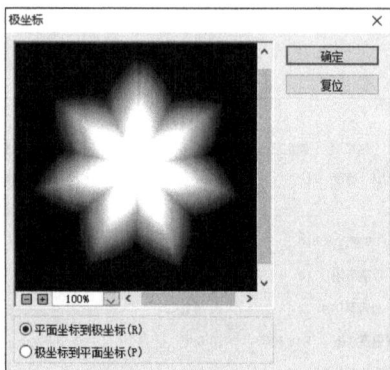

图 7-95　"极坐标"对话框

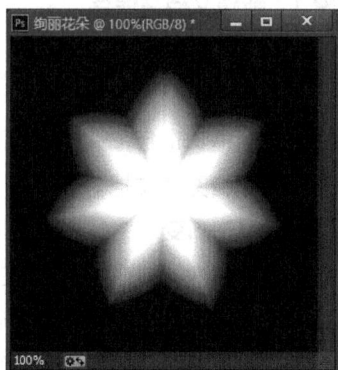

图 7-96　"极坐标"效果

（3）右击"背景"图层，从弹出的快捷菜单中选择"转换为智能对象"命令，将背景图层转换为智能图层。

（4）执行菜单命令"滤镜"→"滤镜库"，打开"滤镜库"对话框。

（5）在"滤镜库"对话框中选择"素描"→"铬黄渐变"滤镜，进行图 7-97 所示的设置，效果如图 7-98 所示。

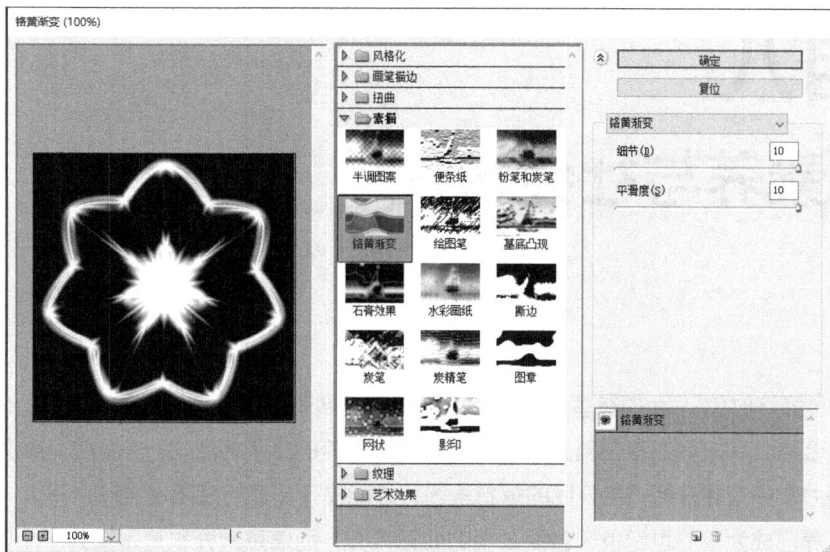

图 7-97 "铬黄渐变"对话框

步骤 4 着色

（1）单击"图层"调板上的"创建新图层"按钮，新建"图层 1"，设置图层的混合模式为"颜色"。

（2）选择工具箱中的"渐变工具"，在属性栏中选择"渐变拾色器"中"蓝、红、黄渐变"颜色和"线性渐变"效果，然后在画布中从左上往右下填充渐变，最终效果如图 7-99 所示。

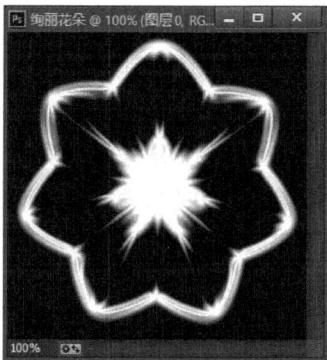

图 7-98 "铬黄渐变"效果

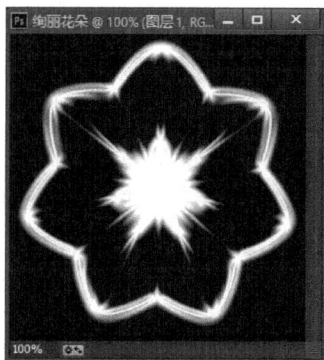

图 7-99 填充渐变效果

【项目自测】

任选一款产品进行平面广告设计。

要求如下。

（1）作品中需包含产品名称、产品标志、广告语、生产商家、地址、联系方式等信息。

（2）作品包含 3 个以上的图层，并且每个图层要合理命名。

（3）作品使用 A4 纸张（横版竖版均可），分辨率为 150 像素/英寸，颜色模式为 RGB 模式。

（4）作品要求布局合理，主题突出，内容健康，创意新颖。

（5）色调柔和，明朗、舒适，能体现产品的魅力。

项目八
信息素养与社会责任

在"信息经济时代"，我们在享受新一代信息技术发展变革所带来的便利的同时，应该承担起一名新时代合格公民应尽的责任和义务。因此，信息素养的水平将影响一个国家的高质量发展能力和发展潜力。只有提升每一名公民的信息素养，才能提升国家的高质量发展水平。

信息素养已成为 21 世纪世界各国公民的必备素养，而信息素养教育是提升一个国家广大公民信息素养最重要的手段之一。为此，2018 年 4 月，教育部发布《教育信息化 2.0 行动计划》，提出信息素养全面提升行动。2020 年 6 月，教育部发布《职业院校数字校园规范》，提出注重学生信息素养和信息化职业能力的全面提升。

任务 8.1　认知信息素养

在知识爆炸化、零碎化的"信息时代"，你知道如何去获取所需信息、如何去评价和有效利用所需信息吗？或者说，你具备信息素养吗？

一个有信息素养的人，应该能够认识到精确和完整的信息是做出合理决策的基础；能够确定信息需求，形成基于信息需求的问题；确定潜在的信息源，制订成功的检索方案，该方案基于计算机和其他信息源获取信息、评价信息、组织信息几部分，可以确保信息能够服务于实际需求；将新信息与原有的知识体系进行融合以及在批判思考和解决问题的过程中使用信息。

8.1.1　信息素养的定义

信息素养是指个体能够认识到何时需要信息，并且能够对信息进行检索、评估和有效利用的能力。也就是说，信息素养不仅包括掌握信息和信息技术的基本知识和基本技能，能够运用信息技术进行学习、合作、交流，还包括信息意识以及良好的信息道德。

与我们平时所说的信息技术相比，信息素养是一种信息能力，信息技术是它的一种工具。或者说，信息技术是最基本的信息素养。

要想成为具有信息素养的人，必须具有一种能够充分认识到何时需要何种信息，并有效地检索、评价和利用所需要的信息，解决当前存在的问题的能力。从根本意义上说，具有信息素养的人是那些知道如何进行学习的人。他们知道如何进行学习，是因为他们知道知识是如何组织的，如何寻找信息，并如何利用信息。他们能为终身学习做好准备，因为他们总能寻找到为做出决策所需的信息。

具备良好的信息素养，不仅可以把问题解决得更好、更快、更有效率，知道在"数字时代"如何进行学习，还可以促进个体个性的全面发展。

8.1.2　信息素养的构成要素

信息素养是一种对信息社会的适应能力。信息素养的构成要素主要包括信息意识、信息知识、信息能力和信息道德等几个方面。

（1）信息意识

信息意识是指对新信息的敏锐性，保持追求新知识的热情；对信息在科学研究与实践以及人们从事的各项活动中的性质、价值及功能等的认识。信息意识的强弱决定了获取、鉴别和利用信息的自觉程度。

（2）信息知识

信息知识是指所有与信息技术有关的知识，包括信息技术基本常识、信息系统的工作原理，以及信息技术发展中出现的新技术、新工艺、新产品等。所具有信息知识的丰富程度，制约着对信息能力的进一步掌握。

（3）信息能力

信息能力是指利用获取的信息解决问题的能力。研究信息素养的最终目的，是使学习者利用信息技术来提高对问题的解决能力，而这种能力具体包括信息知识的获取能力、信息资源的分析能力、信息技术的使用能力和信息的创新能力。

（4）信息道德

信息道德是指人们在信息活动中应遵循的道德规范，如保护知识产权、尊重个人隐私、抵制不良信息、不利用计算机网络从事危害他人信息系统和网络安全的活动等。信息道德关系到整个社会信息素养发展的方向。

信息素养的 4 个要素共同构成一个不可分割的统一整体，其中信息意识是先导，信息知识是基础，信息能力是核心，信息道德是保证。

8.1.3　信息素养的表现

一个具备信息素养的人，主要表现为具有以下 8 个方面的能力。

（1）运用信息工具

能熟练使用各种信息工具，特别是信息传播工具。

（2）获取信息

能根据自己的学习目标有效地收集各种学习资料与信息，能熟练地运用阅读、访问、讨论、参观、实验、检索等获取信息的方法。

（3）处理信息

能对收集的各种信息进行归纳、分类、存储、鉴别、遴选、分析综合、抽象概括和准确表达等。

（4）生成信息

在信息收集的基础上，能准确地概述、综合、履行和表达所需要的信息，使之简洁明了、通俗流畅并且富有个性特色。

（5）创造信息

在多种收集信息的交互作用的基础上，迸发创造思维的火花，产生新信息的生长点，从而创造新信息，达到收集信息的终极目的。

（6）发挥信息的效益

善于运用收集的信息解决问题，让信息发挥最大的社会和经济效益。

（7）信息协作

使信息和信息工具作为跨越时空的、"零距离"的交往和合作中介，使之成为延伸自己的高效手段，同外界建立多种和谐的合作关系。

（8）信息免疫

能够自觉抵御和消除垃圾信息及有害信息的干扰和侵蚀，保持正确的人生观、价值观，以及自控、自律和自我调节的能力。

8.1.4　信息素养的评判标准

信息素养的标准主要从素养层次、独立学习和社会责任3个方面表述，概括了信息素养的基本内涵。

1. 素养层次

（1）具有信息素养的人能够有效和高效地获取信息。

（2）具有信息素养的人能够熟练地、批判性地评价信息。

（3）具有信息素养的人能够精确地、创造性地使用信息。

2. 独立学习

（1）具有信息素养，并能探求与个人兴趣有关的信息。

（2）具有信息素养，并能欣赏作品和其他对信息进行创造性表达的内容。

（3）具有信息素养，并能力争在信息查询和知识创新中做到最好。

3. 社会责任

（1）具有信息素养，并能认识信息对社会的重要性。

（2）具有信息素养，并能践行与信息和信息技术相关的符合伦理道德的行为。

（3）具有信息素养，并能积极参与活动来探求和创建信息。

任务 8.2　信息技术的发展

人类进行通信的历史很悠久。早在远古时期，人们就通过简单的语言、壁画等方式交换信息。千百年来，人们一直用语言、图符、竹简、纸书等传递信息。在现代社会中，交警的指挥手语、航海中的旗语等就是古老通信方式进一步发展的结果。这些信息传递的基本方式都是靠人的视觉与听觉。

8.2.1　信息技术的发展历程

现代信息技术是以微电子和光电技术为基础，以计算机和通信技术为支撑，以信息处理技术为主题的技术系统的总称，是一门综合性的技术。信息技术的发展可分为 3 个阶段：一是计算机通信技术，二是微电子技术，三是网络技术。

1. 计算机通信技术

19 世纪上半叶，通信技术迎来了萌芽阶段，美国的莫尔斯发明了电报，这一创新标志着通信技术的开端。到 20 世纪下半叶初期，数字程控交换机的诞生和广泛应用，推动了通信技术向数字化迈进。随着技术的不断发展，人类又成功开拓了卫星通信技术，极大地扩展了通信技术的应用范围。

在通信技术的演进过程中，一个重要的里程碑发生在 1946 年。这一年，美国宾夕法尼亚大学成功研制出世界上第一台通用电子计算机，这标志着计算机通信技术的诞生。尽管这台早期的计算机体重大且功耗高，但随着计算机集成电路和软件技术的飞速发展，计算机的性能得到了显著提升，从最初的单一计算功能，逐渐演变为能够进行数字处理、语言文字处理、图像处理、视频处理等的强大工具，其应用范围也覆盖了工作和生活的方方面面。

2. 微电子技术

微电子技术始于晶体管的问世。1948 年第一个晶体管诞生，1958 年第一块集成电路研制成功，短短十年时间，便引发了一场影响全球的微电子技术革命。微电子技术能够将日益复杂的电子信息系统集成在一个小小的硅片上，使电子设备向着微型化发展，同时使计算机系统的能耗越来越低。微电子技术促进集成电路的发展，中、小规模集成电路逐步发展为大规模集成电路和超大规模集成电路，同时让每一个集成电路芯片上所能集成的电子器件越来越多，而集成电路的整体价格却保持不变或者下降，从而带动了以集成电路为基础的微电子信息技术的迅速发展。

3. 网络技术

美国国防部高级研究计划局于 1969 年成功建成 ARPANet，它是世界上首个采用分组交换技术组建的计算机网络，这也是今天互联网的前身。到了 1986 年，美国国家科学基金会又成功建成国家科学基金网络 NSFNet，并于 1991 年促成互联网进入商业应用领域，从而使互联网得到飞跃性的发展，给整个信息技术产业以及人类社会的进步带来了重大影响。随后，网络技术经历了从网络传真到网络电话、从网络冲浪到网络购物等一系列的变革，为个人和企业参与全球范围的竞争提供了有利条件，带动了一大批互联网新兴服务行业的崛起和发展。

8.2.2　信息技术的发展趋势

现代信息技术发展的总趋势是从典型的技术驱动发展模式向应用驱动与技术驱动相结合的模式转变。信息技术的发展趋势主要体现在以下几个方面。

1. 智能化

工业和信息化的深度融合成为我国目前乃至今后相当长一段时期的产业政策和资金投入的主导方向，以智能制造为标签的各种软、硬件应用将为各行各业的各类产品带来换代式的飞跃，成为拉动行业产值的主要方向。智慧地球、智慧城市等基于位置的应用模式的成熟和推广，本质上是信息技术和现代管理理念、环境治理、交通管理、城市治理等的有机融合。

2. 通信技术

随着数字化技术的发展，通信传输向高速、大容量、长距离发展，光纤传输的激光波长从1.3μm发展到1.55μm，并得到普遍应用。波分复用技术已经进入成熟应用阶段，光放大器代替了光电转换中继器，相干光通信、光孤子通信取得重大进展。5G无线网络和基于无线数据服务的移动互联网已经深入社会生活的方方面面，并在电子商务、社区交流、信息传播、知识共享、远程教育等领域发挥了巨大的作用，极大地影响了人们的工作和生活方式，成为经济活动中最具发展创新活力的引擎。

3. 传感技术

传感技术同计算机技术与通信技术一起，被称为信息技术的三大支柱。能够自动检测信息并传输信息的设备一般称为传感器。传感技术的作用是模仿人类感觉器官的功能，扩展信息系统快速、准确获取信息的途径，包括信息识别、信息获取、信息检测等技术。获取信息靠各类传感器，包括检测物理量（质量、压力、长度、温度、速度、障碍等）、化学量（烟雾、污染、颜色等）或生物量（声音、指纹、心跳、体温等）的传感器。

计算机网络、通信设备、智能手机、智能电视以及基于这些信息技术和信息平台的交互方式时刻都在传送着难以计量的巨大数据，这些数据的来源，从根本上看都是由各式各样的传感器产生并输入庞大的数据通信网络中的。传感与交互技术的发展程度，直接影响着信息的来源和处理的效率。传感器与计算机结合，形成了具有分析和综合判断能力的智能传感器；传感器与交互控制技术结合，广泛地应用于水情监测、精细农业、远程医疗等领域；传感器与无线通信、互联网的结合，使得物联网成为一个新兴产业。

4. 移动智能终端

随着四核甚至八核并行移动处理器、Flash-ROM等核心配件的发展及其在手机上的应用，手机的信息处理能力与传统个人计算机相比已不相上下；移动5G技术、Wi-Fi等无线数据通信方式的全面普及，使手机的数据传输速度和能力也越来越高，智能手机完全具备移动智能终端的处理能力。

目前，除了基本通话模块、数据传输模块、网络模块、图像处理模块和并行处理操作系统外，手机集成了麦克风、摄像头、陀螺仪、光线传感器、距离传感器、重力传感器、指纹识别模块以及用于定位的GPS（全球定位系统）模块，这些传感器为手机感受位移、旋转等运动状态，进行语音识别和图像识别，确定自身位置信息提供了硬件支持。而强大的存储和计算能力，使得手机可以对这些信息进行数据融合和综合判断。在数据交换方面，手机可作为TCP/IP终端节点通过Wi-Fi、5G接入本地的互联网，还可以通过红外传输和蓝牙技术与其他设备进行通信。智能手机逐渐成为通信、文档管理、社交、学习、出行、娱乐、医疗保健、金融支付等领域中便捷、高效的工具。

任务 8.3 信息安全及自主可控

信息安全本身包括的范围很大，其中包括如何防范商业机密泄露、防范青少年对不良信息的浏览、防范个人信息泄露等。网络环境下的信息安全体系是保证信息安全的关键，该体系包括安全操作系统、各种安全协议、安全机制等。任何安全漏洞都可能威胁整体安全，因此需全面加强信息安全管理和技术措施。

在快速发展的信息社会，只有不断提升个人信息素养，才能跟得上时代的步伐。同时，具备信息安全意识，才能在信息社会中更好地保护自己。

8.3.1 信息安全的定义

信息安全主要包括 5 个方面的内容，即信息的保密性、真实性、完整性、未授权复制和所寄生系统的安全性。

从范围来看，信息安全既包括国家的经济安全、军事安全等宏观安全问题，也包括企业信息安全、个人信息安全等微观安全问题。在"数字时代"，构建国家层面的信息安全体系是保障广大公民以及社会经济中各个参与主体信息安全的关键举措，而国家层面的信息安全则包括各类安全法律法规、各类信息安全体制机制、各类计算机安全操作系统等环节，任何一个环节的潜在漏洞都可能成为威胁到全局安全的重要问题。

狭义的信息安全定义：基于信息网络的软、硬件设备及其相关系统中的数据信息资料能够得到应有的保护，且不会由于偶然或恶意的原因而受到破坏、篡改、泄露的情况，从而保障其系统能够持续、稳定地正常运行，信息化传播渠道不会受限或遭到负面影响。

从广义来说，凡涉及关于互联网及非互联网环境下信息真实性、完整性、可用性、可控性以及保密性等范畴的相关理论与技术都是信息安全问题的研究范畴。国际标准化组织（ISO）将信息安全定义为"为数据处理系统建立和采用的技术、管理上的安全保护，为的是保护计算机硬件、软件、数据不因偶然和恶意的原因而遭到破坏、篡改和泄露"。

信息安全的影响因素主要包括计算机硬件的脆弱性、操作系统软件的漏洞，以及用户操作中的人为失误或恶意行为。在这些影响因素中，人为因素因其多样性和复杂性，成为信息安全领域的主要挑战。因此，在保障信息安全时，需特别关注并有效管理人为因素的影响。

8.3.2 信息安全的目标

信息是社会发展的重要战略资源，全方位地影响我国的政治、军事、经济、文化、社会生活等各个方面。信息安全主要有 5 个方面的目标。

（1）保密性

保密性是指保证信息不被非授权访问，即使非授权用户得到信息也无法知晓信息内容，因而不能使用。在加密技术应用下，网络信息系统能够对申请访问的用户展开筛选，允许有权限的用户访问网络信息，而拒绝无权限用户的访问申请。

（2）完整性

完整性是指维护信息的一致性，即信息在生成、传输、存储和使用过程中不应该发生人为或非人为的非授权篡改。信息的完整性包括两个方面：一是数据完整性，数据没有被篡改或者损坏；二是系统完整性，系统未被非法操纵，按既定的目标运行。

（3）可用性

可用性是指保障信息资源随时可提供服务的能力特性，即授权用户可根据需要随时访问所需信息。可用性是信息资源服务功能和性能可靠性的体现，涉及物理、网络、系统、数据、应用和用户等多方面的因素，是对信息网络总体可靠性的要求。

（4）可控性

可控性是指网络系统和信息在传输范围和存储空间内的可控程度，是网络系统和信息传输的控制能力特性。使用授权机制，控制信息传播的范围和内容，必要时能恢复密钥，实现对网络资源及信息的可控。

（5）防抵赖性

防抵赖性是指任何用户在使用网络信息资源时，整个操作过程均能够被有效记录，操作用户无法否认自己在网络上的各项操作。这样做能够应对不法分子否认自身违法行为的情况，提升整个网络信息系统的安全性，创造更好的网络环境。

8.3.3　信息安全威胁

信息系统不可避免地存在漏洞，黑客、犯罪团伙等通过漏洞入侵是产生信息安全问题的主要原因。信息安全面临的威胁可分为个人层面威胁、组织层面威胁和国家层面威胁，具体有以下几种情况。

（1）计算机病毒

计算机病毒是编制者在计算机程序中插入的破坏计算机功能或者破坏数据、影响计算机使用并且能够自我复制的一组计算机指令或程序代码。计算机一旦被感染，病毒会进入计算机的存储系统，感染其中运行的程序，无论是大型机还是微型机，都难以幸免。随着信息技术的迅猛发展，计算机病毒的影响范围越来越大。因此，加强计算机病毒的防范和治理，已经成为维护国家安全、保障社会稳定的重要任务。

（2）网络黑客

网络黑客是指专门利用计算机网络进行入侵或破坏他人计算机系统的人员。黑客攻击是指在未经授权的情况下，滥用计算机和网络设备，目的是收集用户信息，窃取数据和文档，或者破坏数据等。黑客的动机很复杂，有的是为了获得心理上的满足，在黑客攻击中展示自己的能力；有的是为了追求一定的经济利益或政治利益；有的则是为恐怖主义势力服务。

（3）网络犯罪

网络犯罪多表现为网络诈骗和破坏信息，犯罪内容主要包括金融欺诈、网络赌博、网络贩黄、非法资本操作和电子商务领域的侵权欺诈等。随着信息化社会的发展，目前的网络犯罪主体更多地由松散的个人转化为信息化、网络化的高智商集团和组织，其跨国性也不断增强。日趋猖獗的网络犯罪已对国家的信息安全以及基于信息安全的经济安全、文化安全、政治安全等构成了严重威胁。

（4）预置陷阱

预置陷阱就是在信息系统中人为地预设一些"陷阱"，以干扰和破坏计算机系统的正常运行。在信息安全的各种威胁中，预置陷阱是危害性最大，也是最难以防范的一种。

预置陷阱一般分硬件陷阱和软件陷阱两种。硬件陷阱主要是指蓄意更改集成电路芯片的内部设计和使用规程，以达到破坏计算机系统的目的。软件陷阱则是指信息产品中被人为地预置了"后门"，这给信息安全带来极大的威胁。

（5）垃圾信息

垃圾信息是指利用网络传播的违反国家法律及社会公德的信息，垃圾邮件是垃圾信息的重要载体和表现形式之一。通过发送垃圾邮件进行阻塞式攻击，是垃圾信息入侵的主要途径。其对信息安全的危害主要表现在，消耗受害者的宽带和存储器资源，使之难以接收正常的电子邮件，从而大大降低工作效率；或者某些垃圾邮件之中包含病毒、恶意代码或某些自动安装的插件等，只要打开邮件，它们就会自动运行，破坏系统或文件。

（6）隐私泄露

在"大数据时代"，大量包含个人敏感信息的数据（隐私数据）存在于网络空间中，如电子病历涉及患者疾病等信息、支付宝记录着人们的消费情况、GPS 掌握着人们的行踪。这些带有个人特征的信息碎片可以汇聚成细致、全面的大数据信息，一旦泄露则可能被不法分子利用。当然，我们也不能抱悲观的态度，在尝试多种解决方案的同时，层出不穷的新技术会为我们保护个人隐私带来更多的可能性。

8.3.4　信息安全威胁的根源

信息安全威胁的根源主要表现在信息保护意识欠缺、信息采集缺乏规范和信息安全监管不足3 个方面。

（1）信息保护意识欠缺

网络上个人信息的肆意传播、电话推销源源不绝等情况时有发生，从其根源来看，这与公民欠缺足够的信息保护意识密切相关。公民在个人信息层面的保护意识相对薄弱，给信息被盗取创造了条件。比如，随便点进网站便需要填写相关资料，有的网站甚至要求精确的身份证号码等信息。很多公民并未意识到上述行为是对信息安全的侵犯。此外，部分网站基于公民意识薄弱的特点公然泄露或者是出售相关信息。再者，日常生活中随便填写各种表格资料等行为也存在信息被违规使用的风险。

（2）信息采集缺乏规范

现阶段，虽然生活方式呈现出简单性和快捷性，但其背后也伴有诸多信息安全隐患。例如，诈骗电话、推销信息以及人肉搜索信息等均对个人信息安全造成影响。不法分子通过各类软件或者程序来盗取个人信息，并利用信息获利，严重影响了公民生命、财产安全。此类问题多集中于日常生活，比如无权、过度或者是非法收集等情况。除了政府和得到批准的企业外，还有部分未经批准的商家或者个人对个人信息实施非法采集，甚至有些机构非法建立调查公司，并肆意兜售个人信息。

（3）信息安全监管不足

从监管层面来看，各级政府部门在针对广大公民以及各类组织、机构进行信息保护和监管的过程中可能会由于管辖范围的差异造成管理边界模糊、管理边界交叉等问题，因此需要建立针对经济社会各参与主体信息活动与信息行为全方位保护的动态统筹协调机制。针对一些迫切需要解决的信息孤岛问题，应设立专业、跨领域、跨部门的监管部门。

在我国，针对信息安全监督管理的各项法律法规逐渐完善，特别是保护我国公民个人信息安全相关法律法规正式实施的背景下，我国信息社会各个领域的信息安全监管情况将得到持续改善。进一步地，针对境外各类恶意网络攻击行为，我国近年来持续开展了有针对性的防御体系构建。

8.3.5　信息安全自主可控

个人信息的保护需要法律与制度的规范，更需要企业提升意识，推动自主可控的高新技术在信息安全上的应用，在技术层面做一道安全的支撑，实现信息安全"自主可信，安全可控"。

为了保障网络安全，必须实现技术、产品、服务、系统的自主可控，需要在质量测评、安全测评的基础上增加自主可控测评。

网络安全是国家安全的重要基础，也是经济安全、社会安全、民生安全的重要保障。网络安全属于非传统安全，其内涵比传统安全的内涵更加广泛。国家网信办2022年2月公布的《网络安全审查办法》把网络安全审查分成"安全性"审查和"可控性"审查，其中的安全性审查与传统安全的要求相似，而可控性审查在传统安全中强调得相对较少，但同样需要不断健全和完善。

自主可控是实现网络安全的前提，是一个必要条件，但并不是充分条件。换言之，采用自主可控的技术不等于实现了网络安全，但没有采用自主可控的技术一定不安全。因此，为了实现网络安全，首先要实现自主可控，然后实现传统意义上的安全，最终结合其他各种安全措施，实现保障网络安全的目标。

自主可控测评旨在客观、科学地评估技术、产品、服务、系统等的自主可控程度，涉及技术内涵、知识产权、技术能力、供应链、供应者资质等多方面因素，是一项比较复杂的测评。在事关网络安全的重大问题上，自主可控测评应该起到"一票否决"的作用。

还应看到，任何制度都要靠人去实施，人们的认识水平对实现自主可控至关重要。对企业而言，应提高对自主可控的认识，在规划产品时对技术掌握程度、知识产权合法性、供应链安全等都要有周密的调查和部署，甚至要考虑在供应链被切断时有没有技术或产品替代。对用户而言，支持和选用国产软、硬件从一定意义上说就是为自主可控作贡献。广大用户应增强网络安全意识，积极选用国产软、硬件，并及时反馈使用过程中发现的问题，帮助国产软、硬件不断提升技术水平，以更好地保障我国网络安全。

网络安全的核心是技术安全，技术安全的核心是关键的核心技术要自主可控。核心技术是我们最大的"命脉"，实现网络安全，要尽可能把关键核心技术掌握在自己手里，这样才能避免处于被动地位。为了尽快突破信息安全核心技术，应当加快推进国产自主可控替代计划，构建安全可控的信息技术体系。

任务 8.4　信息伦理与法律法规

信息伦理是信息社会中每个成员都应该自觉遵守的道德标准。信息伦理不是由国家强制执行的，而是在信息活动中以善恶为标准，依靠人们的内心信念和特殊社会手段维系的。同时，为了更好地使用网络信息，在信息技术领域，我国也出台了一系列法律法规，其由国家强制力保证实施，以确保国家信息和个人信息的安全。

8.4.1　理解信息伦理知识

一个具有信息素养的人，一定是一个具有扎实的信息知识和良好的信息伦理的人。

1. 信息伦理的概念

从狭义上来看，信息伦理是指个体在获得、传播、使用和创造信息的过程中应遵循的道德准则，即各参与主体的信息相关活动及行为应在不违反道德规范、不侵犯他人的合法权益、不危害社会公共安全等前提下发生。从广义上来看，信息伦理是指各参与主体在信息相关活动及行为中的道德情操，并且能够合理、合情、合法地利用信息产生价值，或者使用信息来解决个体和组织的具体问题。因此，针对信息社会中的各参与主体，应在公民普遍的基础教育阶段培养其全面而得体的信息伦理道德修养，从而保证这些当前及未来的信息技术领域从业人员不因一己私利做出非法的信息相关活动及行为，也懂得如何防范计算机病毒以及其他信息犯罪活动。

2. 信息伦理的思辨

数字经济的蓬勃发展推动着我们进入更高级别的"信息时代"，而"信息时代"面临的挑战也越来越多，我们每个人的工作和生活中都面临着知识碎片化、信息量大导致注意力分散和效率降低、隐私泄露的风险加大、信息安全问题日益严峻的多重问题。因此，在大数据环境下，批判性思维和信息评价意识更加重要。信息用户个人需要明确其信息需求，并能从海量信息中取其精华、去其糟粕，找到满足个人信息需求的、有真正价值的信息。大数据技术对现有的信息存储和信息安防措施提出挑战，个人隐私泄露的风险日益严峻。因此，人们更应当具有信息安全意识，提高信息安全能力。

3. 我国信息道德环境的建设

伦理是系统性地探讨道德标准背后的价值观和原则，而道德通常指的是个人的行动准则或行为规范。

信息道德是指在信息领域中用以规范人们相互关系的思想观念与行为准则。它通过社会舆论、传统习俗等，使人们形成一定的信念、价值观和习惯，从而使人们自觉地通过自己的判断规范自己的信息行为。

对世界各国来说，信息道德的建设都是一个值得全社会共同努力的重要议题。作为世界上最大的社会主义发展中国家，我国在充分借鉴国外信息道德环境建设的研究成果的基础上，结合我国当前国情和现有的信息道德水平，通过加强教育和宣传，持续致力于提升经济社会各参与主体以及全社会的信息道德水平和信息文明意识，进而构建起我国信息强国的发展根基。

从我国信息道德环境的建设成果来看，早在1995年，中国信息协会就颁布了《中国信息咨询服务工作者的职业道德准则的倡议书》，其中针对我国信息咨询服务从业者应遵循的信息道德准则进行了强调和规范，倡议书中的信息道德准则涉及信息咨询服务的基本指导思想、职业道德等多方面内容。此外，网络数字媒体作为信息社会的重要参与主体，在新时代肩负着推动我国信息社会中信息道德和信息伦理体系构建的关键任务。进一步地，我国网络数字媒体与传统媒体的协同并进推动着我国物理空间和虚拟空间的信息社会实现高质量发展。

4. 信息社会责任

在"信息经济时代"，我们在享受新一代信息技术发展变革所带来的便利的同时，应该承担起一名新时代合格公民应尽的信息社会责任。信息社会责任是指信息社会中的个体在文化修养、道德规范和行为自律方面应尽的责任。

信息社会责任一般有两方面的含义，一方面是对信息技术负责，即负责任、合理、安全地使用信息技术，另一方面是对社会及他人负责，即信息行为不能损害他人权利，要符合社会的法律法规、道德伦理等。

具备信息责任的人应具有以下几个方面的特点。

（1）具有一定的信息安全意识与能力，能够遵守信息法律法规，信守信息社会的道德与伦理准则，在现实空间和虚拟空间中遵守公共规范，既能有效维护信息活动中个人的合法权益，又能积极维护他人合法权益和公共信息安全。

（2）关注信息技术革命所带来的环境问题和人文问题，自觉抵制虚拟世界中的各种不良信息，遵守信息社会的法律规范。

（3）对于信息技术创新所产生的新观念和新事物，具有积极学习的态度、理性判断和负责任行动的能力。

8.4.2　我国信息安全相关法律法规

法律是信息网络安全的制度保障。离开了法律这一强制性规范体系，信息网络安全技术和管理人员的行为就失去了约束。即使有再完善的技术和管理的手段，也是不可靠的。同样，没有法律保障的网络系统，即使有再完善的安全机制也不能完全避免非法攻击和网络犯罪行为。信息网络安全法律，告诉人们哪些网络行为不可为，如果实施了违法行为就要承担法律责任，构成犯罪的还要承担刑事责任。一方面，它是一种预防手段；另一方面，它也以强制力为后盾，为信息网络安全构筑起最后一道防线。

在"大数据时代"，数据信息无疑是企业和个人最重要的资产。它不仅是数字环境中个人信息的收集、使用、整理、处理和共享，更意味着人们对海量数据的挖掘和运用。在互联网的快速发展的带动下，数据安全和隐私边界愈加重要。为此，许多国家针对个体公民数据被过度搜集、泄露、使用的问题出台了相应的法律法规。

从我国的情况来看，随着信息化与经济社会持续深度融合，网络已成为生产生活的新空间、经济发展的新引擎、交流合作的新纽带。虽然近年来我国个人信息保护力度不断加大，但仍有一些个人、企业、机构贪图私利，恶意获取、随意滥用、非法交易各类私人信息，乃至于通过信息犯罪破坏人民群众的安宁生活、侵犯人民群众的财产安全、危害人民群众的生命健康等。在当前与未来的"信息时代"，个人信息保护已成为广大人民群众最关心的利益问题之一，长久以来社会各方面广泛呼吁出台专门的个人信息保护法。

信息安全相关法律法规的不断完善一直是构建我国信息社会的引领主线。近年来，我国相继颁布了《中华人民共和国国家安全法》《中华人民共和国网络安全法》《中华人民共和国密码法》《中华人民共和国数据安全法》《中华人民共和国个人信息保护法》等重要的法律法规，体现出国家对信息安全的重视。我国网络信息安全政策的逐步实施，将带动政府、企业在网络信息安全方面的投入，构建起坚实的网络安全保护体系来保护国家与个人信息的安全。

2020年3月1日，我国出台的《网络信息内容生态治理规定》正式实施，这是继我国制定《国家网络空间安全战略》《中华人民共和国网络安全法》等一系列法律法规之后，对网络暴力、人肉搜索、流量造假与操纵账号等不良网络信息传播现象开展专项治理中的重要一步，标志着我国由网络安全等宏观机制建设转向网络内容传播的微观治理，由外部制度性规约转向广大网民网络文明素养的内涵提升，从根本上实现我国网络空间生态治理。

十三届全国人大常委会第三十次会议表决通过的《中华人民共和国个人信息保护法》自2021年11月1日起施行。《中华人民共和国个人信息保护法》是为了保护个人信息权益，规范个人信息处理活动，促进个人信息合理利用而制定的法律法规。《中华人民共和国个人信息保护法》的颁布是对《中华人民共和国网络安全法》的重要补充，弥补了我国法律体系中的一大空白，对公民信息权益的维护以及数字经济的发展具有重要意义。

进入"十四五"规划的新发展阶段，我国信息安全建设工作呈现出以下4个方面的新特征。

（1）网络安全等级保护制度深入贯彻实施。网络安全等级保护定级备案、等级测评、安全建设和检查等基础工作深入推进。网络安全保护"实战化、体系化、常态化"和"动态防御、主动防御、纵深防御、精准防护、整体防控、联防联控"的"三化六防"措施得到有效落实，网络安全保护良好生态基本建立。

（2）关键信息基础设施安全保护制度建立实施。关键信息基础设施底数清晰，安全保护机构健全、职责明确、保障有力。在贯彻落实网络安全等级保护制度的基础上，关键岗位人员管理、供应链安全、数据安全、应急处置等重点安全保护措施得到有效落实，关键信息基础设施安全防护能力明显增强。

（3）网络安全监测预警和应急处置能力显著提升。跨行业、跨部门、跨地区的立体化网络安全监测体系和网络安全保护平台基本建成，网络安全态势感知、通报预警和事件发现处置能力明显提高。网络安全预案科学齐备，应急处置机制完善，应急演练常态化开展，网络安全重大事件得到有效防范、遏制和处置。

（4）我国网络安全综合防控体系基本形成。网络安全保护工作机制健全完善，党和国家统筹领导、各部门分工负责、社会力量多方参与的工作格局进一步完善，网络安全责任制得到有效落实，网络安全管理防范、监督指导和侦查打击等能力显著提升，"打防管控"一体化的网络安全综合防控体系基本形成。

8.4.3 《计算机信息网络国际联网安全保护管理办法》

为了加强对计算机信息网络国际联网的安全保护，维护公共秩序和社会稳定，公安部于1997年12月发布了《计算机信息网络国际联网安全保护管理办法》，并于2011年1月进行了修订。其中部分内容如下。

第五条

任何单位和个人不得利用国际联网制作、复制、查阅和传播下列信息。

（1）煽动抗拒、破坏宪法和法律、行政法规实施的。

（2）煽动颠覆国家政权、推翻社会主义制度的。

（3）煽动分裂国家、破坏国家统一的。

（4）煽动民族仇恨、民族歧视，破坏民族团结的。

（5）捏造或者歪曲事实、散布谣言、扰乱社会秩序的。

（6）宣扬封建迷信、淫秽、色情、赌博、暴力、凶杀、恐怖、教唆犯罪的。

（7）公然侮辱他人或者捏造事实诽谤他人的。

（8）损害国家机关信誉的。

（9）其他违反宪法和法律、行政法规的。

第六条

任何单位和个人不得从事下列危害计算机信息网络安全的活动。

（1）未经允许，进入计算机信息网络或者使用计算机信息网络资源的。

（2）未经允许，对计算机信息网络功能进行删除、修改或者增加的。

（3）未经允许，对计算机信息网络中存储、处理或者传输的数据和应用程序进行删除、修改或者增加的。

（4）故意制作、传播计算机病毒等破坏性程序的。

（5）其他危害计算机信息网络安全的。

随着社会的发展和科技的进步，信息素养的重要性日益凸显，信息素养在推进个人学习能力、实现社会发展及促进和谐社会建设中具有重大意义。要想实现和谐社会的建设，促进个人的发展，我们每个人必须从自身做起，重视信息素养和社会责任，提高自身文化素养，共同促进科技发达，营造文明健康的互联网环境。

8.4.4 信息道德与法规

网络与信息安全是国家安全的核心内容。在信息技术发展日新月异的今天，人们无时无刻不在享受着信息技术带来的便利与好处。然而，随着信息技术的深入发展和广泛应用，网络中已出现许多不容回避的道德与法律问题。因此，在我们充分利用网络提供的历史机遇的同时，抵御其负面效应，大力进行网络道德建设和法制建设已刻不容缓。

1. 信息道德规范

为了维护信息安全，每个计算机的使用者都应该加强信息道德修养，自觉遵守信息道德规范，增强信息安全意识，培养良好的职业道德。具体来说要切实做到以下几点。

（1）不编写或故意传播计算机病毒。

（2）保护知识产权，使用正版软件，不非法复制软件。

（3）不窥探他人计算机中的内容，不窃取他人的计算机密码。

（4）不利用计算机诽谤、侮辱他人，侵害他人的名誉权。

（5）不发布、不传播虚假信息。

2. 信息法律法规

2015 年 7 月 1 日，新修订的《中华人民共和国国家安全法》增加了制裁计算机犯罪的条款，为依法严厉打击利用计算机实施的各种犯罪活动提供了坚实的法律依据。

《中华人民共和国国家安全法》第二十五条规定：国家建设网络与信息安全保障体系，提升网络与信息安全保护能力，加强网络管理，防范、制止和依法惩治网络攻击、网络入侵、网络窃密、散布违法有害信息等网络违法犯罪行为，维护国家网络空间主权、安全和发展利益。

由于具有可以不亲临现场的间接性等特点，计算机网络犯罪表现出多种形式。

（1）网络赌博、诈骗、教唆犯罪。

（2）网络侮辱、诽谤与恐吓犯罪。

（3）散布破坏性病毒、逻辑炸弹或者放置后门程序犯罪。

（4）发布、传播反党、反社会主义、色情、暴力内容的犯罪。

我们要自觉抵制各种网络犯罪活动，同时动员全社会的力量，依靠全社会的共同努力，保障互联网的运行安全与信息安全，促进我国信息产业的健康发展。

【项目自测】

一、选择题

1. 在信息素养的构成要素中，（　　）是指利用获取的信息解决问题的能力。

    A. 信息意识   B. 信息知识   C. 信息能力   D. 信息道德

2. 收集信息的终极目的是（　　）。

    A. 获取信息   B. 处理信息   C. 生成信息   D. 创造信息

3. 19 世纪上半叶，（　　）发明了电报，成为通信技术的开山鼻祖。

    A. 图灵   B. 莫尔斯   C. 冯·诺依曼   D. 伯纳斯·李

4. 信息的（　　）是指保障信息资源随时可提供服务的能力特性。

    A. 机密性   B. 完整性   C. 可用性   D. 可控性

5. （　　）是为了保护个人信息权益，规范个人信息处理活动，促进个人信息合理利用而制定的法律法规。

      A.《中华人民共和国网络安全法》   B.《中华人民共和国数据安全法》

      C.《中华人民共和国密码法》   D.《中华人民共和国个人信息保护法》

二、简答题

1. 简述什么是信息素养，以及如何才能成为一个有信息素养的人。

2. 信息安全的目标有哪些？

3. 在"信息经济时代"，我们在享受新一代信息技术发展变革所带来的便利的同时，应该承担起一名新时代合格公民应尽的责任和义务。请举例说明我们使用计算机和网络时应自觉遵守的信息道德。